日本の「これから」の戦争を考える

現代防衛戦略論

関口高史 Sekiguchi Takashi

作品社

日本の「これから」の戦争を考える◎目次

機動／打撃／防護／基盤的機能（「情報」「持続」など）の考察／持続

はじめに――戦争を考える

先の大戦から78年が過ぎた。日本ではこれまで「軍事」「戦争」「安全保障」などの議論は多くの人に忌避されてきた。たとえ、そうでなくても、どこか身の回りではない、遠くで起きていることと捉えられてきたのは間違いない。

しかし2022年2月24日、ロシアによる一方的なウクライナへの侵攻は、日本人のそのような風潮を激変させた。この日を境に戦争から目をそらさずにはいられない時代を我々は迎えてしまった。

また、それに続いたのが、2023年10月7日に起きたハマスとイスラエルの軍事衝突だ。これらの出来事は軍事領域のみならず、政治・外交、経済、文化・社会などのあらゆる領域において、平和を希求する世界中の人々に無力感を与えた。最終的には安全保障の根本、「戦争と平和」、この問題に回帰した。

「人類は戦争を止めることはできないのか」と。

戦争は人々の生命を奪い、あらゆるものを破壊する。そして、それまでの価値観を一変させてしまう。だからこそ、戦争が起きないように叡智をしぼり、平素から十分な議論をすることが大事なのだ。それは他人事ではない。一人ひとりの勇気のある者たちが行うべきものなのである。

本書は、狭義には、最新の安全保障理論や戦略環境の変化に基づき、十分想定されうる、我が国領域・

周辺及び南太平洋における島嶼防衛に焦点を当て論述していく。だが、その射程は「戦争と平和」、いやさらに幅広く「次の戦争」についてのシミュレーションをも含む。

その目的は歴史的考察から導かれる我が国特有の顕在する脅威と、それに対する戦略、すなわち、今まさに起きている武力をもってする現状変更の可能性について提示し、特に起こる蓋然性が高い島嶼防衛の議論を振作、日本の安全保障に資することにある。

つまり、二つの異なる人々の懸け橋になることを意図する。二つの異なる人々とは、安全保障に興味を持ち始めた人と、この分野の専門家である。そのため、本書は興味に応じてどの部、あるいは、どの章から読んでも理解容易なように配慮した。

ただし専門家といってもここでは非軍事領域を主体として日本の安全に関わる人々のことを指す。よって本書は、これまで安全保障に携わる人以外には理解されにくいと思われてきた複雑多岐にわたる理論や実践を分かりやすく説明するものに他ならない。

そのために、まず前提条件となる基本的事項を確認しなくてはならない。次に現代の島嶼防衛について、読者と一緒に考察していくことになる。それは最終的に我々が「力は正義なり」のレジーム（ルールや規範のようなもの）から抜け出すことはできないのか、蓋然性が高いとされる台湾危機、南太平洋での出来事など、現在進行形で起きている事態へ、いかに対処するか、何をすべきかと読者に問いかけることになる。

なお本書では、理論や兆候から、可能性や蓋然性◆などという用語を使い分けた。

戦前、日本は軍国主義だったと言う人がいる。それは軍事の他の領域に対する影響力拡大が招いた結果かもしれない。しかし、こうも言える。そのプロセスに多くの人が気づかなかった、あるいは追随、黙認したからではないだろうか、と。そういった意味で、「戦争」にただ無関心でいることはまた同じ過ちを繰り返すことになりかねないのだ（拙著『戦争という選択』を参照のこと）。

我々の戦争に対する意識を変えることになったロシアによるウクライナ侵攻は、多くの安全保障領域の研究者や専門家にも衝撃を与えた。これからの戦争は、リアルの空間で行われることはないと主張する者もいたからだ。彼らの主張は、宇宙・サイバー・電磁波の領域が主戦場になるというものだった。しかし現実のロシアのウクライナ侵攻は、第一次大戦、第二次大戦を想起させるような、本格的な侵攻対処が今後も生起することを改めて強調する形となった。この意味は読みすすめていくうちに明らかになっていく。

さて本書で具体的に議論する、島嶼防衛、あるいは離島作戦の話である。これまで島嶼防衛に関する議論には二つの傾向が見られた。一つは現在、多くの人に認められるパーツごとの議論であり、これは長期的視野に立つ将来展望から全体像を捉えて島嶼防衛を考察しているとは言い難い。もう一つは対象を殊更、南シナ海や日本周辺海域に絞った議論である。そう言った文脈から安全保障関連三文書についても、これから具体的な検討と、それに続く議論が必要となってくることであろう。

そこで本書では将来展望から全体像を考慮しつつ、グローバルな観点から南太平洋で、既に起きている米中角逐についても触れ、日本への示唆も考察している。そのため先述した通り、まずは、1、安全保障に関する基本的事項の補整を行う。次に、2、新しい戦争の具体化に資するための歴史的考察として、太平洋戦争における日米戦争指導、フォークランド紛争の教訓を総括する。ここで二つの戦いを取り上げたのは、島嶼防衛で守る方が勝ち、攻める方が負けた戦いと、守る方が負け、攻める方が勝った戦いを同一線上の対立軸と考えたからだ（また将来のことを予測するためには過去の出来事を分析するのが一番の近道である）。その後、3、最新の戦略環境や戦争形態の変化を捉え、南太平洋の情勢から蓋然性の高い脅威戦略の議論へ読者を誘う。そして最後に想定した脅威戦略に基づき、日本への示唆の抽出というプロセスをた

◆ 理論あるいは兆候から起こると予想されることを「可能性」とし、理論及び兆候のどちらからも起こると予想あるいは見積もられることを「蓋然性」として使用している。

どる。このようにして島嶼作戦を考える入り口、すなわちゲートウェイになることを期するのである。

これらのことから読者は早急に日本のとるべき戦略とはどのようなものか、また次の問い、あるいは矛盾に対し、自らの答えが求められていることを知るであろう。

① 憲法（戦争思想・哲学の不在）改正
② 日本独特の「専守防衛」の脆弱性の克服
③ 政軍関係（所謂、シビリアン・コントロール）の改善
④ 同盟関係（日米安保、クワッドなど）の在り方の検討
⑤ 作戦空間・領域の再定義（戒厳令の有効地域の設定や宇宙、サイバー、電磁波の領域認定などを含む）
⑥ 核保有の是非
⑦ 国外での作戦を意識したドクトリンの策定
⑧ 少子化による自衛隊員の確保（予備制度の在り方、志願制の見直し）
⑨ 適切な国家資源の再配分

本書では、議論しないが、これらは「日本では」一見してタブー視されてきたものだと分かる。関心と無関心の両極端の間でも交わることもなく、議論されることはなかった。しかしロシアのウクライナ侵攻、ハマスとイスラエルの軍事衝突をはじめとする世界情勢は、これまでの日本の「鎖国」のような状況を許さない。日本は、国際社会において責任ある立場で新たなステージへと進むべきなのではないだろうか。

ただし、その前提は主権者である国民が納得した上でのことだ。

加えて本書は、情勢の変化に基づく政策から現地で行われる戦術レベルまでの安全保障の議論を体系的に網羅し記述している。と言っても戦術談義に固執しようとするものではない。それは本書の目的が議論

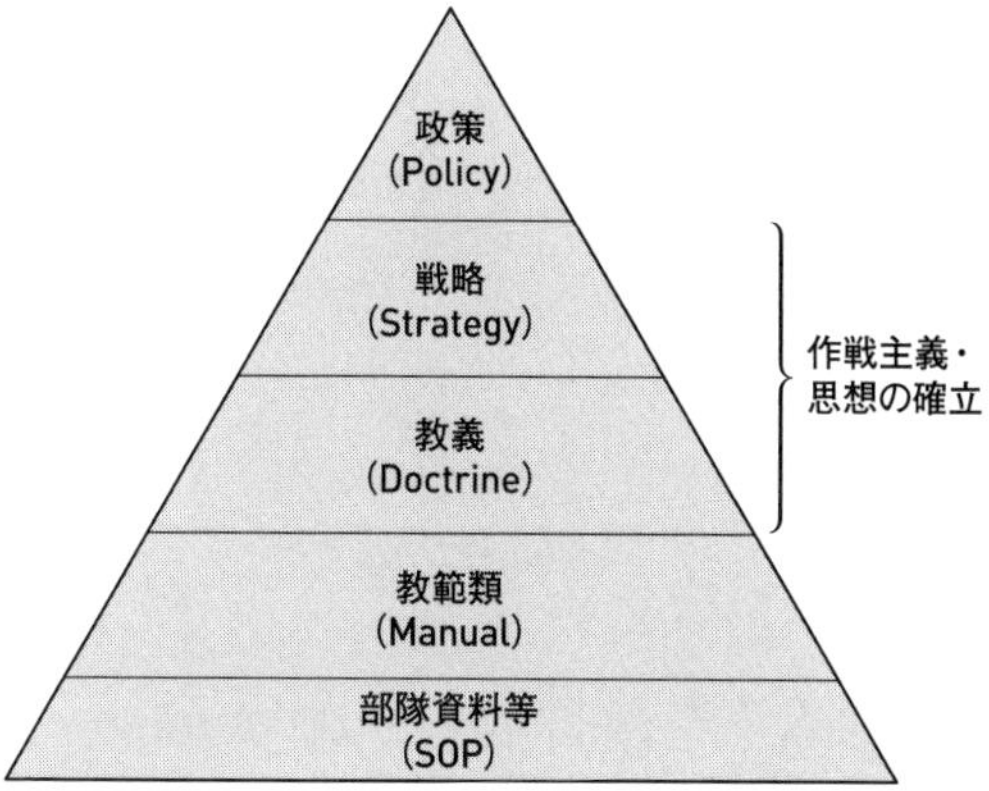

の資を提供することにあるからだ。そのため理論だけではなく、実践についても考案していく。

よって理論を読者へ押し付けるのではなく、引用については、その趣旨からも最小限にとどめる。議論の活発化を期待するためである。

以上の行程は政治学者や社会学者、あるいは経済学者などとは違う自衛官としてのモノの見え方、見方を知るプロセスになるかもしれない。特に世界最強の軍隊である米軍を主な研究対象としてきた者の考え方をである。

著者の期待するところは、これまで階層ごとの議論が中心だった我々の安全保障について、多くの読者に、「興味」から「関心」へとステップアップしてもらうことなのである。

すなわち外交などの非軍事主体による領域に焦点を当てるだけで満足し、専ら軍事領域の不備を指摘し、安全保障という国家の重要な役割の全体像が不明なまま自らの立場で主張を続ける、という風潮を戒めることに他ならない。

シビリアン・コントロールの下、戦略的な運用まで文官に任せ、作戦レベル以下での検討に集中してきた自衛官、戦略を学んだ者が公にすることもせず、活発な議論を誘発してこなかった。その結果として、このような風潮になったことを改めて反省する次第である。そう言う意味からも、先行研究を参考とし、将来の出来

事をシミュレーションしていくことは大いに有意義だと思われる。◆

◆

シミュレーションという言葉を使うと、数量や質の精粗などが中心になると考える読者もいるかもしれない。しかし本書では、意思・能力（手段）について、数量や質の精粗で表すことはしない。機能の考察にとどめている。旧陸軍は想定する敵国の動員可能な師団の数を算定の基礎とした。それを根拠として陸軍戦力を整備したのである。また旧海軍は太平洋の天然障害の存在を踏まえ、対米七割の思想を確立し、海軍兵力を整備した。しかし、その両方に彼我の同盟国の存在を含めていなかった。旧海軍は日英同盟の締結に当たり、英海軍と合流し、太平洋におけるイニシアティブの獲得という想定はあった。しかし対米七割の思想には、英国の有する東洋艦隊の存在をあまりにも軽視していたのである。

ちなみに、本書が示す目的で書かれた書籍は、それほど多くない。

安全保障（主として外交）の領域と自衛官としての防衛（軍事）領域の両方に携わった者が「戦争」を説明することにより、この分野の新たな発展を期するものである。

第I部

新たな理論

第1章　基本的事項の補整

本章では、後述する島嶼作戦の前提と言うべき基本的事項を考察していく。つまり、戦争の本質に関する事を述べ、読者からの理解を求める。また同時に軍事に興味を持ったばかりの読者にとっては、これまで多くの文献や議論で考えられてきた「前提」を知ることになる。

そもそも戦争とは勝つために行われるものである。

戦争には絶対定理がある。それは「優勝劣敗」だ。では「勝ち」とは何か。また「優れている」とは、どのようなことであろうか。まず、この禅問答のような問いを真剣に考えていく。

なお、戦争には様々な種類や呼び名がある。空間で戦いを区分する世界戦争や局地紛争。戦力の質と量に相当の開きがある国や国に準ずる組織の戦いを意味する非対称戦。本格的な戦いを意味するフルスケール戦争。そして火薬などの火力・エネルギーをともなうキネティックやそれをともなわないノンキネティックの戦い。軍事の領域にとどまらないハイブリッド戦、影響工作戦。過去のデータに基づく戦争を意味するデータベース作戦。あらゆる領域で戦いを遂行する超限戦などである。それらの解説は必要に応じて行うことにする。よって、ここでの主体は一般的な「戦争」である。

第1節　戦争の本質

戦争以外の方策の限界

これだけ多くの人々が嫌っているのに、なぜ戦争は起きるのか。

いや、人が起こすものなので、なぜ戦争をするのか、が正しい表現であろう。それは一言で言うなら戦争以外の方策では目的を達成できない、あるいは戦争以外の方策では直面する問題を解決できないと考える実質的な指導者（彼らの多くは国民からの支持・期待と答えるであろう）がいるからに他ならない。またカール・フォン・クラウゼヴィッツが「戦争は政治の延長」と語ったように、戦争は政治の領域の他の手段として捉えられてきたのである。だが、戦争を政治の領域の手段と限定してもよいのだろうか。あらゆる領域において他の手段では代替できないのが戦争なのではないだろうか。よって戦争はただ単に軍事と政治を結ぶ直線の延長にあるものではなく、国家のあらゆる領域を含むものと考えるべきである。

しかも戦争という方策は決して合理的なものではない。なぜなら負けた方はもちろん、勝った方にも、それ相応の損失が出るからである。よって誰もが戦争に対し、無関心でいられないのである。自分自身がその理不尽さに巻き込まれる可能性が十分にあるからだ。

世界規模に拡大する要因

ロシアのウクライナ侵攻やハマスのイスラエルとの武力衝突を見れば、戦争をする要因は局地的なものと映るかもしれない。煎じて言えば人間の本能に起因するものもあるかもしれない。しかし、ここでは世界規模の要因について考察していく。その代表的なものはシステム、主義、宗教、価値観などの相異である。例えばシステムでは帝国主義に基づく世界的な植民地競争があった。またファシズムとデモクラシーの対立などが生じたことにより起きた戦争もある。

日本が独伊と手を結んだのは民主主義と独裁主義との対立と捉え、新興の独裁主義国家と行動を共にする、つまり勝ち馬に賭けるためだった（地球儀を俯瞰しての戦略であり、結果は欧州の戦争をアジアとの戦争に結びつけ、日本にとっては南方進出による戦争拡大という期待外れの結果をもたらした）。

対する米国の正義とは、民主主義、経済、そして宗教の自由などのレジームを守るものであった。その根本思想は、それを肯定する側と否定する側の対立を生み、米国が次々と戦争を継続していく要因となったと見ることもできる。いわゆる米国の「西漸論」である。

ところで「和」という字は稲に口と書く。諸説あるが、食料に困らなければ和む、という意味だと言われる。逆説的に言えば、食糧不足などの危機が戦争を起こすという考えだ。すなわち満たされていなければ、戦いも起きることになる。となれば、人類はあまりにも悲劇的である。なぜなら、ある統計によると世界中の食物を公平に分ければ、全ての人間が食べていくのに困らないとするからだ。食料の偏在が危機をもたらし、食の安全保障に不安を感じる国々が食料を何らかの手段により、必要以上に確保してしまうから戦争が起きると考えられるのである。ひいては富の偏在が戦争を招く理由になるとも言える。つまり戦争は軍事領域の話だけで起きるとは限らないことを我々に教えているのだ。

これを突き詰めていくと、理想とされた共産主義、あるいは計画経済による十分な統制と科学技術が著しく発展すれば、戦争が起きない、という仮説が成り立つ。

では、共産主義では戦争が起きないのか。一つの答えが挙げられる。それはトゥキュディデス◆の「利益」「恐怖」「名誉」という要素が戦争を起こすきっかけになる、という考え方に象徴されるものだ。米国の対中強硬政策などは、それを彷彿させる。しかし最近はこれら三つだけではなく、「存在のため」という要因もあるように思われる。イスラエル建国から今にも続く軍事衝突の連鎖など、独立国家の誕生時に、その原点が見られる現象だ。

また、そもそも戦争の主体が国家のみならず、民族あるいは特定の宗教を信ずる者の集まりへと進化を遂げた。それに価値観も多様化している。よって、効果や努力の成果が比較的早めに現れる「戦争」という手段に期待せざるを得なくなるようになったのではないだろうか。

戦争そのものに魅了されている人がいるのも事実である。日本でもそのような時代があった。「国防の本義とその強化の提唱」という小冊子がある。昭和9年(1934年)、陸軍省新聞班が発表したものだ。この別名「陸軍パンフレット」と呼ばれるものは「たたかいは創造の父、文化の母である」という刺激的な言葉ではじまっていた。戦争が美化され、国民の総動員での戦争への貢献を求められた時代のことである。その考えは国民からも受け入れられた。となれば、全ての日本人が強制的に戦争へ関与させられたとは言えないのではないか。このように人類は戦争を繰り返してきた。そこには戦争以外の手段によるゴールなどが存在するのであろうか。

戦争の本質

輪廻転生か勝ち抜きか

戦争は輪廻転生のように起き続けるものなのか。変革を目指す中小国が覇権を争い、覇権を獲得。その後、現状維持を望むも徐々に衰退する、というプロセスを経るたびに戦争は起こる運命にあるのか。それ

◆トゥキディデス：歴史的に考察すると、覇権国の交代は平和的というより軍事的対立を伴い行われることが多い。古代ギリシアの歴史家トゥキディデスは、海上交易により経済大国アテナイが台頭し、陸上での軍事的覇権を握っているスパルタとの間で対立が生じた経緯を著述にした。覇権国家の交代で両国は戦争を回避できず、最終的には望まない戦争へ突入した。急速に台頭する大国が旧来の支配的な大国と対等関係に発展する際、新興国にいずれ覇権を奪われてしまうことへの強い恐怖心、名誉欲、そして利益欲が従来の覇権国を強硬にさせ、新興の覇権国に戦争を回避できないと思わせてしまうのだ。これを「トゥキディデスの罠」と呼ぶ。

とも、さながらトーナメントのように、戦いを繰り返し、最終的に強い国の戦争の結果が世界的に浸透していくのか。これを歴史観の話に喩えると、アーノルド・J・トゥインビーの『歴史の研究』に書かれている、文明のサイクル、あるいはフランシス・フクヤマの『歴史の終わり』にて言及されている民主主義など、最も優れた選択肢が残る、というものである。

現在でも戦争が継続していることから、この答えを安易に出すことはできない。ただし、戦争にも、それら二つのトレンドがあることを忘れてはいけない。

日本周辺での危殆

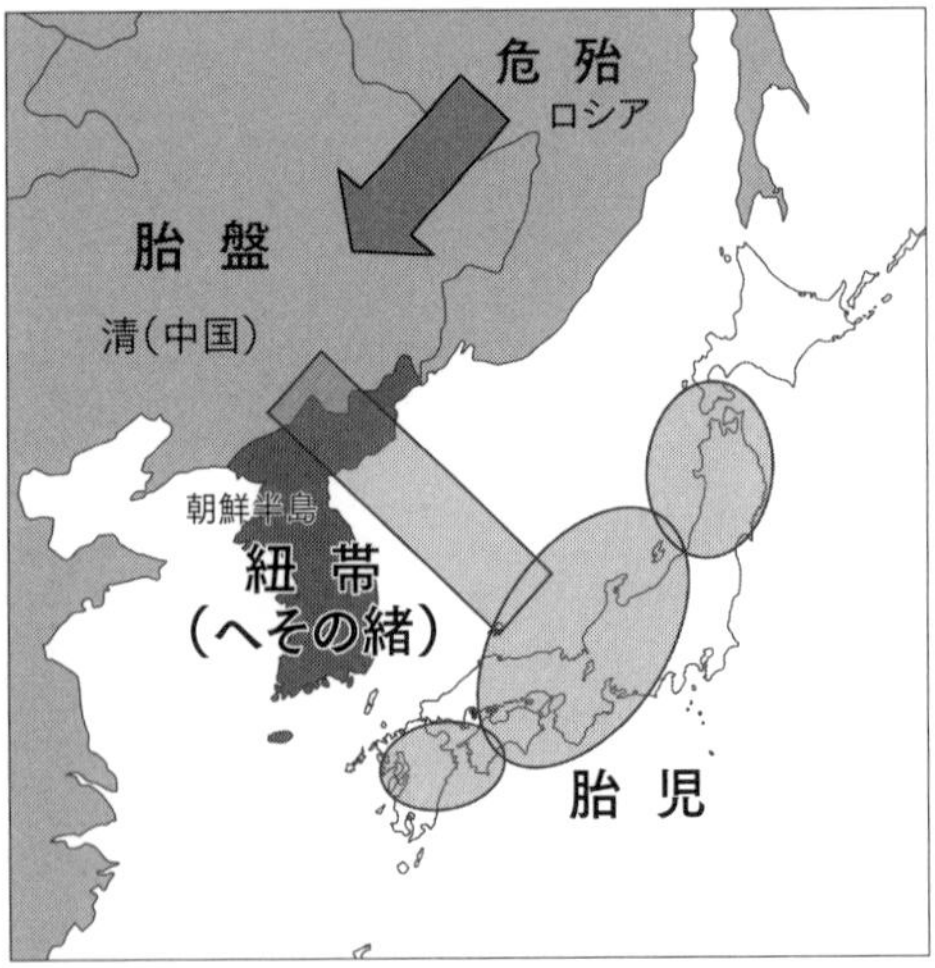

地政学と戦略文化という呪縛

本書では、地政学を国家の所在する地域と地理的要因から、その国家が持つ志向（オリエント）を読み解こうとする学問と考えた。第二次世界大戦が勃発する前、ナチス・ドイツは東欧やソ連を「生存圏」などと呼び、侵略を正当化していた。同様に大日本帝国では、「危殆論」があった。日本を胎児に見立て、朝鮮半島を紐帯、大陸を母胎とし、胎児の健康に栄養が必要なように、中国への侵略を当然の権利のように主張したのである。これは最終的に「地政学」と結びついた。世界を四分割したうちの一つ、アジアにおける盟主に就くこと、すなわち伝統的な「華夷秩序」への挑戦や「脱亜」実現でもあった。

戦略文化◆も国家を形成する民族あるいは国民が共通

の体験として積み重ねてきた歴史に基づく偏向である。つまり合理的な戦略形成や国家としての意思決定の阻害要因と成り得るのである。また政治体制などにも影響するかもしれない。さらに、戦略文化は経済領域のような損得や計算では説明できないことなども多々ある。すなわち国家は合理的な政策決定だけでなく、時としてゲインよりコストが高くつくと分かっていても行動してしまうのである。日本においても、帝国主義あるいは植民地主義と言われる従来のレジームが多くの国で見直されたにもかかわらず、軍による占領、植民地支配という古いレジームに固執した。米国などは既に大規模資本の投入による経済優先の施策で利益を得ようとしていたのである。それはまた、経済制裁、対日石油輸出禁止などの非軍事主体の選択も米国は手にすることを意味した。よって経済で米国に依存する日本にとっては致命的な弱体要因となった。その結果、日本は豊かになるために始めた戦争が長期化し、国民を苦しめることとなった。そして最後は圧倒的に優勢な戦力を保有する米国との戦争を回避できずに開戦し、大日本帝国は滅亡に至るのである。

◆

中国の日本に対する戦略文化の一片を紹介したい。それは、中国の5000年と言われる歴史の中で、日本が中国より上位にいたのは50年だけであり、しかも、それは列強に蹂躙され疲弊していた中国と日本の関係でもあった。よって、残りの4950年は中国の方が優位にいる、という考え方である。

その驕りからか、著者が中国において、あるレセプションに参加した際、中国軍高官からこのように言われた。「日本はアジアの国だ。それなのに、なぜ米国に従うのだ。俺たちは兄弟だろ」と。彼の考え方は戦略文化を基に地理的要件のみで国際政治が成り立っているというものなのだろう。

また日本の戦略文化として「核」や軍隊に対するアレルギーと湾岸戦争でのトラウマがある。「核」や軍隊に対するアレルギーについては今更説明は不要であろう。ただし日本の第一次湾岸戦争での教訓については、補足する必要があるだろう。石油輸入国であり、中東の安定の責任者である日本が、どれだけお金を拠出しても、国際社会に認められない、という現実だった。日本とドイツが多くの資金的貢献を行い、特に日本は最大の資金的援助を行った。これが「札束外交」のトラウマから始まった自衛隊による国際貢献の始まりであった。

富国強兵の矛盾もそこにある。

そもそも富国のみならず強兵を付けたのも、当時の国際情勢を弱肉強食の阿修羅の棲む世界と結びつけ、生き残るためには軍事力が必要であり、強い軍隊を裏付けとして世界へ乗り出していく、という野望ともとれる志向があったことは否定できまい。

このように地政学と戦略文化について検証することは、これからの議論を進めるに当たって、有意義だと考える。

戦争を読み解く視座

制限戦争と絶対戦争

かつて戦争には「制限戦争」と「絶対戦争」という二つの概念区分があった。ナポレオン・ボナパルトの時代のことであり、彼が仏軍を指揮する頃から軍事の世界では、戦争が大きく変わったのである。それは殲滅戦略と消耗戦略の違いにも象徴される。すなわちナポレオン以前の戦争は、戦争といっても親戚や血のつながった絶対権力者同士の戦いであり、戦う相手の国の消滅までを目標としていない。同様に、相手の軍隊を殲滅させることが目的ではない。すなわち、領土や富などの有利な条件の獲得により戦争が終結する、そのような制動が利く中での戦いであった。よって制限戦争とも呼ばれ、戦略の有無にかかわらず、作戦・戦術レベルでは圧倒的優位な態勢をとることで戦争が終結したのである。

それに対し、ナポレオンの出現は、戦争の形態を一変させた。ナポレオン自らが言うように、負ければ全てを失う。その中には当然、彼の命もあったと考えていたようだ。戦略レベルでの戦争が行われ、目的も敵の国全ての獲得であり、敵の軍隊も殲滅させるのである。それを絶対戦争と呼ぶのだ。よって、戦略、作戦、戦術という戦争の階層についても、新たに考えなくてはならなくなった。

戦争の階層

この難問に取り組む動きは過去にもあった。それは戦争の本質の考察と無関係ではなかった。世界最古の戦略家と呼ばれる孫子は、弱肉強食の世界における生き残りの戦略を生み出し、「自助」に主眼を置き、戦争の本質を明らかにしようとした。またクラウゼヴィッツは戦争を哲学的に分析し、難解な解釈とともに、「戦場の霧」と呼ばれる予測不能な要因の存在を挙げ、戦争の合理性を証明しようとした。しかし、かえって戦場の霧の存在により、合理性を否定する結果となった。そのため、本書では戦争と人類が行う他の行動とを区分するための事象について言及していくことにとどめる。

ここで戦争の階層について言及する。階層とは「戦略」「作戦」「戦術」と呼ばれるものである。この階層区分が明確になったのは先述の通り、18世紀後半のナポレオン戦争の時代だったとされる。実際、戦場で戦う個々の戦闘を戦術レベルと呼んだ。また複数の戦闘を収束し、作戦を主宰することを作戦レベルと呼んだ。そしてそれらを国家レベルにおいて、複数の作戦を主宰する場合には戦略レベルなどと呼ばれる。

もともとは部隊の大きさとの関連性が強く、師団以下の部隊が独立的に戦闘することを戦術レベルと言い、要域において師団より大きな部隊、軍などが行う戦いを作戦レベルと呼んだ。またそれより大きな要域戦闘軍などの作戦を戦略レベルなどとした。例えば在欧米軍などが、それに該当する。「小さい戦争」「大きな戦争」そして、その間に位置するのが「中くらいの戦争」と呼ぶべきものか（図4－1参照。153ページ）。

その後、戦争の階層は部隊の規模によって決められるのではなく、作戦・戦闘の成果が影響をもたらす対象によって、階層が決まると考えられるようになった。例えば、局地あるいは特定の地域へ限定的に影響を与える作戦を戦術レベル、地域全体に影響を与える作戦を作戦レベル、さらに国家中枢に影響を与える作戦を戦略レベルの戦い、といった具合である。これを分かりやすくするため、日本に当てはめると、都道府県に展開する師団以下の部隊の戦闘を戦術レベルと呼び、関東や東北、四国地方などの地方レベルで作戦を主宰する方面隊の作戦を作戦レベル、そして方面隊をまたぐ広域において陸上総隊などが作戦を主宰する部隊の作戦群を戦略レベルなどと呼ぶのである。

また戦争の階層が出現したのも指揮・通信や火力の発達により、戦場が拡大したことと無縁ではないだろう。階層だけではなく電撃戦などは空地（航空機と戦車などの航空部隊と地上部隊との協同）の通信を構成することにより作戦リズム、すなわち情報、意思決定、打撃に至る流れを変えるのに成功した。その結果、自らの作戦を迅速化して相手の指揮・通信と部隊の行動を麻痺させた、という見方もできる。つまり戦場に革新をもたらしたのである。逆に言うと、戦訓を基に新たな戦争のことを考え、戦場に革新をもたらす者が戦争に勝利すると考えられるのである。

しかし現在では「ストラテジック・コーポラル（戦略に影響を及ぼす伍長の行動、という意味）」などと呼ばれるように、戦争の階層の融合が進んでいるのも事実である。例を挙げるならば、沖縄に駐留する米軍の一人の伍長の行動が日米両国間の問題へと発展する可能性がある、ということだ。数人で飛行機をハイジャックし、米国の経済中枢のニューヨークにおいて、世界貿易センタービルへ突入、戦略的な規模での損害をもたらしたのも、その一つの例であろう。

そのため、戦争の本質を知るためには、戦争の階層だけではなく、三つの考察軸からの分析が有効だと考える。三つの考察軸とは、「機能」「時間」「空間」の考察軸である。

図1-1　各考察軸からの分析（イメージ）

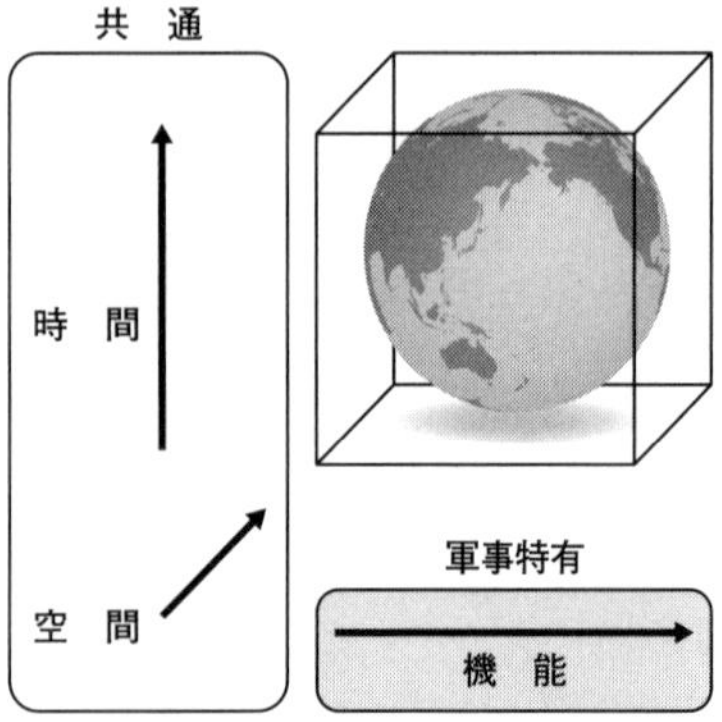

機能軸からの考察

そもそも戦争の機能とは何か。それは戦争を構成する要素とも言える。まず国家が持つ軍事主体と非軍事主体の機能に区分できる。非軍事主体とは、政治・外交、経済、文化・社会などの領域である。それらは独立しているものではなく、相互に依存する。軍事と経済が融合すれば、経済制裁などの処置が可能となり、軍事と文化・社会が結びつけば、軍国主義や軍事教育などによる軍国化の礎となる。これは対外紛争の解決を軍事手段優先とする意にもなる（反対はソフトパワー）。クラウゼヴィッツが「戦争は政治の延長」と語ったが、政治の失策が戦争を招来する要因となりうるのである。しかし、政治以外の領域でも戦争は起き得る。

総力戦と戦争指導という視点から考察すれば、プロイセン国王・ドイツ皇帝ヴィルヘルム2世（とそれを支えた宰相オットー・フォン・ビスマルク）と、陸軍参謀総長ヘルムート・カール・ベルンハルト・グラーフ・フォン・モルトケの関係が興味深い。それは、政治と軍事の主導権争い、あるいは政軍関係、さらに言うと軍人が指揮官か文民が指揮官か、という問題にも帰結するのである。

つまり、普墺戦争の際、モルトケ参謀総長が戦機を捉えて、ウィーン攻略までを主張したのに対し、ビスマルク宰相が次のように言い、中止したことである。「プロイセン軍がウィーンを攻略すれば欧州の多くの国を敵に回すこととなり、最終的にプロイセンは撤退せざるを得なくなる」。同様に普仏戦争の際は、あえてプロイセンがパリ陥落のチャンスを放棄したのである。

また政治と軍事の関係は治安が良くない国などでは、不正のない選挙を成功させることなどにも影響を及ぼす。よって外交ではなく、戦争、あるいは戦争回避の目的の一つにもなるであろう。

加えて経済と軍事とでは経済制裁だけではなく、ビジネスモデルの導入や工場や農場における労働力としての軍事、それどころかサービス業としての軍事と密接な関係がある。その理由として、徴兵制などにより軍は国民との距離が近いことも挙げられるのかもしれない。さらに、経済と軍事は戦後論や復興など、戦争前あるいは戦争中の概念だけではなく、戦争後においてさえ、これらの関係を考慮する必要があるだろう。

その他にも機能は、戦争を分析する視点にもなる。しかも部隊の規模にかかわらず、これ以上分解できない「原子」あるいは「素数」のようなものなのであるので複雑な戦争を分析する資となるのだ。

次に軍事主体の機能について見ると、「認識」「指揮」「機動」「打撃」「防護」「持続」と六つに分けることができる。部隊等は任務に応じて、それぞれの機能を効率的に組み合わせ、作戦を遂行する。そういった意味からすると、多くの軍隊の編成・装備についても、それぞれの機能を効率的に具現するためのものと考えるべきである。

ただし、これらの機能が戦争の焦点によっても軽重が異なってくるのは自明だ。平素においては作戦基盤の要となる「認識」「持続」が重要な機能とされる。その一方で作戦初期においては、「指揮」「機動」「持続」などの機能の重要性が増していく。

それぞれの機能について、もう少し説明を加える必要があるだろう。まず「認識」は全ての機能に影響を及ぼす重要な機能であり、部隊の活動に最初から最後まで携わる。よって指揮官の指揮にも影響する。また認識は心理戦や情報戦なども含む概念であり、宇宙・サイバー・電磁波などと深い関係を持つ認知領域へ影響を及ぼすもの全てと言い換えることができる。

「指揮」は各機能を総合する主要な機能である。図を見ても分かるように、指揮は各機能の中心に在り、各機能の現況や推移、将来予測なども一番よく分かるものでなければならない。それはそうだろう。部隊の核心は指揮官であり、指揮官の企図を具現するために、参謀や部隊は存在するからである。

「機動」「打撃」「防護」は戦闘力を構成する機能と言われる。この中で機動は単なる移動とは違い、敵の脅威を意識する中での移動である。また打撃は、軍の存在意義である戦いの骨幹手段の火力をはじめ、軍の各種アセットを利用して、敵に損害を与えることと換言できる。そして防護は、敵のあらゆる手段から部隊や個人を護る機能である。

残りの「持続」は戦争に可能性を付与するものであり、膨大な兵站や動員を可能とする人事、質的向上に必要な教育訓練や教訓収集業務、行政との調整など、様々な業務を含む。

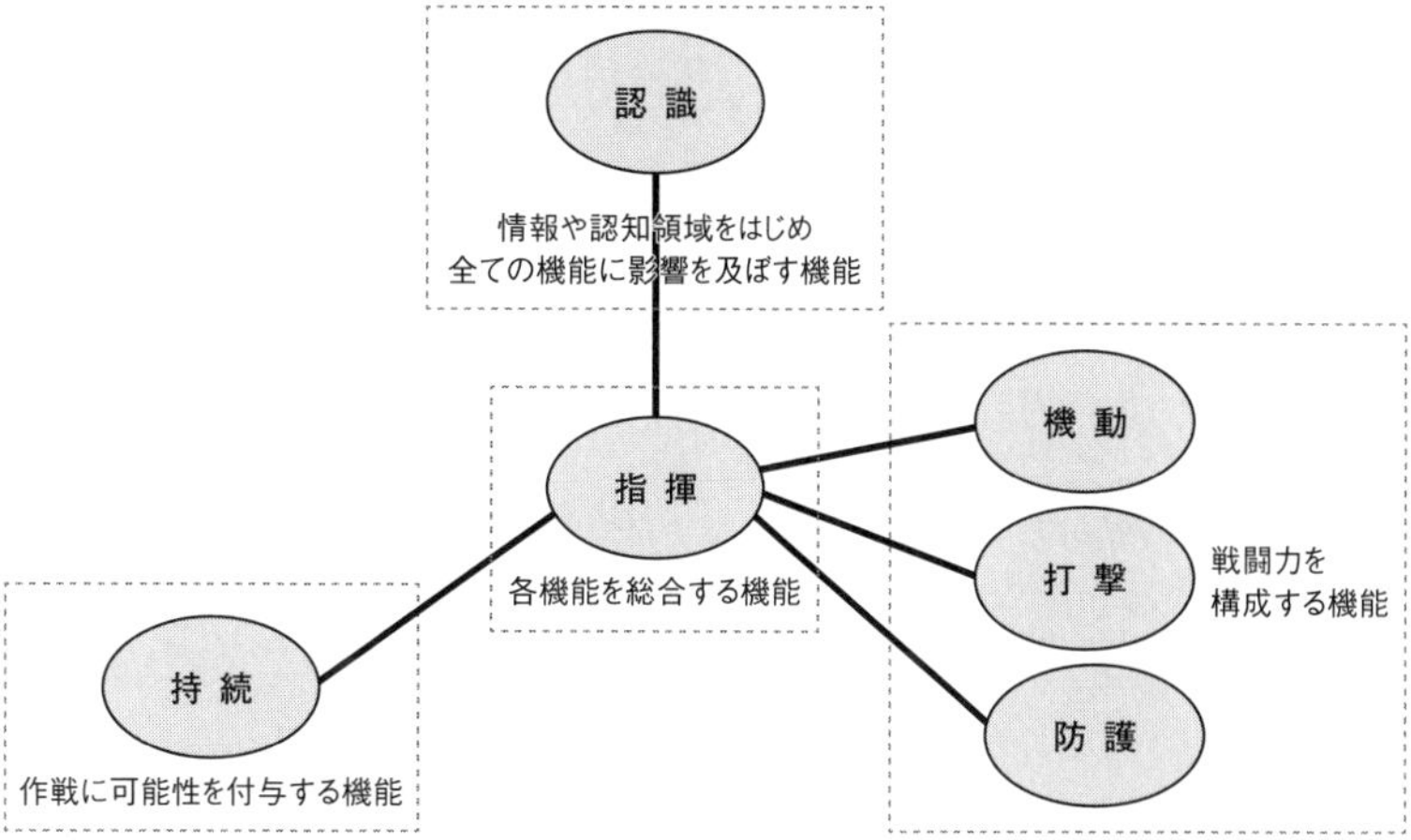

軍によって細分化される兵科（職種）も、そのような機能の具体化に資するものである。つまり、これらの機能を基に共通あるいは兵科ごとに部隊等を特化し、戦力の効率的な発揮に資するのである。

ここで理解を容易にするため、誤解を恐れず人間同士のケンカに置き換えて説明する。

まず認識は視覚、聴覚、嗅覚、触覚、味覚、そして理屈ではない何かを含めた全ての機能である。

そして、指揮は考えること、あるいは決心する、そうでなくても本能的な体の反応を司る機能である。

機動は歩く、駆け足をするなど、目的地へ移動するための機能である。もちろん態勢を整えるためのステップなども含まれる。

次に打撃は戦いの場合、叩く、素手で殴る、武器を使用して損害を与える機能である。

逆に防護は、それらの打撃から身を守る機能ということになる。

そして最後の持続は、上記の行為を続けるために必要な食事や弾の補給、損耗更新などと言える。戦場に立つ戦闘員は敵を発見し、射撃に適する位置まで前進、そして遮蔽物から敵が斃れるまで小銃を射ち続ける、六つの機能を使って戦いを行っているのである。

時間軸からの考察

戦争を体験した世代の人が少なくなり、実体験ではなく、間接体験に基づく戦争への考察が主流になりつつある。また戦争を知らない世代が自ら読んだ小説や戦記だけから戦争を学ぶのは正しい戦争認識を困難にする要因の一つになるかもしれない。

そこで、時間軸からの考察は、アナロジーの抽出が究極の目的となるかもしれない。戦争を遂行するための軍事力の整備には時間がかかる。また一度決めた軍事力整備の方向性を変えるのには時間も労力もかかる。よって戦争遂行だけでなく、戦争準備の段階においても時間という機能から戦争を分析することは有意義だと思われる。過去、現在、未来の一貫した分析を行うために、戦史や戦訓の分析を周到に行い、未来を予測する縁とするのである。

逆に言うと、将来のことを予測するために過去の戦例を分析することに他ならない。「温故知新」にも似たような概念である。モルトケは軍事の領域では、他の学問のように合理的な机上論を戒め、経験的道程が不可欠と警鐘を鳴らすのも、そのような意味からであろう。

また過去の戦争のことを「正しく」知るためには、当時の時代背景をよく知ることが不可欠である。現在の価値基準や価値観から考察するだけでは、理解できない場合もあるからだ。これらは現代から見て過去を否定するだけの愚を排除するためにも有効なプロセスだと考えられる。

空間軸からの考察

空間軸からの考察は、その空間が醸し出すトレンドの抽出が最終の目的かもしれない。空間の概念は長いこと、「陸」「海」「空」の領域と言われてきた。しかし、最近は統合が進むとともに、外国軍、他省庁、民

JADC2のイメージ

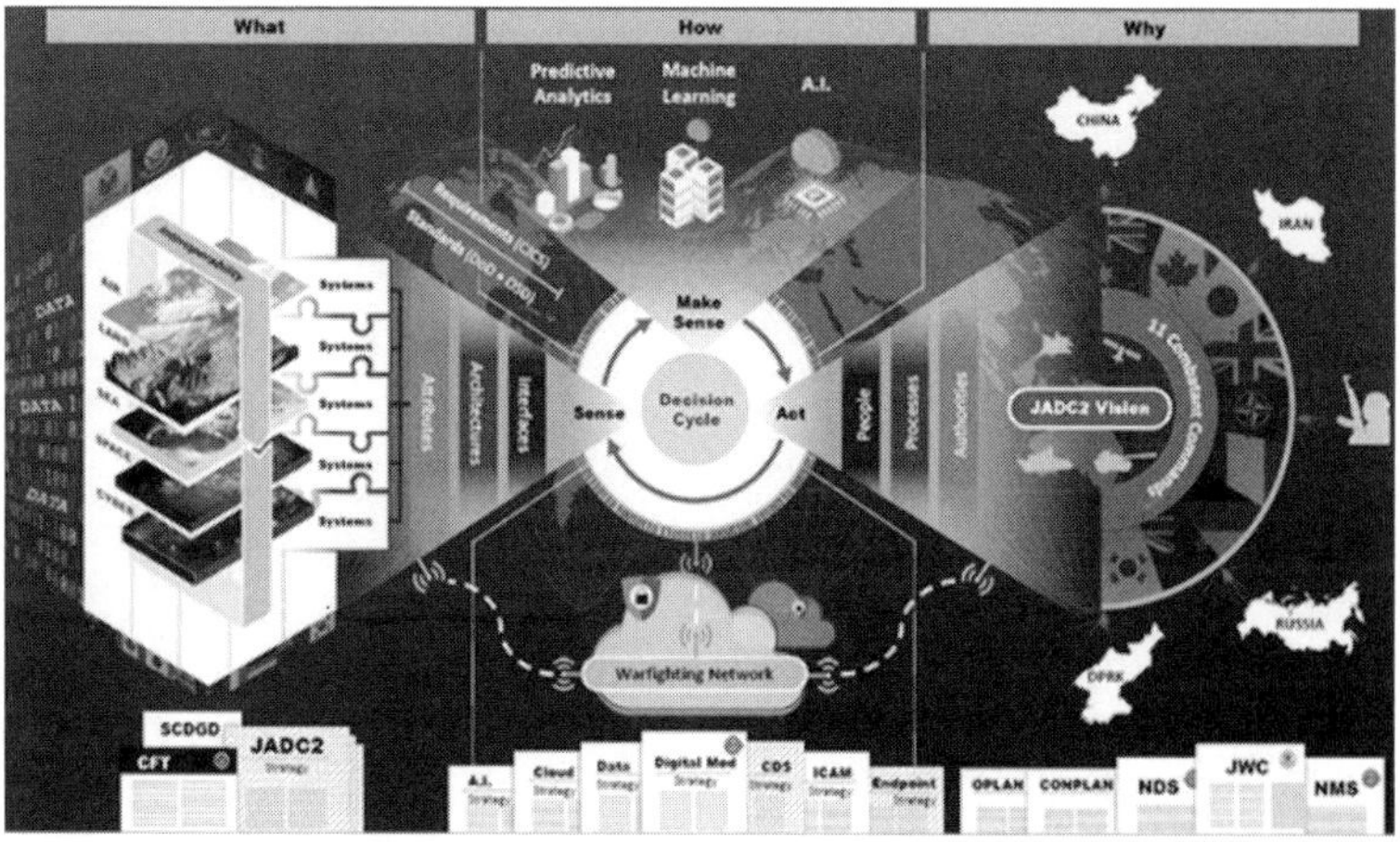

間力等を活用した「大統合」が進んでいる。その上、後述するように「オールドメイン」という言葉も出現している。つまり「宇宙」「サイバー」「電磁波」などを含むあらゆる領域のことである。ちなみに米軍ではこのような作戦環境で行う指揮体制を「ＪＡＤＣ２（Joint All-Domain Command and Control：全領域での統合指揮統制）」と呼んでいる。これらのことから影響を与える空間の境界は、情報技術の発達や兵器の発展と相まって消滅しつつあるように考えられる。

有形無形の戦闘力

機能軸で述べたように、戦闘力を構成する要素には、機動、打撃、防護などがある。これらの有形の要素に加え、無形あるいは精神的な要素として、指揮官の性格、将兵の士気などがある。また部隊が持つ、訓練練度や指揮官の運用能力や実員指揮能力、訓練指導能力などもあるだろう。

これらの要素は太平洋戦争において物資の不足を精神力で補うことに依存したため、悪いイメージを持たれることが多い。しかし、指揮官の精否や部隊の士気により勝敗が決まる事例はたくさんある。

さらに半導体などの最先端技術が「担保」となり、安全保障に大きな影響を及ぼすことも忘れてはならない。すなわち技術も無形の戦闘力となるのである。それ以外にも信頼や良いイメージ、ソフトパワーも時により有形無形の戦闘力に勝るとも劣らない有効な戦闘力になり得るのである。

戦争の前提

脅威認識

脅威とは何か。

それは誰が決めるものなのか。我が定めるのか。それとも敵が表明するものなのか。そもそも脅威とは何を指すのか。南太平洋の島々にとって最大の脅威は、地球温暖化の影響を受け、水位上昇がもたらす国土の消滅だった。また、多くの国にとって疫病流行がもたらす生命の危機も脅威であろう。これらの脅威は国家や人間だけが脅威の対象ではないことを我々に教える。

また国家の誕生過程において脅威が最初から存在している国がある。その場合、敵は明確である。敵の意思と能力の掛け算により、脅威の実態を予測することが可能と言われるからだ。しかし、脅威を目の当たりにすれば、安全保障のマージンを敵より多く獲得しようとし、エスカレーションに陥ることは必至だ。

逆に、明確な脅威が存在しない国は、戦略環境の変化により、顕在化する脅威に対応することが合理的だと思われる。ただし、この場合、先述した通り、軍事力整備に時間と労力がかかるということを考慮すれば、時間のマージンと多くのオプションを用意する必要がある。また優先順位もできることから対応するということになるであろう。これを米国に例をとり説明する。

著者が米国のクアンティコで海兵隊戦力開発司令部（U.S. Marine Corps Combat Development Command）の研究者と議論した時のことである。「なぜ日本は国力、戦力が圧倒的に違う米国へ戦いを挑んだと思うか」という、著者の問いに対し、多くの者が「日本は米国の国力、軍事力の戦力増強のペースを正しく認識できなかった」と答えた。つまり、日本はシベリア出兵や第一次世界大戦での米軍の評価を変えることができなかった。しかし、実際には米国は革命的な産業構造の発展を背景に、またウィルソン主義に基づく意識の変革をはじめ質量ともに外征軍へと進化を遂げていたのである。日本はそれを見抜けなかったのだ。

国際社会のアクターは性善説か性悪説か

脅威と似ているものだが、国際社会のアクターは性善説あるいは性悪説のどちらに支配されているのだろうか。これまでにも幾度となく議論されてきたことである。リアリズムは性悪説、リベラリズムは性善説と単純に決めつけられるものではない。ただしリアリズムの世界観によれば、国際システムは無政府状態にあるので、自国の主権、独立と繁栄は自らの手で確保しなければならないとする。それに対し、リベラリズムの世界観では国際政治の協調性が強調され、軍事力にある程度の役割が期待される反面、軍事以外の領域により、国家間の争いをなくすことができるとする。

しかし、昨今の戦争において偽情報（フェイクニュース）が横行していることを見れば、戦争がもはやリアリズムの森の奥地に足を踏み込んでいる証拠ではないだろうか。フェイクでなくても、次のような事例がある。第一次世界大戦が終結した後、米国は「民主主義国家の警察にならん」と自ら宣言した。しかし、実際はどうだったか。数十年を待たずして、二度目の戦争が生起したのである。その時の教訓から強制力を伴わない条約が極めて脆弱なことを学んだ。

またリアリズムとリベラリズムの主導権争いからも、軍事の領域では、性善説をとるほどの自信家は少ないのではないかと思われる。つまりアクターの中でも軍事領域は性悪説に基づき考慮されやすいということになる。

よって軍事領域からは真珠湾攻撃、9・11同時多発テロ事件、ロシアのクリミア侵攻、ウクライナ侵攻、ハマスのイスラエルへのロケット攻撃など、可能性があれば蓋然性となり、蓋然性があればすなわち実行される、よってそれに備えなくてはならないという考えが大勢を占めたとしても不思議はない。このように、視点や環境などにも国際社会や戦略環境は影響されやすいものなのである。

何のための平和

何のための平和かを考える際、アンチテーゼである何のための戦争かを考えるのも無駄ではないだろう。エドワード・ルトワックは「平和を欲するなら戦いに備えよ」と逆説的に真実を語った。これはフラウィウス・ウェゲティウス・レナトゥスの発言を基にしたと思われる。レナトゥスは4世紀頃のローマ帝国の軍事学者であり、『軍事論』の著者である。

もともとは限られた食糧をめぐり、自分や家族が生きるために戦ったと思われる。つまり、戦いの目的は食糧の獲得などであり、それを生み出す土地や海域の獲得である。その欲望が満たされると次に豊かさを追求した。食糧や地域に加え、資源、そして奴隷などの労働力が狙いとなったのだ。資源や労働力の獲得は戦争に生産性を見出すことと同義語となり、やがては貧富の格差拡大につながった。そもそも欲望は満たされることなどあるのか。富の蓄積は満足できるものなのであろうか。際限なく求めていくのではないか。そうなれば、戦争の種が尽きることはないのである。

もちろん全ての国がそのような経過をたどったわけではない。農耕国家と狩猟国家などでも違うだろう。しかし個人、家族、集落、地域、国家のリーダーの最も重要な役割の一つに、効率的な利益の追求があり、軍事の場合、少ない損害で多くの利益を獲得することが求められたのは間違いないだろう。となれば、リーダーを中心とするヒエラルキーも発生したはずである。これは国家の主要な機能の一つに政治・外交、軍事、経済、文化・社会の主要機能が成立したことを理解するのを容易にするであろう。

時代を通じて宗教や王政などが成立し、欧州では制限戦争が全盛を迎えた。その時、教皇や国王が主権を持っていたのであり、その領土・領海などの拡大が何よりも重要なものとなっていった。当時は産業革命などがあり、各国は競って良い兵隊と良い装備を手にしようとした。その時の勝敗を決めるのは武器の良否だったからだ。しかし革命が生起し、市民軍ができると、その思想を広げるための戦いが主役になった。具体的には「自由」「法の下の平等」などの人間としての基本的な思想を世界へ伝播していくことである。

しかし、これは欧州など、民族や言語、あるいは宗教などの同一の価値観を持つ空間に限られたことであった。次第に民族が異なり、異文化や異教などの価値観が異なる人々への侵略が巻き起こったのである。植民地主義あるいは帝国主義の話である。ここでの言及は重複を避けるために割愛する。

やがて20世紀最大の実験と言われた社会・共産主義国家が成立したが、最初の数十年は戦いの主役ではなかった。資本主義の中での戦い、つまり民主主義国家と独裁主義国家との戦いが顕著になった。

その後、資本主義と共産主義との対立が激しくなると、イデオロギーの戦いへと変貌する。権威主義や名誉が重要な要素であった。また世界大戦などを通じて緩衝地帯の存在も必要になった。

そして、テロとの戦いなどがあり、情報化時代の戦争へと変化していく。これらの戦いから精神的にも物理的にも安全・安定を確保することが平和を意味するようになった。これらはもう少し具体化して後述する。

誰が戦うのか

総力戦の定義は様々だ。本書では全ての社会人による平準化を意味するのではなく、軍の統制による各職域での戦力化、つまり戦争への参加を意味すると考えた。そして、その結果として国力の総和で戦争を行うと結論付けた。

もともと、戦闘する者とそうでない者との区分などはなかった。普段は農耕や狩猟に勤しんでいた者が、必要となれば戦うのである。それが余剰な食糧、財産の確保により、農耕などの仕事から放たれ、軍事を専門にする人々が生まれたのだ。

そういった意味で人口減少が顕著な国や少子化の国にとっては戦う者の数は大きな問題である。志願制や徴兵制の問題にも発展するかもしれない。また多くの国は人命を尊重するのは当然だと思っているかもしれない。しかし良好な軍事力を整備することを優先させ、物量や兵器の精粗を人命で補おうとする国もある。毛沢東は「原爆など怖くはない。中国には数億人の人民がいるからだ」と語ったとされる。一方、国民の絶対数が少ない国では、戦闘員の数が足りなくなるのを防ぐため、防護の機能を重視するのはもちろん、無人化や省人化に徹する軍隊も存在する。その例としてイスラエルなどが挙げられる。またイスラエルは損耗が激しい大規模戦や長期の戦い（いわゆる持久戦など）を避ける傾向もあり、それが第三次中東戦争の奇襲につながったとされる。

なお、戦闘員を短期間で増やすことは質の低下を招くとされる。そのため兵器の簡略化やＩＴなどの活用による戦闘の容易化なども求められてきた。その例として、戦車のオートマチック・トランスミッションなどが挙げられる。また小銃に制限射機能を付けたのも特殊な環境下における兵士の精神的負担を軽減した結果からである。

このように戦争は、それまでの社会全体のヒエラルキーを変化させる手段となる。弱者（個人という意味だけではなく、国家という意味でも使われる）にもチャンスが与えられるのである。そのため戦う人の主体となる国民や民族としてのアイデンティティの確立にも役立ってきたと言えるのだ。

統合と軍種の独立

軍種とは、概ね陸海空（最近では宇宙やサイバー、電磁波の領域も含む）の各領域で主体となる軍の種類である。その中で陸軍と海軍に加え、空で戦う軍種や部隊が誕生した時、多くの国では統合の問題が起きた。陸海空の部隊から成る統合部隊を編成すべきか、陸海空の各部隊が独立の軍種として戦場で戦い、必要に応じて協同するのがよいのかの選択である。

日本でも、統合の難しさを伝える言葉がある。それは太平洋戦争での教訓でもある。つまり「陸海軍相争い、余力を持って米英に当たる」などと揶揄されたことだ。そのため戦後、自衛隊（当初は警察予備隊や保安隊など）の編成に当たっても一軍構想が持ち上がった。その時、防衛庁・自衛隊が参考にしたのは米国防総省だった。すると国防総省は思いのほか、統合が進んでいなかった。また陸海空といったプロパーの各パートナーは国こそ違えど、専門的分野で同一の文化で育った軍種同士が調整しやすい、などの意見があり、一軍化を否定したのだった。日本では航空自衛隊が創設される際にも統合の問題が再燃した。その時、折衷案として統合幕僚会議（事務局）という組織を新設した。しかしまたもや「高位高官、権限皆無（無為無策）」などと陰口をたたかれることになったのである。

そもそも陸軍種は、国家の誕生とともに、脅威が明確な場合が多かった。また海空軍は決戦思想が強く、他軍種の支援に回る協同に対し、否定的な立場に立つことが多い。その背景には少数派としての数の論理もあったかもしれない。ただし空地協同の成功例として、ドイツ軍の電撃戦は有名である。

米国では、海兵隊が陸海空の戦闘部隊の機能を持っているが、陸軍と違い、やや占領（防御）能力に欠けるなどの特徴を有する。共通の認識を持ちやすい文化の構築が不可欠なのは先に述べた通りである。これは集権化と分権化の問題に帰結する。統合運用か統合部隊の創設かである。日本ではＪＴＦ（Joint Task Force）、つまり陸海空の軍種をある任務を達成するために統合する統合任務部隊の編成も想定されているが、米国では、ＯＰ（作戦）コントロール　Ｌｏｇ（後方支援）コントロール、ＡＤ（行政）コントロールなどの機能別に指揮下組織を運用できるように着意している。これは各軍種の文化の相異にも着意したものに他ならない。

どこで戦うのか

かつて戦場と日常生活の場とは比較的容易に区分できた。なぜなら、市街地戦になる前に、決定的な影響を与える緊要地形の獲得が前提となり、戦場が決まったからである。結果として戦場は市街地などの生活の中心から離隔した地域になった。しかし最近の戦争の趨勢、あるいはテロとの戦いにおいては日常生活の場がそのまま戦場になることさえある。つまり戦場が持つ言葉の意味が変化し、もはや、その概念さえ消滅しているのである。

いつ戦うのか

戦場の概念と同じように、平時と有事の概念も変化している。その区分がもはや明確ではないのだ。すなわち、宣戦布告を行い、正規軍同士が戦った時代とは異なり、平時と有事を考察するための対象が複雑になっているのである。戦いと日常生活が同居しているとも言える。それを戦いの長期化と見る向きもある。つまり一旦、戦争が始まれば戦いの終結に相当の時間を要し、そうなれば当然、犠牲や労力もかかると言うのだ。

三国干渉で遼東半島を返還した後、日本は「臥薪嘗胆」を合い言葉に仮想敵国を露国と決め戦争準備を始めた。これも日本がすでに潜在的な戦争を発動していた、ということになる。

またバトル・リズムと呼ばれる戦争のリズムも変化している。先述したドイツの電撃戦からも分かるように「IDAサイクル」または「OODAループ」などと呼ばれる意思決定から行動、評価の速度のリズムを速めることが戦いに勝つとされる。具体的には作戦環境の特質や任務分析を周到に行い、情報収集、大綱示達、主要調整、計画作成・示達、命令作成・下達、実行（確認・評価）、教訓収集・反映・普及、次の状況判断へと進むことである。これらの速度を早めることが勝利を約束するのである。

軍が戦うのか

国家の機能には政治・外交、軍事、経済、文化・社会、その他の領域などがある。それぞれの領域は国家の志向（オリエント）に影響を受ける。つまり軍の形をとっている国家も存在するということだ。そのような場合、多くは主権者が独裁者であり、制度上、軍の最高司令官となる。よって、軍の管理も軍が行う。このように文民が軍を管理する、あるいは軍が文民を支配するのも国家によって異なる。ただし、軍事国家は視野が狭隘になりやすい傾向を有する。なぜなら平時、軍はアセット、特に予算の関係から縮小されることが多く、組織防衛にも走りやすくなる。それにもかかわらず、有事は軍人が軍事以外の領域に進出することが求められ、他の領域の専門家との交錯が多くなる。加えて軍の専門性も高くなり、高級将校になればなるほど、軍事技術の研鑽が不可欠となるからである。

戦争の動機

無自覚の悪意

これまで見てきた通り、平時と有事の区分が曖昧になる中、グレーゾーンと呼ばれる平時と有事の混交する事態も変化しつつある。つまり新たな戦争では、時間、空間、機能などの観点から考察した場合、領域の境界をなくす戦いであることが分かる。よって、法的枠組みなども再定義する必要があるのではないだろうか。イスラエルが戦略的縦深性に欠けているため、他国の領土であっても長距離ミサイルが配備されることを嫌悪し、状況によっては、それを宣戦布告と捉えていた。また早期に臨戦態勢へ移行するため、先行的に攻勢態勢へ移行する傾向があったのも、その証左である。共に相手の意図を探る中、無自覚の悪意とも呼べるものが存在するのである。

アイデンティティ

国家の守るべきアイデンティティとは、主権、国民、領土、民族としての、あるいは同一宗教としての価値観や文化なのか。それは国家の戦略環境、誕生プロセスなどによって変わってくるであろう。イスラエルなどは長い間、迫害された末、ユダヤ教を信じること以外、共通の価値観をほとんど持たない人々がキブツをつくった。そしてヘブライ語が母国語になってからでさえ、意思の伝達が十分に行えず、徐々に国家としてのアイデンティティが確立した過去を持つ。この点、移民国家や多民族国家においても類似した問題を抱えていることを我々に示唆する。よって国家指導者には強いリーダーシップが求められ、明確なアイデンティティがあった方がよい。結果として、アイデンティティを確立するためには、国民に忍耐を強いる守勢よりも、攻撃的な姿勢が求められるという国家としての志向も確立されやすくなるのである。

勝敗の評価

戦争では何が勝敗を決めるのか。

まず考えられるのが意思の受容である。次に領土・領域、富の獲得、主権の交代、生存者と死者の数など、が考えられる。その中で領土・領域といったゼロ・サム状態が生起する場合、特に武力による紛争解決に流れやすい。

かつてローマ帝国は勢力拡大あるいは維持のコストと利益のバランスが崩れ滅亡した。よって、勝つことと国家の安寧とは異なるものであり、それが政治・外交、経済、文化・社会と軍事が異なる所以でもある。

また主権者の認識とそれを構成する人々との認識も必ずしも一致しない。多くの戦争は生存のためと言われるが、構成員は犠牲の数により、主権者の期待を上回るゲインを求めていることさえあり、勝敗に対する認識も異なるのではないだろうか。ここから導き出されるのは、戦争には明確な大義名分が必要であり、戦争目的が達成された場合、直ちに戦争を止めなければいずれは敗北と同じ結果になるという定理である。

損耗限界という概念もある。それは国家、あるいは主権者、指導者によって異なるものである。どこまで損耗したら戦争での敗北を認めるのか、明確に示すことは難しい。日本ではまだほぼ無傷の軍隊が残っていたが降伏した。しかしヒトラーはベルリンが徹底的に破壊されても降伏しなかったのは周知の通りである。

現状維持国家と変革（現状打破）国家

現状維持国家は、自国を取り巻く戦略環境において、現状を維持することが最も国益を獲得できる国家と捉えることができる。往年の大英帝国などが該当する。大英帝国は「日の沈むところを知らず」と言われるほど、世界規模で植民地を獲得し、繁栄の基礎を築いた。それは19世紀初頭から20世紀まで続く。一方、変革国家は、そのような現状維持国家が望ましいと考える現状において、何らかの手段で打破する、すなわち変革を期待し、パラダイムチェンジを実現しようとする国家である。アジアでも日本は「脱亜論」を掲げ、「華夷秩序」という中国中心の戦略環境から、欧州列強に侵略され弱体化した中国への侵略を行い、アジアでのパラダイムチェンジを実現した。このパラダイムチェンジが起きるかもしれない時点から起きた後の不安定な戦略環境において戦争を誘発させる危険性があると考える。それは先に紹介した通り、トゥキディデスの罠と呼ばれるものだ。このような混沌とした戦略環境の中、誰が戦争の担い手となるのか。そして誰から戦争の担い手として認められるのか。

セルフマンデート（自己委任、自己委託）

台湾出兵や日清戦争では日本も利益を得た。それは植民地時代の最後期のことであった。しかし現代では侵略は国際社会からの非難を浴び、現在のレジームではゲインがコストを上回ることはほぼないであろう。当時、戦争は戦争をできる国が行ったのである。それにもかかわらず、ロシアはウクライナへ侵攻した。これをどう総括すべきであろうか。つまり現代でも戦争をできる国が戦争を行うのか。いや、そうではない。ロシアはまさにセルフマンデートにより侵攻を開始したのである。その一方でハマスとイスラエルの軍事衝突が激化する中、米国はイスラエルの支援を表明した。これにより、イスラエルは積極的な軍事作戦を行うことができた。そこには、自らのことを自ら決めるリーダー国と、リーダー国のフォロワーとしての役割を重視する国家が存在することを我々に教えるのである。

戦争におけるイニシアティブと相互依存

ここでリーダー国とフォロワー国との違いについて述べる。これは明確な定義があるわけではない。ただしリーダー国と言われる国はフォロワー国とは異なり、国際情勢の変化に機敏に対応していく必要がある。そのために新たなレジームを構築することが多い。リーダー国には自らの行動を正当化するための戦争哲学や思想が必要である。さらに大義名分も欠かせない。戦うため、すなわち勝つためのルール作りや掟も不可欠となる。よってリーダー国なら自らの目的を達成した後、直ちに戦いを終わらせることもできる。そして戦後のパワーバランスにフォロワー国の役割が大きく働くのである。リーダー国の行動を後押ししていかなければならないからだ。しかし、勝利した後に、戦争が続くのは何故か。それは必要以上の期待があり、敵の損害を多く見積もり、どこまでもより多くの我の利益を獲得しようとするためである。

新たな戦争の出現

認知領域・非認知領域での戦い

新たな戦争では空間軸が広がりを見せ、個々の戦争は現地だけではなく地図の上やモニターの中で行われることさえある。よって時として地球儀を俯瞰しての戦争、あるいは宇宙から見た戦争に近いものとなる。そのため現地での実戦感覚が欠如する。膨大な数の無人機や衛星が空間にあふれ、逆に人間の存在、あるいは戦場のリアリティが感じられなくなっていくのである。それは戦争の過熱化を招く恐れもある。

つまりゲーム感覚で人殺しを行う危険性だ。地図の上での戦争、モニターの中の戦いが主体となれば、ヴァーチャルな戦いになる。認識が共有され、意思決定プロセスが共通のものとなれば、上下一体となり、指揮階梯もフラット化する。この大前提は宇宙・サイバー・電磁波空間での優越である。キネティックとノンキネティックと接触下の戦いと非接触下の戦いが注目されていくのである。

結論――ハードルが下がるリアルな戦争

これまで見てきた通り、戦争の悲惨さが変わることはない。

その脅威や安全のマージン、エスカレーションの恐怖など、戦争の本質もまた変わらない。むしろウクライナやイスラエルの事例を見ればわかるとおり戦争が身近な存在になり、人類は底流にある災いを払拭できないでいる。つまり、リアルの戦争が起きる可能性が高まっていると言える。そうなれば自然と軍事の必要性も増大するのである。では、そもそも軍事の有用性とは何であろうか。

第2節　軍事の有用性

軍事の役割

軍の役割は、武力をもって主権、領土、領民（国民）を守ることである。しかし実際に全てを守ることは困難である。領土を犠牲にして戦いを継続する場合、国民である戦闘員の生命より、戦いの勝利を追求する場合もある。また軍は消費だけではなく、第一次産業あるいは第二次産業の担い手となり生産性が期待されることもある。さらに軍には「学校」としての役割を期待される一面もある。それは国家の方針や政策を具現するための有効な手段となるからである。

軍事の領域

クラウゼヴィッツは「戦争は政治の延長」と語り、後世の軍事研究者は火のない戦争を外交と呼び、火のある外交を戦争と呼んだ。これが正しければ一本のレールの上に政治と軍事があり、その線上において、戦争が生起するということになる。果たしてそうだろうか。現代では戦争は単独で捉えられるものではなく、他の領域と結びつけて考えなくてはならなくなった。総力戦時代からの特徴である。それは軍事領域と他の領域との相互依存をもたらすことを意味する。政治・外交と軍事が結びつけば、良好な国際情勢に寄与することができる。例えば治安維持や災害派遣における国際協力活動や、キャパシティービルディングなどである。湾岸戦争において資金提供だけではなく、人員派遣の重要性を覚った結果である。ただし多くの国は資金を拠出できないから人員を派遣していたのである。また先述したが、軍事と経済が結びつけば経済制裁も可能となり、軍事・民事の技術力競争や経済全般を支える手立てともなる。これを古くは「開物」と言い、明治以降、「殖産興業」が「富国強兵」の基盤となった。つまり戦争を開始する前に経済制裁などを科することにより、相手に優越するのである。そして軍事と文化・社会が結びつくことにより、宗教や民族としての意見を主張するのである。総力戦では国家が持つ、様々な領域の総和が重要となってくる。ただし、歴史を見れば決してプラスの効果だけとは言い切れない。

よって軍のことは、軍人に任せておけ、という時代は益々遠のいていくのである。さらに社会の変化が戦争を変えてきたわけではない。戦争が社会を変えることもあり、それらは相互に深い関係性を持っているのである。

内治軍及び外征軍

国家の脅威は外国だけではない。国内にも政府や君主に背を向ける勢力がある。そのため、明治政府は、まずは「鎮台」を設けた。そして内治を成就した後は、侵略から自国を守るために軍へと改められた。ただし、現状打破を試みようとする国では、国内に脅威対象がなくなると、外征のための基盤整備の骨格となり、外征軍へと変容を遂げるのだ。ここで言う外征軍については、他国を侵略することを前提とする軍隊という趣旨で使っている。しかし本書では、非友好的な作戦環境において、自らの部隊を運用する場合など、「外征軍的性格を持った」などと呼称し、外征軍と区分している。なぜなら外征、すなわち侵略にともなうコストは膨大であり、外征による目的達成に利益を成すことなど考えられない。よって、そもそも外征軍という言葉がコストを度外視した環境でのみ成り立つものと心得なくてはならないからである。

主権者の独占

軍は主権者が独占すべきものか。それとも国民のものであろうか。この問題は誰が主権者かによっても異なるだろう。

そもそも軍事に携われることは義務ではなく権利という考え方もある。

これは江戸時代、日本は国家だったのか、という話にまで遡る。確かに「日乃本」には天皇と将軍がおり、委任に近い連合国家だった。しかし実際は藩が一つの単位を成し、それを中心として「国家の運営」がなされてきたのではないだろうか。となれば、藩侯が軍を独占してきたという見方ができる。

また古代ローマ帝国ではローマから遠く、異民族からも攻撃を受けやすく、かつローマから軍隊を派遣するのに時間がかかる地域などでは、管区制が有効だった。その上、行政官と軍司令官を兼ねる執政官が軍団を直接、指揮していた。そういった意味では、歴代の皇帝が軍を実質的に独占しているとは言い難い。さらに英国には王族や貴族がおり、名誉連隊長なども連隊にいる。さながら連隊の所有者のようである。しかし現在では実際の運用は現職の英国軍の軍人に任せられている。加えて「市民軍」や「革命軍」などと呼ばれる主権者ではない人々が自ら編成する軍隊も存在するのである。

考察をさらに深めていくと、国家以外の主体が軍を持つような場合、あるいは国家の状態により一部のテロリストが軍を実質的に保有することも否定できない。その上、ロシアのウクライナ侵攻で一躍、有名になった「ワグネル」などの民間軍事会社も組織する。このように時代と地域により軍の帰属の実態は様々なのである。

安全保障と危機管理

日本のように災害が多い国では災害派遣として自衛隊が国内で運用されることは珍しくない。また警察の補完、他領域との交わりなどによる相乗効果も期待されている。例えば新型コロナへの対応、行政支援などである。軍事が軍事だけではなく、多様性ある様々な作戦において、重要な役割を担う軍は自国を守ることを意味する国防から自国だけではなく同盟国や地域の安定を守る防衛へ、そして防衛から防衛以外の全ての領域を含み、安全を担保する安全保障へと対象が広がっているように思われる。また、そこには当然、危機管理という概念も含まれる。よって益々、単独の領域では対応できなくなっていくのである。

軍の生産性

軍はただ単に消費するだけの組織ではない。軍隊がそのまま国家となり、生産性のある軍隊も存在すると書いた。軍が国営企業の一つとして、他国の一般企業などと伍してサービスを提供することで、少しでも多くの利潤を追求するのだ。武器輸出などは、その一例である。また、違法な手段で武器を売るブラックマーケットで暗躍する国家の存在も見逃せない。

これらは特別なものとしても、生活インフラの確保、原子力発電所の防護、近隣住民の避難などに任ずる場合が予想される。また日本では離島における緊急患者輸送などは国家が全うすべき重要な義務の一つを果たすのに使われることもある。この他にも米軍と一体となり航空管制を補完している航空自衛隊の基地も存在する。このように権威主義国家の軍隊と民主主義国家の軍隊とは共通の部分もあるが、根本的思想が異なっていることがわかる。そのため対象国の実状に応じて軍と軍事領域の変化についても考えていかなければならなくなったのである。

第3節　戦い方の変化

戦いの基本

作用と反作用

ここでは戦い方の話をしていく。

まず戦争をする、というのは相手に自分の意思を強要するために戦う、ということに他ならない。よって、どちらか一方的な「戦い」などは存在しない。全く勝つ見込みのない戦いは成立しないからだ。

弱者は弱者なりの戦い方が存在するのであり、戦意がないところに戦いは生じないのである。「非対称戦」という言葉があるが、戦争継続意志においてはイーブンである。そういった意味で、どちらか一方が作用を行えば、相手は手を替え、品を替え反作用に訴えかけてくるのである。これは大原則であり「優勝劣敗」や「集強散弱」などの概念よりも形而上、上位に存在していると思われる。その際、作用・反作用と類似する技術の発展が大きく影響してきた。技術と戦争の発展は新たな戦争の入り口論、新たな戦争を理解するために知らなくてはならないプロセスである。これを「軍事革命」と呼ぶことがある。それぞれの時代に焦点を当てて見ていくことにする。

戦いの進化

戦争はどのように変化してきたのか、不易流行か

「戦争は他の学問とは違い経験的道程により学ぶしかない」（石田保政『欧州大戦史の研究』［陸軍大学校将校集会所刊、一九三七年］緒言）。モルトケの言葉である。この言葉に加え、これまでの戦争は過去の教訓をいかに活かしてきたか、また新たなレジームを予期し、準備できたかが重要な論点になると言える。軍人は後ろを向いて杖を突きながら歩く。つまり過去のレジームに固執しやすいことを物語る。これは勝った軍隊は戦争から多くを学ぼうとはせず、負けた軍隊は戦争から多くを学ぶことを言っているのかもしれない。

また戦争では自らの体験はもちろん、他国の戦争を観察することで学ぶ機会とし、トレンドを分析するのも重要である。しかし教訓を組織の利益を図るために都合よく曲解、歪曲するおそれが生じる。クラウゼヴィッツも他国で戦争指導をつぶさに見た一人とされる。彼は戦争の目標を失い、目的が不明確になると、ただ憎悪という感情だけが残ると警告する。つまり本質を見ながら戦争を遂行しないと、戦争の目的を見失うと警鐘を鳴らしているのである。

農耕・狩猟時代

原始的な戦いの時代のことである。つまり指揮官や兵士の戦闘体験や訓練練度、身体の大小や服従心などの素養に大きな差がなければ、基本的に数の多い方が有利とされた時代である。戦争が小規模から大規模へと拡大し、情報を集める部隊、戦闘する部隊、糧食を運ぶ部隊や怪我した兵士を治療する部隊など、それぞれの機能に区分された部隊の原型もつくられていった。また勝つためには兵士の数を増やすこと、すなわち広い領土と多くの領民、富の蓄積も必要とした時代なのである。

工業化時代

武器の質が勝敗の帰趨に大きく影響する時代のことである。つまり兵士の多寡ではなく、兵士が手にする武器の質が戦いの勝敗の鍵を握るのである。武器といっても最初は農耕器具や狩猟に使用した工具だったかもしれない。それが時代を経て、石から鉄、あるいはジェラルミンやチタンなどへ、さらに火薬の発見により、加速度的に兵器の質が向上、すなわち殺傷力が上昇したのである。そのピークが核兵器だ。技術的革命が戦争の勝敗に重大な影響をもたらし、人類の滅亡にまで発展しかねない事態となったのである。そして、人類は人類を何度も殺戮するだけの威力を持つにいたった。第一次世界大戦の毒ガス兵器の使用禁止から理性の箍が外れた兵器の使用を封じる動きはあったが、CBRNE兵器の管理が必要であると考えられるようになったのも当然の帰結だ。蛇足だが、核不拡散は、先に開発・保有している国が性善説に立ち、後から持とうとする国を性悪説で見ることで自らの主張である不拡散を正当化し、理解を容易にしているという見方もできると考えてしまう。

武器の簡易化も進んだ。黒色火薬からダイナマイトへ進歩したように、武器の威力が拡大し、仕組みも精巧になった。そのような武器が一部の管理下にある時代とは異なり、最近は誰もが比較的身近にある材料で効果のある兵器を作れる時代になったのである。ハマスは旧型のロケットとドローンを結び付け、ハイテクのイスラエル軍の防空システムを無効化した。突き詰めれば、軍事と民間のデュアル・ユースが可能な技術が発展したのである。

情報化時代

認知領域での精否が勝敗を決める時代のことである。つまりインターネットなどの飛躍的な発展により、情報化時代の波が軍事の領域にも勝敗の鍵をもたらしたことを意味する。ほとんどの兵器がＩＴ化された今日、その機能を発揮させるためには正確な情報が不可欠である。よって認知の優越は兵器の質さえ凌駕できるという考えである。それは軍事領域だけではなく、あらゆる領域において多くの情報を集積、分析して活用できた方が勝利に近づく時代になったと言える。

今後、ＡＩ技術が戦争の勝敗に決定的な要因をもたらす時代が30年続くか、50年続くか分からない。しかしＡＩ技術が戦争の形態に多大な影響を与え続けるのは間違いないであろう。

短期決戦か長期持久か

戦争は、短期決戦の方が多くの戦力を必要とするのだろうか。それとも長期持久の方が多くの戦力を必要とするのか。これを一概に決めるのは早計であろう。陸軍は任務、地形、敵、我、相対戦闘力の推移などの状況の特質を考慮し、短期決戦か長期持久かを決定する。平素の態勢から戦力を動員し、逐次に戦力を拡大していく陸軍は、長期持久戦になる場合が少なくない。それに対し、平時の戦力を基礎として戦略を決めることの多い海軍は所期戦力により、短期決戦（艦隊決戦あるいは航空決戦）が望ましい場合が多い。よって、陸軍国は正規軍に加え、予備の保持にも怠りがない。また海軍は戦争が開始される前に十分な戦力を保持しようとする。その目標とすべきは、同盟国の海軍力を考慮し、脅威となる国家の海軍力の実力である。実力とは距離や関係国との関係などの戦略環境を考慮した実質的な戦力を意味するのである。そして空軍国については、その両方の影響は受けるものの、国の特性に応じて陸軍国あるいは海軍国の性格に影響を受けることが多い。

「持てる国」と「持たない国」

戦争や世界恐慌など、国家の重大な危機に際し、資源を「持てる国」と「持たない国」ではインパクトが異なるのは当然であろう。マージンと対応システムが違うからだ。20世紀、「持てる国」は金本位あるいは自国の通貨を基盤とする経済圏をつくり、国家の存立を図った。それに対し、「持たない国」はいわゆる生存圏を獲得しなければならず、力による現状変更を伴った。これは「持たない国」が軍事領域を優先する変革国家になりやすいことを示唆する。

非接触下の戦い

戦場では、従来の敵味方が対峙し戦う接触下の戦いから、離隔した距離を保ちながら戦う非接触下の戦いが主流となりつつある。非接触下の戦いと接触下の戦いの一番の違いは火力発揮の優位性である。接触下の場合、機甲戦のように接触しているところだけが打撃可能であるが、非接触下の場合、三次元での接触が可能となる。これは長射程火力や精密射撃が前提であるのは当然である。一つの例としてスタンド・オフ攻撃なども挙げられる。これにより、我の損害は少なく、敵により多くの損害を強要できるのだ。そして、その累計が戦争の勝敗に影響を与えるのである。

情報の共有と指揮階梯のフラット化

認知領域での能力向上により、情報の共有が促進される。また現地部隊と上級部隊の認識も共有されることになり、結果として指揮階梯のフラット化が起きると書いた。ただし、それを許す前提は現地部隊に対する権限の委任である。それにより、状況をよく知る現地部隊指揮官が全部隊の火力を行使することさえ、可能となるのである。逆に、現地部隊指揮官に権限が委任されなければ、従来通りの分担、あるいは一部の委任でしかなく、戦闘力発揮の優越を獲得することはできない。

戦いと同盟

「同盟」というバイアス

同盟形成の動機には脅威の存在が大きく影響する。共通の脅威が対抗力と非対称の場合、拡大抑止を期待するため、バンド・ワゴンとなりやすい。逆に数カ国の合力により共通の脅威へ対抗できる場合はバランス・オブ・パワーとなりやすい。同盟は結ぶ国の共通の目的があってこそ、成り立つものである。しかし、かつて日本は欧州の戦争とアジアの戦争を結びつけ、南方へ進出した経緯を持つ。ドイツの対ソ戦の勝利を疑わなかったのである。よって過分な期待は禁物と言える。このことからも戦略環境の至当な認識に基づく戦略策定の重要性が理解できる。

二国間あるいは多国間の結びつき

同盟の形態にも二国間の線的防衛（ハブ・アンド・スポーク構造）と数カ国による面的防衛などがある。米国は欧州では面的防衛を認めたが、アジアでは線的防衛に固執した。その理由は欧州諸国がまとまり、一丸となって米国に拮抗する可能性を怖れたからとされる。確かに、それぞれの国・地域の歴史的背景や戦略文化の違いなどから最も状況に適合した同盟の形を選択するのがよいと思われる。

また1902年、南下政策を進める露国の牽制と紛争抑止のために日英同盟は締結されたが、役割を終えた後、日本と英国との蜜月の関係はあっという間に破綻した。そして日英両国が敵同士になったことも、その目的が明確だったからである。現在、日米同盟は史上最も成功した同盟として、軍事の領域はもちろん、その他の領域にまで発展拡大させている。逆説的に言うと、共通の価値観が持てなくなれば、どの領域からも同盟が崩壊が始まる可能性を秘めているのである。

加えて、米国の拡大抑止の下にある日本では従来から存在する議論、すなわち巻き込まれる恐怖と見捨てられる恐怖についても検討していかなければならないのである。

他国の善意への依存

カルタゴの悲劇を知っているだろうか。どれだけ経済的に栄えても、自らの国は自らの手で守るという意志が薄まれば、国家は滅亡するということを示した事例である。また、これまでにも傭兵による防衛を企図した国家があったが、自らの国を自らの手で守らなくてはならないことは歴史が証明する。

20世紀末のドイツ統一は米ソ代理戦争の危険性と中距離核ミサイルの配備により、ドイツ民族が滅亡する可能性が高まったため、その解決策の一つとして選択されたとする説もある。著者も、この考えに同意する。これはドイツが自国や民族の安全を自ら守るという強い意志があったからに他ならない（Inter-German Détente: A New BalanceA. James McAdams, *Foreign Affairs*, Vol. 65, No. 1 (Fall, 1986), pp. 136-153 (18 pages)）。

他国の善意へ自国の安全保障を依存するということは、必ず危険性も存在している事実を忘れてはいけないのである。

同盟のコスト――相互信頼醸成に伴う経費

平素より外交と防衛に係る問題で「思いやり予算」などという必要経費がある。その他にも相互運用性を維持するための兵器の共同開発と配備、配備に伴う演習等への参加や招聘、さらにバージョンアップへの対応や装備品の維持・管理などにより、経費を出して相互の信頼を醸成することは極めて重要である。これは同盟のコストとも言えるものである。確かに他国の良質な武器を導入できる利点もあるが、我が国の地形・気象、運用者の特質等を加味した装備化とのトレードオフにもなりかねない。よって同盟関係に大きな影響を及ぼすものについては、詳細かつ周到な検討を要するのである。

同盟が求める条件

総力戦時代の戦争は、互いの意思と意思のぶつかり合いを意味する。よって、敗北した側に無条件降伏を強要しなければ、勝利者の意思を徹底できないことが多かった。そのため当然、戦争自体あるいは同盟が求める条件が苛烈になる可能性も高くなる。戦う国が国民主権なら国民の損害の許容限界が勝敗を左右することになるからである。
一つの事例を挙げるならば、米英は日本の侵攻を怖れるソ連が米英に無断で日本と外交妥結することを阻止するため、無条件降伏という厳しい要求を日本へ科したとされる。これも意思の徹底の必要性を示したものに他ならない。

結論

「学」としての戦争について（安全保障のアプローチと方法論）

これまで見てきた通り、戦争と平和は、国家が行う諸施策の結果と密接な関係にある。となれば当然、両者は社会とも密接な間柄になる。社会の分業化が進むと、他の学問と同様、戦争も学問として成り立つのである。ここで言う学問とは「知識と方法」によって構成されるものだ。戦争を社会や歴史から取り出して、それのみを議論しても空虚になるだけである。

戦争については単独の学問ではなく、それぞれの学問の総和で表現されるべきものだと思われる。また戦争には理論で証明できる普遍性があるだろうか。著者は理論だけでは証明しづらいものだと考える。ただし理論や事象をもとに構成されるものならば普遍的な学問としても成り立つかもしれない。そういった意味で戦争哲学、戦史、戦争経済学、最近では政軍関係や危機管理理論なども学問の対象となるであろう。また方法論において、学問として成り立たない「術（アート）」の存在も否定できない。いわゆる指揮官の統率や戦術などである。よって戦争、安全保障の定義を明確にできないのも、その事情による。

例えば経済の分野では、合理的判断に基づく意思決定が行われることを前提とする。しかし軍事の領域では数学や化学反応のように一定の条件が備われば勝ちで、備わらなければ敗ける、といった定理が導き出せない。

カール・フォン・クラウゼヴィッツは哲学的に戦争を分析したが、一部の理論が抽出されただけで、難解な解説にとどまることとなった。むしろ、モルトケは「軍事学は他の技術とは異なり……」と語ったように、理論より実践が尊ばれる傾向にある。

もともと軍事学は学問体系としては国防や戦争に関するものとして考えられていた。統治学系の社会科学に位置付けられることもあった。

そして20世紀、本格的な総力戦時代を迎えるにおよび、日本では軍事が形而上、上位になり、他の学問より優先された。実社会における軍事の実践が尊重され、軍事の他の領域に対する侵略が始まった。つまり、他の学問の独立と自由を侵したのである。戦争に「捷つ（勝つ）」ため、殊更日本を中心とする戦争哲学や地政学、歴史認識を強調し、戦争に資する学問を優遇した。

また戦前日本での統帥権の干犯問題などからも分かるように、軍人は政治家からの統制を嫌った。軍事は軍事の領域に携わる人、つまり軍人の聖域とされた。戦争の手段が高度化、専門化することで軍人がやるべきことも増えた。市民は軍人らに追随するだけで軍事の細部にまで興味を持たなくてよい、つまり将校だけが軍事を熟知し、戦いに勝てばよい、という考えであった。しかし、それは秘密主義がもたらす視野の狭隘を招いた。

そして日本は太平洋戦争に負けた。

戦後、「戦争協力や軍事に関連するものは、全部ダメ」のような反動によって、徹底的に軍事は学問とは認められてこなかったと言ってもいい。どちらかというとホビー（趣味）の世界という向きがあった。アカデミックとミリタリックは水と油の関係のように扱う向きさえあった。ちょうど社会への影響力・浸透力に比例するように、軍事の領域の学問・研究は抑え込まれている。軍事は悪という考えを持つ向きもある。それが軍事と他の領域との分離が進む要因になったのは言うまでもない。

しかし、それは軍事先進国と呼ばれる国々の軍事学の趨勢とは明らかに異なる。米国などでは、脈々と作戦環境が益々複雑になる中、効率的な意思決定と組織のために最新のビジネスモデルの導入を検討している。また効果的な作戦の遂行にデジタル・トランスフォーメーションを積極的に取り入れるための研究も進められている。

特に日常生活と戦争とのシームレスが特徴づけられる現代戦においては、軍事の領域とその他の領域との新たな融合が始まっている。従来の作戦領域であった「陸」「海」「空」などの空間に加え、「宇宙」「電磁波」「サイバー」などの作戦領域をオール・ドメインなどと定義していることも、その一つだ。これらは軍事と非軍事の融合が軍事学においても進めなくてはならないことを示唆するものである。

ここまで戦争にまつわる基本的事項について述べてきた。次の第Ⅱ部ではこれらの考察を基に、歴史的視座から戦争について考察していく。

◆湾岸戦争において、隣国（クウェート）を武力によって侵略し、併合するというイラクの行為は、国連憲章の規定で明確化されている国際法の最も基本的な原則を踏みにじる行為であり、日本としても、見過ごすことのできない事態であった。また国際社会においても日本が相当の経費分担を行うことについての強い期待があった。1991年1月17日、多国籍軍が国連安保理決議678に基づく武力行使に踏み切ったことを受けて、湾岸における情勢や日本の国際社会における地位等諸般の要素を総合的に勘案して、関係各国が当面要する経費に充てるため、1兆1700億円にも上る資金拠出を行ったのである。
また日本の憲法、法律について、比較的非厳格である法律のため、解釈だけで事態へ対応しようとすれば、国内だけではなく、他国からの信頼獲得が難しくなる。「何でもあり」へと拡大解釈される恐れがあるからだ。実態と実体とを合わせる必要がある。もちろん脆弱なところがあれば、改正すべきである。

第Ⅱ部

実戦からの教訓

第2章　太平洋戦争におけるガダルカナルの戦い

第Ⅱ部について

本章及び次章は、太平洋戦争におけるガダルカナル島での日米両軍の戦いと、英国とアルゼンチン軍が戦ったフォークランド紛争に焦点を当て機能ごとに考察し、二つの戦争がもたらす新たな戦争への教訓を抽出するための資とする。

なぜ、ロシアのウクライナ侵攻やハマスとイスラエルの軍事衝突ではなく、この二つの戦いを取り上げたか。それは日本において最近の中台問題、米中角逐の趨勢から離島での武力衝突の蓋然性が高まりつつあるからだ。島嶼作戦において分析と資料が豊富ゆえ、攻める方が負け、守る方が勝った作戦としてガダルカナルの戦いを、逆に攻める方が勝ち、守る方が敗けた戦いとしてフォークランド紛争を選定した。

もちろん、離島作戦は、この二つだけではない。ソロモン諸島、ニューギニアなどで日米の将兵が死闘を繰り広げ、多くの貴重な教訓を残している。またアッツ島に始まる離島での玉砕、サイパン、グアムなどの戦いにおける水際撃破、あるいは硫黄島などの上陸後の内陸部での戦いによる敵撃破の激論も注目すべき戦例である。さらにその後も日本は飛行場などの戦略的価値の高い軍事施設の攻防を続けた。その間、絶対国防圏の一角を米軍に奪取されたことにより日本本土への空爆を許した。そして本土決戦準備のための遅滞を目的とし、沖縄で戦った。これらは戦術レベルの戦いだけではない。作戦、あるいは戦略的な戦いへ影響を及ぼすことに思いを馳せることは意義深い。加えてサイパンや沖縄での疎開、軍官民の関係の在り方の示唆、第二次世界大戦から露国とウクライナの戦争、ハマスとイスラエルの軍事衝突に至る様々な戦いを見ても、そのオリジナルと言うべき現代戦のプロトタイプが、この二つの戦いに含有されているのである。

第1節　ガダルカナル島の戦略的価値

太平洋戦争では多くの上陸作戦が実施された。しかし上陸する方が負け、守る方が勝利した作戦は数えるほどである。

ウェーク島第一次攻略戦、ガダルカナルの戦い、ニューブリテン島での戦いなどは、その中の一つである。日本の分析では、島嶼部の戦いの敗因は判で押したように、兵力の逐次投入、海空戦力不足、兵站不足、教条的な戦術の失敗などとするものが多い[1]。確かにそれらの要因は大きかったかもしれない。特に当時の軍部が総括した敗因はそれらに限定された感がある。しかし、それが事実なら大きな疑問が生じる。それは「敗因が分かっていたのなら、ウェーク島第一次攻略戦以降の島嶼部での戦いにおいて何故同じ失敗を繰り返したのか」ということだ。そこで本書では、それは敗因が正しく普及されなかったからではなく、今まで一般的に受けとめられてきた敗因そのものが正しくなかったのではないか、と仮定し論を進めていくことにする。

また、かつて米国では「統合作戦アクセス構想（Joint Operational Access Concept）[2]」や、その一部をなす

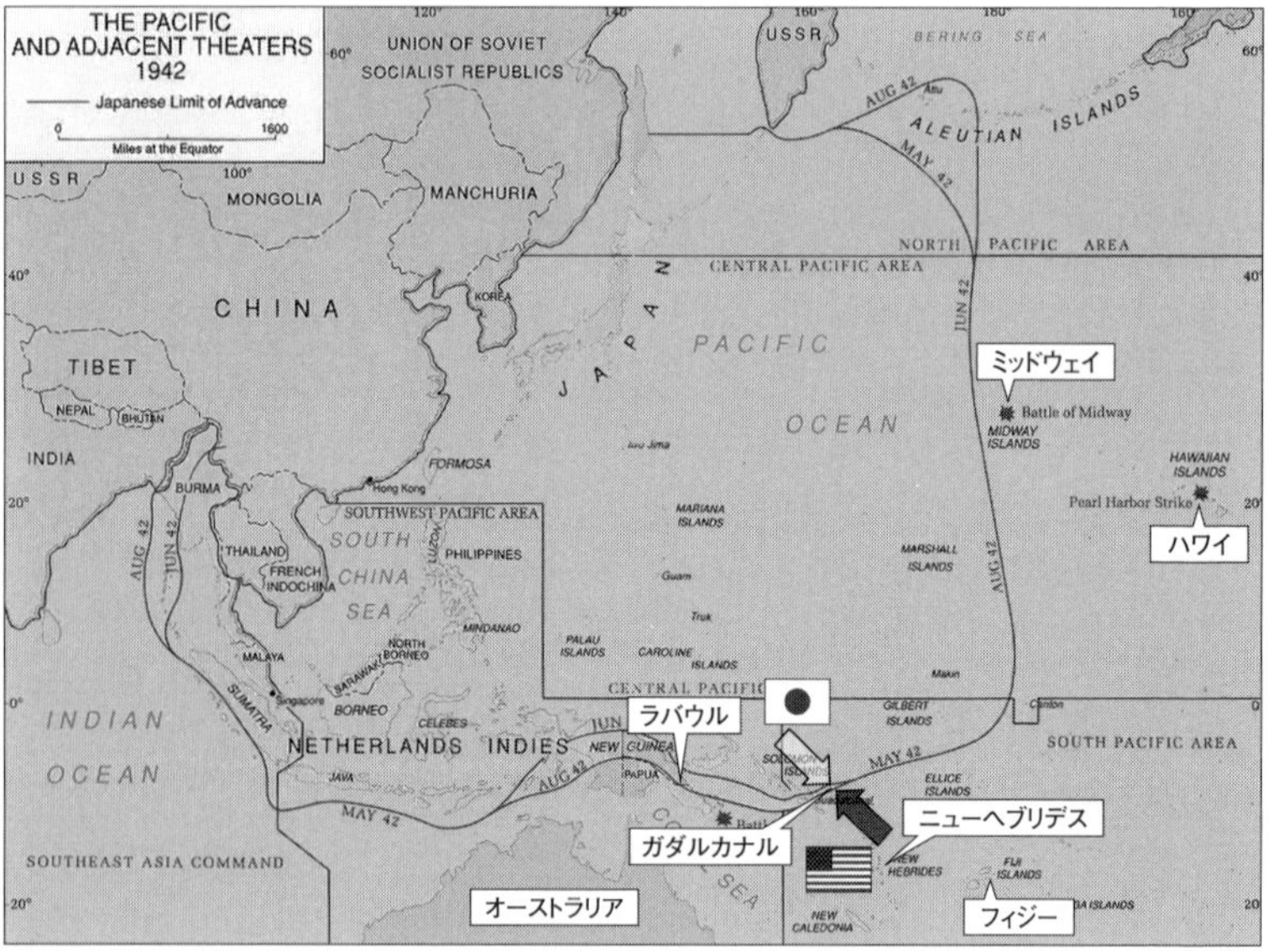

1942年の南西太平洋における日米勢力図（米陸軍軍事史センター資料に基づき作成）

「エアシーバトル構想（AirSea Battle Concept）」[3]などのいくつかのコンセプトが発表されつつあった。

日本では、それらの余波を受け、コンセプトの断片を強調し、海空主体の防衛力整備に舵をきろうとする動きが見られたのも事実である。[4]それらは現代戦の特性である統合の必要性を忘れ、「制海権・制空権の確保」という理論上の概念に基づくものであり、陸上戦力あるいは陸上部隊を伴う島嶼戦の重要性を正しく認識しているとは言い難い。さらに実戦での教訓にさえ目を向けようとしていないと言っても過言ではない。

なぜなら、ガダルカナルの戦いを一瞥すれば、海空戦力の圧倒的格差が勝敗を決したのではないこと、また『制海権・制空権』があれば敵は攻めてこない、あるいは勝利できる」という考えが、現代戦においては机上の空論になりつつあると理解できるからだ。もはや第二次世界大戦以降の現代戦において「制海権」あるいは「制空権」を確保すること自体、困難なことで

ガダルカナル島

あり、現に米軍は海空戦力が優勢だった日本軍に戦いを挑み、勝利したのである。

よって本書では日米両国の資料を照合し、できる限りガダルカナルの戦いの実像に触れ、米軍の勝因を解明、統合戦力の必要性を考察するとともに、現代の島嶼部の戦いにおける教訓を導き出すことを試みる。なお、教訓等を除く日米両軍の行動などの詳細は、先行研究等を参考に組み立てることにする。

さてガダルカナル（Guadalcanal）[5]島は東西約140キロ、南北約50キロ、ソロモン諸島最大の島であり、東京からの距離は5000キロを超える。ガダルカナル戦の策源地ラバウルからガダルカナルまでの距離は約1000キロ、ちょうど東京と大阪の往復あるいは東京から宗谷岬までの片道に相当する。

島は山地が多く、深いジャングルに覆われ、年間降水量5000ミリ以上を記録したこともあり湿度は高い。また原住民はほぼメラネシア人であるが、彼らは土地に対する執着が異常に強く、狭隘な地域毎に閉鎖社会を形成している。[6]

またソロモン諸島は日本軍にとってオーストラリアへ進出する道筋に当たる。それは現代でも変わらない。細部は後述するが、日本経済の安定のための日本とオーストラリア及びニュージーランドを結ぶ資源や食料の航行ルートを形成しているのである。

連合軍にとっても、ソロモン諸島はニューヘブリディーズ諸島やフィジー諸島とともに米豪の連絡線上、重要な補給線だった。そして反攻に欠かせない地域でもあった。ガダルカナル島は、そのソロモン諸島のほぼ中央に位置するのである。加えてガダルカナル島に近いサボ島ツラギに英国政庁が置かれていたこともあり、ガダルカナル島は両軍にとって要石と言うべき重要な価値を持っていた。

第2節　ガダルカナル戦の概要

ここでは本書の目的に適った出来事を念頭に、ガダルカナル戦の概要について記述していく。まず米軍にとってガダルカナルの戦いは、太平洋戦争の転換点、「最初の攻撃（The First Offensive）」[7]を意味した。米軍はガダルカナルを太平洋正面における戦略的重要地域と自主的に定め、作戦を主動的に行った。米軍にとっては最初の攻撃だけではない。米軍は1898年以来初めてとなる陸海協同作戦を遂行したのだ。[8]またガダルカナルでの戦いが実験的性格（プロトタイプの意味合い）を持ち、多くの教訓を得て、じ後の作戦に適用される例証にもなったのである。
その一方、日本軍にとっては、ソロモン諸島の価値について陸軍と海軍とでは認識が異なっていた。海軍はソロモン諸島への進出だけでなく、オーストラリア進攻も視野に入れ、その価値を考察していた。しかし陸軍はそこまでの戦線拡大を躊躇した。このため海軍は陸軍と協同せず、単独でツラギを奪取、ガダルカナル島において飛行場を建設することになったのである。[9]
ガダルカナル島が米軍に上陸され戦いが本格化すると、日本軍は受動的にそれへの対応を強要され、さらに連合軍の米豪遮断のために計画された海軍航空基地の回復の重要性が増したことで、ガダルカナル戦

第一海兵師団長ヴァンデグリフト海兵隊少将（出典：米海兵隊公式HP）

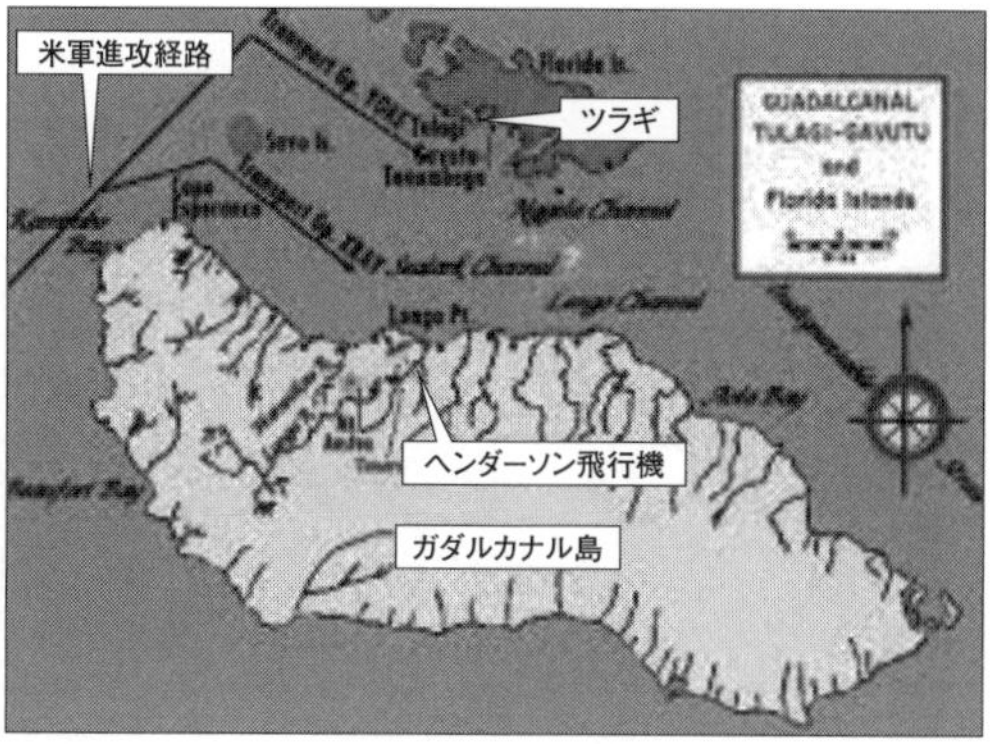

米軍のガダルカナル上陸作戦（出典：米海兵隊公式HP）

が西太平洋における日米の決戦場へと変貌したのである。その結果、この戦いに敗北した日本軍は、じ後の作戦では守勢に立たされることになったのだ[10]。戦闘経過の概観について記述していく。

日本軍のガダルカナル島初上陸から第一次ソロモン海戦まで

日本軍のガダルカナル島初上陸

１９４２年5月3日、日本の海軍部隊は[11]、米軍の反攻拠点であるオーストラリアを孤立させるため、ニューブリテン島ラバウルとフィジー、サモア、ニューカレドニア諸島の中間に位置するガダルカナルに狙いを定めた。そしてツラギを占領、ガダルカナル島に初上陸した。その後、海軍部隊は8月までに飛行場の建設をほぼ完了させていた[12]。その際、日本軍は米軍の反撃が早くても１９４３年以降になると見積もっていたため[13]、防御のための十分な陸上部隊を配置していなかった。

米軍のガダルカナル上陸

対する米軍は、１９４２年6月4日と5日のミッドウェー海戦で勝利すると、「ウォッチタワー作戦（Operation Watch-tower[14]）」の発動を太平洋艦隊司令官ニミッツ（Chester William Nimitz）海軍大将に命令した。

さらにニミッツは南太平洋海域司令官兼南太平洋軍司令官ゴームレー（Robert Lee Ghormley）海軍中将を通じ、第1海兵師団長ヴァンデグリフト（Alexander Archer Vandegrift）海兵隊少将をツラギ・ガダルカナル攻撃作戦指揮官に任命、攻撃開始が8月1日に予定されていることを伝達した。[15]ヴァンデグリフトは1942年8月7日、ガダルカナル島上陸作戦を開始し、ツラギにおいて抵抗を受けるが、[16]これを速やかに奪取、ガダルカナルでは無血上陸に成功するのだった。[17]

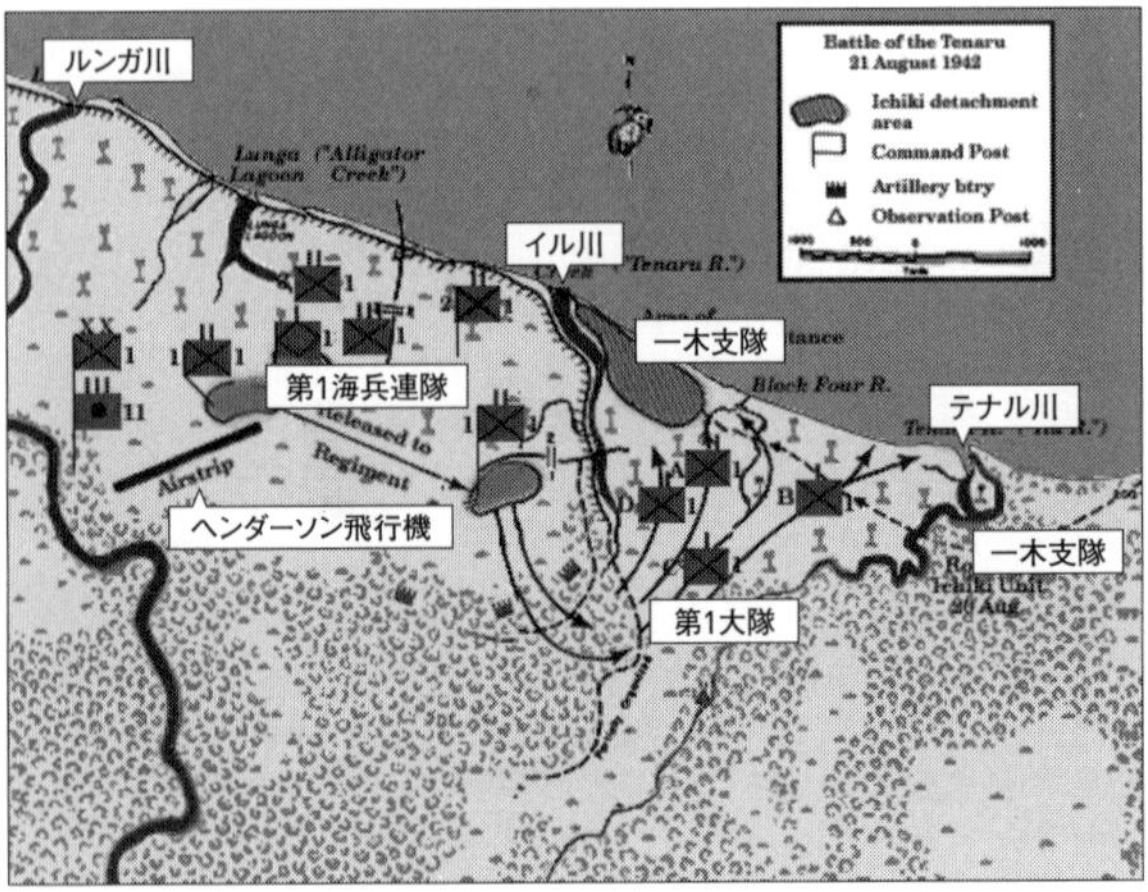

一木支隊の戦闘（出典：米海兵隊「ガダルカナル作戦」HP）

第一次ソロモン海戦（サボ島沖海戦）

8月9日、三川軍一海軍中将が率いる第8艦隊が米豪（英）混成艦隊と戦闘し、大勝利を収めた。これにより日本海軍がソロモン海域の海上優勢、特に夜間における海上優勢をほぼ手中に収めた。

さらに米軍の航空支援基地についてはニューヘブリディーズ諸島のみとなり、航空戦力についても日本軍が有利な状態だった。[18]ただし第8艦隊が無防備の米軍輸送船団を攻撃せずに取り逃したことは、じ後のガダルカナル戦に重大な影響を及ぼすことになる。

一木支隊の攻撃から第二次ソロモン海戦まで

一木支隊の攻撃

ガダルカナルに上陸を果たしたヴァンデグリフトは、ガダルカナル島にある飛行場の確保を最優先に考え、ルンガ

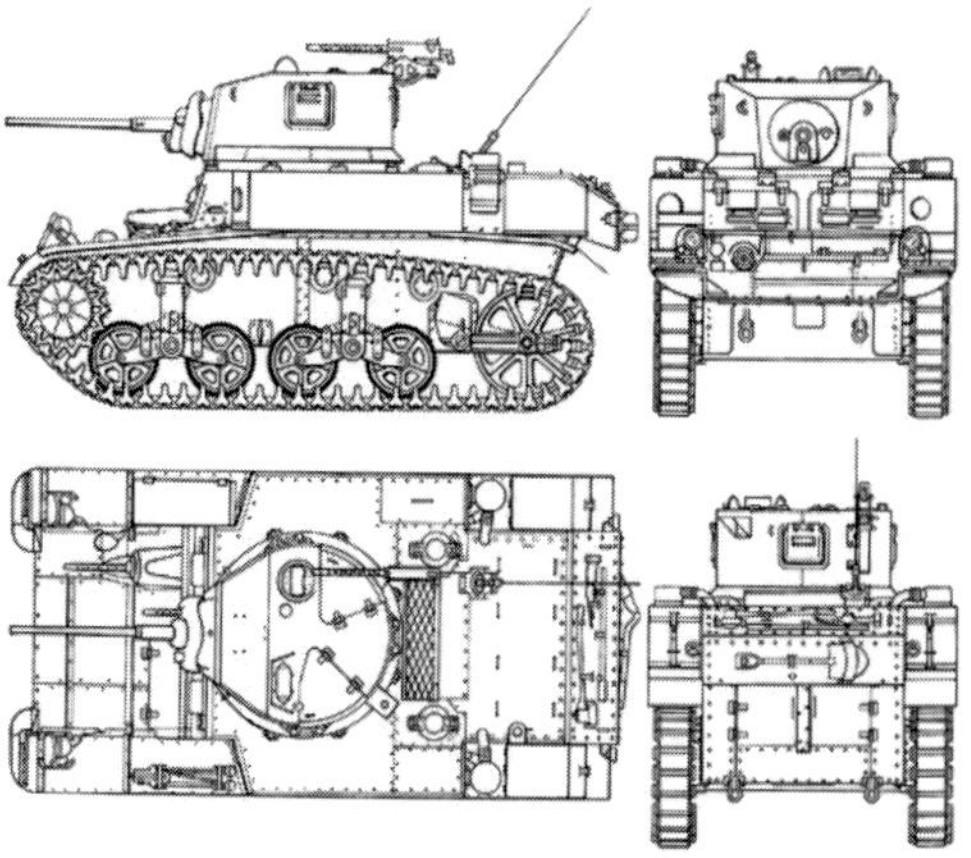

M3スチュアート（出典：ミリタリー。イメージHP）

川からイル川流域にいたる地域に堅固な防御陣地を構築した。さらに逆襲のための軽戦車「M3スチュアート」を含む機動打撃の準備と兵站の充実を図った。[19]

一方、第17軍司令官百武晴吉陸軍中将はガダルカナルを奪回するため、[20]急遽、一木支隊（支隊長は歩兵第28連隊長一木清直陸軍大佐）[21]をもって攻撃させることに決し、支隊長に「海軍ト協同シ先ツ速ニ『ガダルカナル』飛行場ヲ奪回確保スベシ、止ムヲ得サレハ『ガダルカナル島』ノ一角ヲ占領シテ後続部隊ノ来着ヲ待ツヘシ」[22]と命令した。

一木支隊長は上級部隊の情報を基に部隊を第1梯団約900人と第2梯団約1000人に区分する。また支隊長は第1梯団とともに駆逐艦6隻に分乗、タイボ岬に上陸した。[23]8月21日、一木支隊長は自ら部隊を率いてイル川の砂丘を越えて突撃を敢行したが、米軍の火力と障害、機動打撃に阻まれてイル川まで撃退された。一木支隊の損害は戦死者約800人、捕虜15人であった。一木支隊はタイボ岬に戻り連隊旗奉焼の後、支隊長は戦死している。対する米軍の損耗は戦死者43人であった。[24]

第二次ソロモン海戦（東部ソロモン海戦）

第二次ソロモン海戦は、8月24日、空母3隻、戦艦3隻を核とする第2艦隊（司令官近藤信竹海軍中将）及び第3艦隊（司令官南雲忠一海軍中将）が、空母3隻、戦艦1隻からなる米豪（英）混成艦隊とガダルカナル島沖約370キロ海上で生起した一大遭遇戦である。戦闘は敵艦艇に対する航空攻撃に終始し、艦隊同士は砲火を一度も交えず双方ともに勝利をおさめることはできなかった。[25]また海戦と並行して、ガダルカナル島の飛行場上空では空母艦載機、ラバウルから飛来した航空機と飛行場から発進した航空機による航空戦が実施されたが、勝敗は決まらなかった。[26]これらはいずれも日米両軍の航空戦力がほぼ伯仲していることを示すものである。

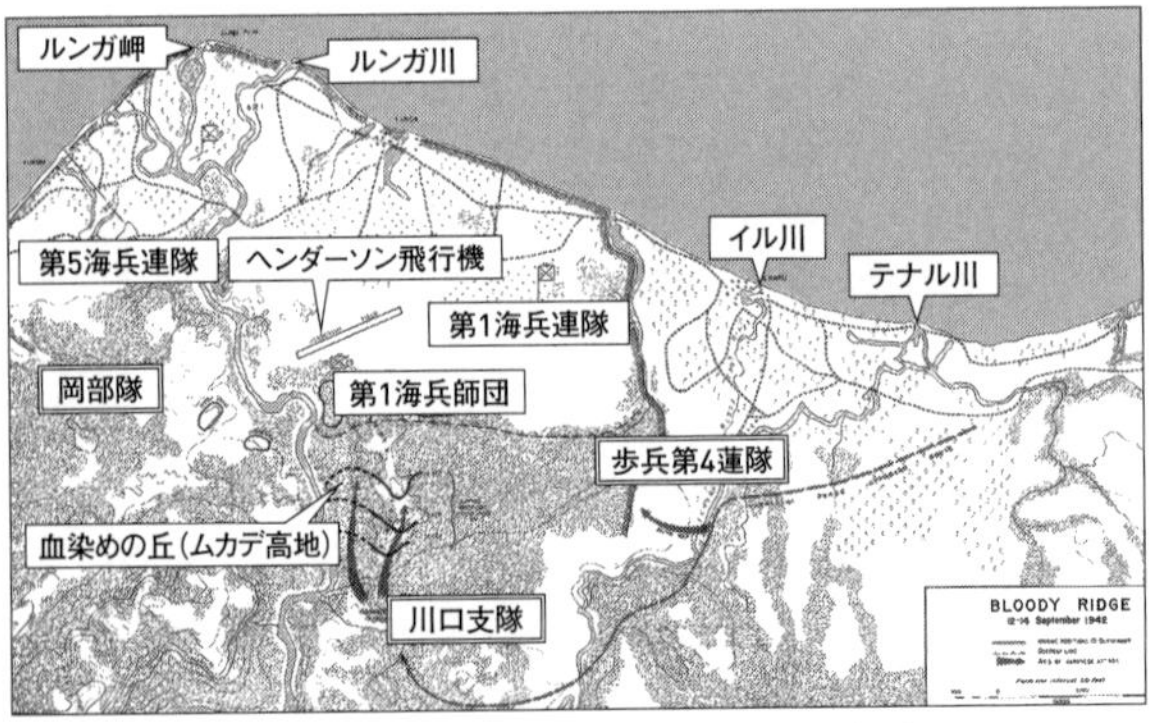

川口支隊の戦闘（出典：米陸軍「ガダルカナル：最初の攻勢」HP）

川口支隊の攻撃からエスペランス沖海戦まで

川口支隊の攻撃

第17軍の命令によりパラオからガダルカナルへ派遣されることになった川口支隊（支隊長歩兵第35旅団長川口清健陸軍少将）は、9月7日にガダルカナル島へ上陸、攻撃目標を「ヘンダーソン飛行場」[27]とし、9月12日夜、艦砲射撃と航空攻撃の掩護下、三方向から同時に攻撃を開始した。川口支隊の攻撃により一時は米軍を飛行場南側台地（「血染めの丘（Bloody Ridge）」、日本軍呼称「ムカデ高地」）の第一戦陣地から後退させたが、日の出とともに逆襲が行われ日本軍の攻撃は不成功に終わった。

続く13日夜、駆逐艦7隻による攻撃準備射撃がヘンダーソン飛行場一帯に行われ、2度目の攻撃が開始された。川口支隊の作戦は前夜と変わらず兵力2000人による正面攻撃であった。[28]ヴァンデグリフトの司令部に斬り込む一部の勇猛な兵もいたが、全般の状況は芳しくなく、日本軍は後退を余儀なくされ、川口支隊長は生き残り

血染めの丘（日本軍呼称「ムカデ高地」）（出典：米海兵隊公式HP）

の兵を連れてマタニカウに向け退却した。米軍の戦死者59人に対し、日本軍の戦死者は700人以上であった。

マタニカウの戦闘

9月15日、ガダルカナル増援のために派遣された第7海兵連隊を輸送中の米海軍護衛部隊に対し、日本海軍伊号第19潜水艦が魚雷攻撃を行い[29]、空母「ワスプ」を撃沈、戦艦「ノース・カロライナ」を中破させた。しかし、第7海兵連隊主力約4000人は無事、ガダルカナルに到着した。

増援を受けた米軍は、日本軍の掃討を企図し、マタニカウに対する攻撃を行い、10月8日、マタニカウ川付近に所在した日本軍を全滅させた。この頃になると、米国内でもガダルカナル戦に注目が集まり、1942年10月、ルーズベルト大統領は、「全軍をあげてガダルカナル作戦を支援せよ」と軍首脳部に指示した[30]。これに伴い陸上部隊に対する協力にやや消極的だったゴームレーが更迭され、ハルゼー（William Frederick Halsey, Jr.）海軍中将が後任に就いた。また海兵隊を増援するために陸軍部隊の投入も決定された。

一方、百武中将はポートモレスビーに対する攻撃を延期し、ガダルカナル島の奪回を最優先とするため、仙台第2師団を派遣、自らも現地で戦闘指導を行うこととした[31]。

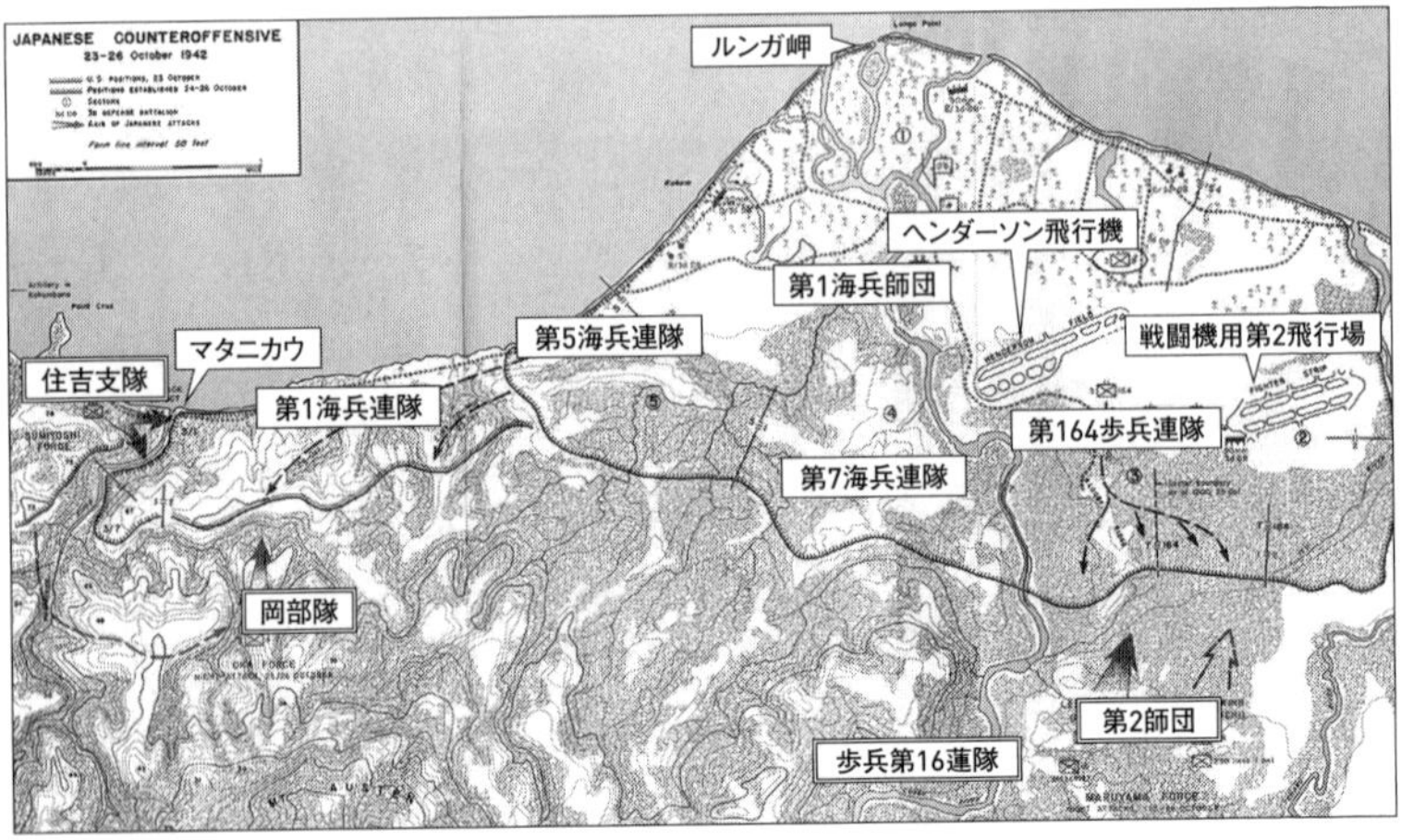

第2師団の攻撃（出典：米陸軍「ガダルカナル：最初の攻勢」HP）

サボ島沖夜戦（エスペランス沖海戦）

10月11日、エスペランス沖海戦は、第6艦隊（司令官五島存知海軍少将）の巡洋艦2隻、駆逐艦5隻とスコット海軍少将が率いる米艦隊、巡洋艦4隻、駆逐艦5隻で行われた海戦である。スコットは、レーダーを十分に活用できなかったため、彼我の識別がつかず、米艦隊に気づかず接近してきた日本艦隊への砲撃開始が遅れ決定的チャンスを逃した。[32] 結局、この海戦における日本海軍の優位、特に夜戦での海上優勢には変化はなかった。

第2師団の攻撃から日本軍の撤退まで

第2師団の攻撃

ガダルカナル島に上陸した第2師団（師団長丸山政男陸軍中将）主力は10月13日、陸軍の長射程砲等による砲撃を開始し、ヘンダーソン飛行場の滑走路の一部を使用不能にさせた。[33]
また同夜、戦艦「金剛」「榛名」、軽巡洋艦「五十鈴」、護衛の駆逐艦8隻がヘンダーソン飛行場に砲撃を加え、飛行場の敵機96機中、54機に損害を与えガソリンタンクを炎上させたが、当時すでに米軍が完成させていた戦闘機用第2飛行場の存在に気づかず、第1飛行場のみの砲撃に終始した。[34] このため米軍機の運用の確たる妨害とはならなかった。

続いて第2師団は10月22日に攻撃開始と決め準備する。しかし川口少将指揮下の[35]各部隊が展開予定地であるヘンダーソン飛行場南側に到着したのは23日だった。これに丸山師団長は激怒し、川口支隊長の司令部との対立も表面化したため、支隊長を解任[36]、次級者の東海林俊成大佐（歩兵第２３０連隊長）を新たな指揮官とした。

また師団司令部は攻撃開始を24時間延期する措置をとったが、師団主力の攻撃を掩護するために翼側から攻撃する住吉支隊長（支隊長住吉正陸軍少将）のもとには攻撃延期命令が届いていなかった。そのため（当初の）予定通り攻撃を開始した住吉支隊は、米軍の周到に準備した砲撃、戦車による機動打撃を集中的に受け、約６５０人の戦死者を出すこととなった。

それでも翌23日午後7時、第2師団は攻撃を始め、ヘンダーソン飛行場南側に位置する米軍陣地を包囲し、一斉に攻撃を開始した。この攻撃で日本軍はヘンダーソン飛行場を奪取したと誤認し、丸山師団長は「バンザイ」無線を打電した。百武司令官もこの無線を聞き、ラバウルに「ワレ米軍飛行場ヲ占領セリ」と報告した。

しかし実際はヘンダーソン飛行場を奪取したのではなく、夜半過ぎても激戦が続いた。そして日の出とともに丸山師団長は後退命令を出すことになった。この際、日本軍の航空機（零戦と一式陸攻）がラバウルから飛来し、ヘンダーソン飛行場南側の米軍陣地を攻撃した。この航空機による攻撃に対し、米軍もヘンダーソン飛行場から航空機を発進させ、空中戦となり、日本軍の航空機にも多くの損害が出た。一方、海軍はガダルカナル沿岸にいたが、「バンザイ」無線を聞き[37]、艦砲射撃による友軍双撃を回避するため海岸線の一部を砲撃するのみだった[38]。この戦いで日本軍の戦死者は２０００人以上に及んだ。

南太平洋海戦（サンタクルーズ沖海戦）

10月25日、南太平洋、東サンタクルーズ諸島沖において、日米両軍の機動部隊が参加する海戦が行われ

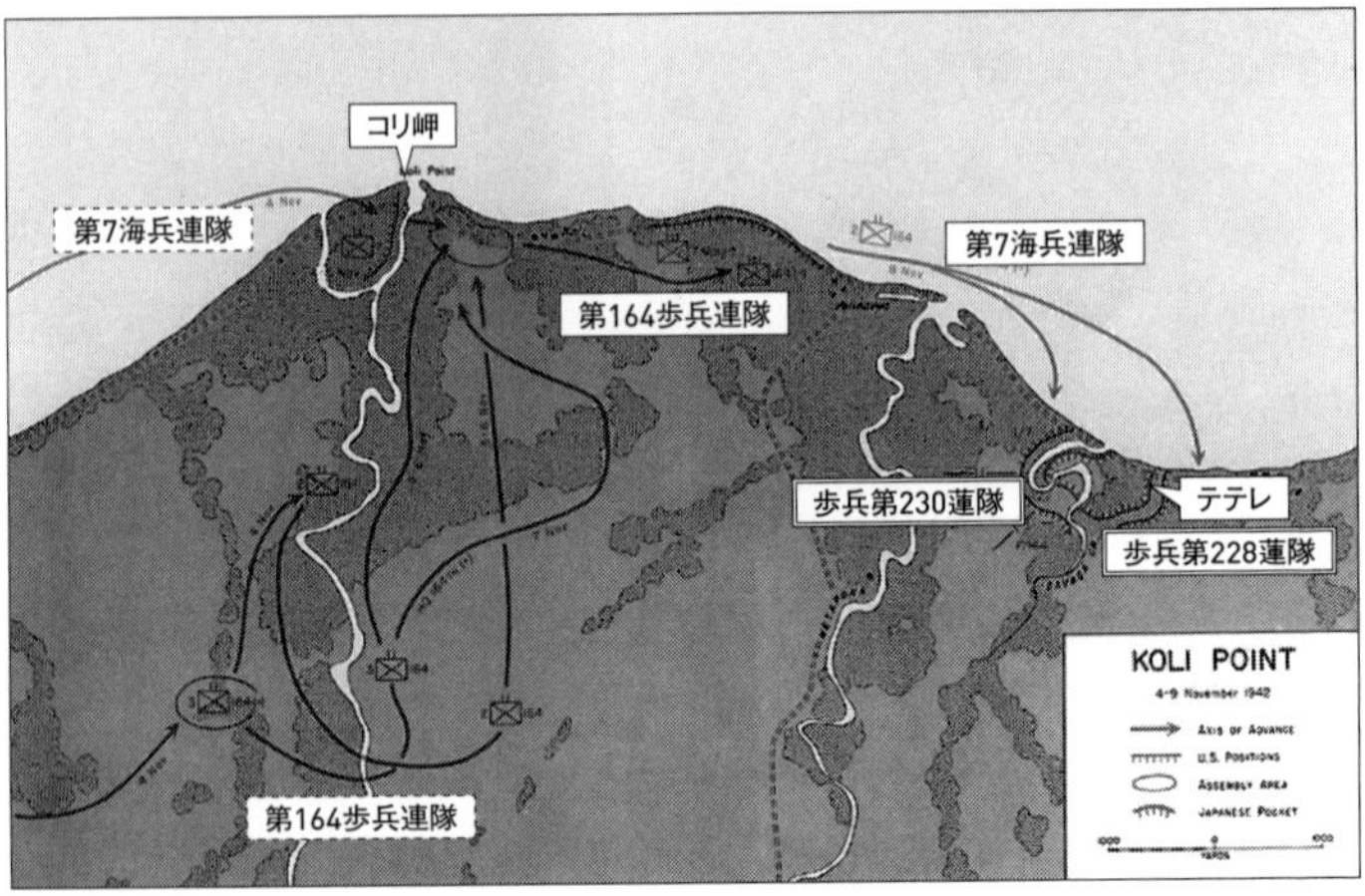

コリ岬の戦闘（出典：米陸軍「ガダルカナル：最初の攻勢」HP）

た。米軍の空母と航空機が損失したものの、米軍は日本軍の空母に相当の傷を負わせ航空機も約１００機を撃墜した。この海戦後、ガダルカナル戦における日本軍の航空戦力が著しく低下する要因となった。[39]

コリ岬での戦闘

11月1日、日本軍歩兵第２２８連隊は米軍陣地東側約12キロに位置するテテレ地区に上陸した。これを発見した米軍第7海兵連隊第2大隊は上陸部隊に対して攻撃しようとしたが、上陸部隊と東海林大佐率いる第２３０連隊の一部から反撃され撃退された。このため米軍は、海上から増援部隊を派遣し、11月10日に攻撃を開始、コリ岬で東海林部隊を挟撃して撃破した。その跡には数門の火砲、数隻の上陸用舟艇と15トンの米が遺棄されていた。[40]

第三次ソロモン海戦（ガダルカナル海戦）

第38師団（師団長佐野忠義陸軍中将）1万１０００人の増援を送り込むために、巡洋艦6隻と駆逐艦33隻を含む総計61隻の大艦隊でのガダルカナル上陸が計画された。第2艦隊はサボ島の北およそ２４０キロの海域に集結し、１００機にのぼる艦載機で増援部隊の上陸を掩護、第11戦隊（司令官阿部弘毅海軍中将）はヘンダーソン飛行場を砲撃・破壊、第8艦隊は第38師団の上陸を支援することになっていた。11月13日、米艦隊との海戦が始まり、輸送船団は米軍の航空攻撃により11隻のうち6隻が撃沈され、5隻が海岸線へ突入するにとどまった。また補給品については約1万トンのうち僅か5トンしか揚陸できなかった。[41]

さらに日本艦隊14隻と米軍艦隊13隻が至近距離で撃ち合う近代海戦史上珍しい戦いとなったが、この海戦で米艦隊は巡洋艦2隻、駆逐艦7隻が沈没、航空機36機を失ったのに対し、日本艦隊は戦艦2隻、巡洋艦1隻、駆逐艦3隻が沈没、航空機63機を失う結果となり、[42]海上での優位、特に夜戦における海上優勢を誇っていた日本海軍の敗北は決定的であった。[43]この第三次ソロモン海戦はミッドウェーと並ぶ太平洋戦争の転換点となり、[44]日本海軍は1942年5月からこの時点まで保持してきた海上優勢を失ったのである。

ルンガ沖海戦（タサファロング海戦）

11月30日、補給品を詰めたドラム缶を輸送するために出撃した日本の駆逐艦隊と、これを阻止しようとする米巡洋艦隊との間でルンガ沖海戦が生起した。この戦いで日本の水雷隊が米巡洋艦隊を破り海戦には勝利するのだが、ドラム缶の揚陸は中止した。12月3日ドラム缶輸送を再度試み、初めてガダルカナル島の陸上部隊へ補給品を届けることに成功した。[45]

日本軍の撤退

12月9日、ヴァンデグリフトはガダルカナル島での任務を終え、第1海兵師団とともに同島を離れた。海兵師団の任務を引き継いだのは、パッチ（Alexander Patch）陸軍少将率いる陸軍部隊、いわゆる「アメリカル師団」[46]だった。パッチは、じ後の作戦は持久戦でいくと状況判断した。その理由として次のことが考えられる。

日本陸軍部隊が食糧も医薬品も不足していた上、日本海軍は第三次ソロモン海戦以降、海上優勢を失っていたので補給は途絶することになり、米軍はこの日本軍の兵站上の弱点を十分に利用すればより大きな損害を与え、勝利できると思ったためである。[47]

その後、小規模な戦闘が繰り返されたが、1943年1月、米軍はヘンダーソン飛行場を一望できるオーステン山を占領、同地での実質的な戦闘は終了した。しかし、その頃には日本軍はガダルカナル島から撤退（転進）していた。

大本営は12月31日にガダルカナルからの撤退について昭和天皇の裁可を得た後、1月4日、全軍のガダルカナル撤退を命令していたのである。

第3節　敗因への反論

ここでは日本軍の敗因について考察し、従来の日本軍敗因説への反論を試みる。これを裏返せば、米軍のガダルカナル戦での勝因を解明する一助になると思われる。

兵力の逐次投入

島嶼部における上陸部隊の戦力推進には逐次投入か、一挙投入による二つの手段しかない。

ガダルカナルの戦いにおいては、日米決戦という意義を当初認識していなかった海軍（陸軍にも同じことが言える）が、この作戦に振り分けられる輸送船とそれを護衛する駆逐艦等の数には限界があった。

また次図で示す通り、日本軍の敵に対する見積りと実際の戦力とでは、かなり大きな隔たりがあった。たとえ全部隊が集結していなくても、弱小な敵（実際は過小評価）を、機を失することなく奇襲して撃破を試みることは、戦術の定石に基づいていたと思われる。一木支隊はガダルカナルに上陸した敵兵力を約2000人と見積もっていたのであり、[48]しかも敵はガダルカナル島からの離脱に腐心していると伝えられていた。[49]よって一木支隊長も、上陸していた部隊のみで勝てると思い、[50]戦ったと考えられる。

また、もし第2師団主力が集結するのを待って攻撃したとしても、それだけ米軍に防御準備の時間を許すことになったであろう。さらにヘンダーソン飛行場を利用した米軍の航空機の進出も許し、日本軍の上陸、攻撃時の損害もさらに大きくなったであろう。仮に大部隊で総攻撃したとしても、日本軍のやや教条的な正面攻撃の考え方が変わらない上、ガダルカナル島がジャングルに覆われているという特性から総合

日米陸上相対戦闘力の推移（イメージ）

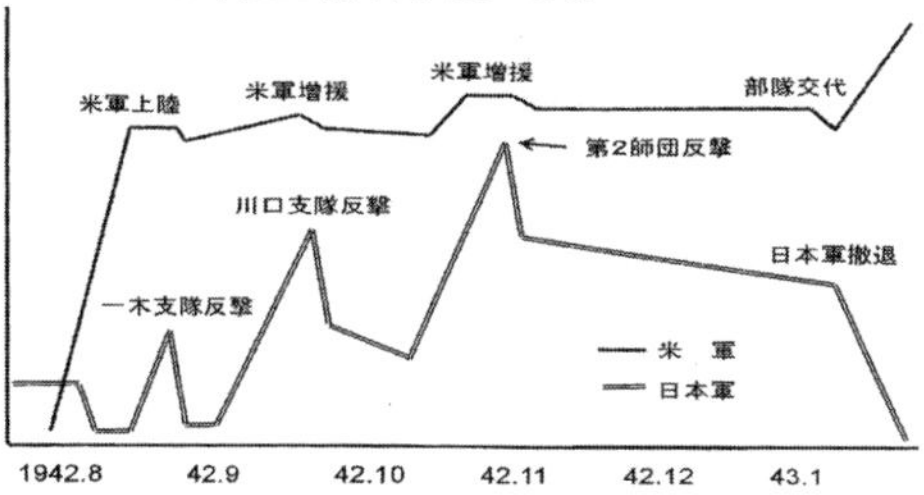

日本軍が見積もった日米陸上相対戦闘力の推移（イメージ）

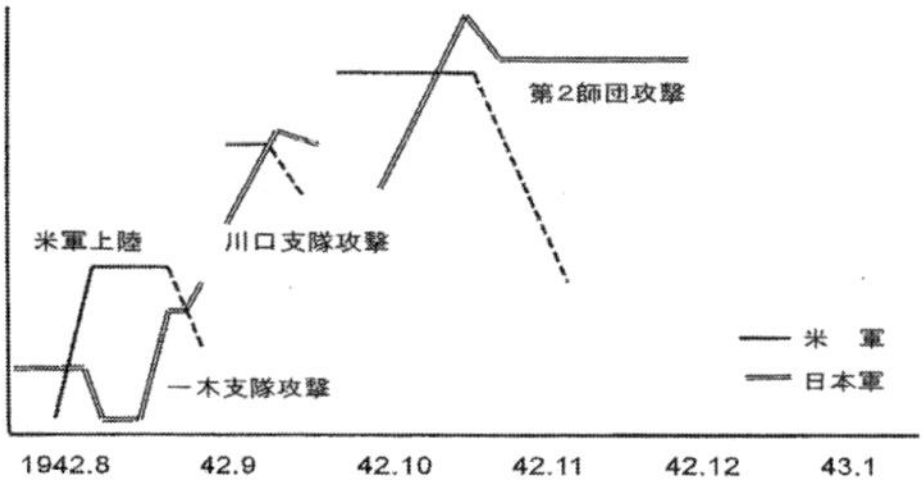

日米海上相対戦闘力の推移（イメージ）

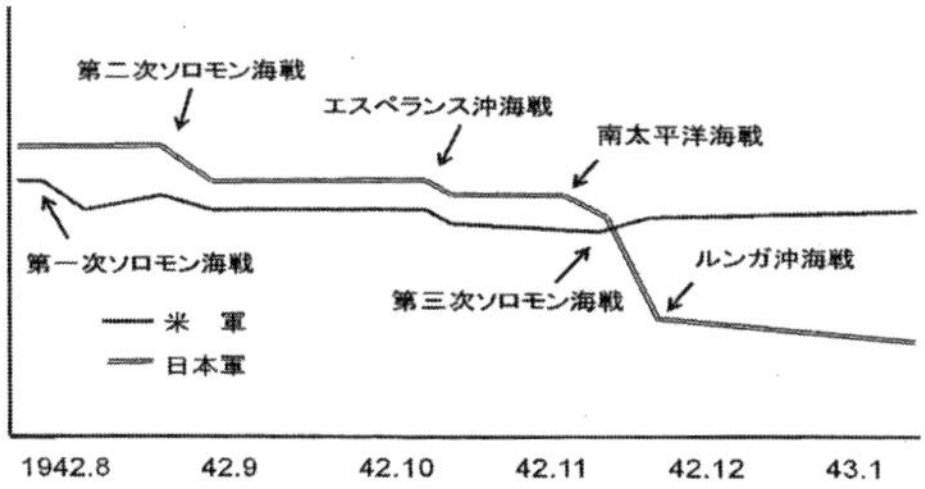

日米航空相対戦力の推移（イメージ）

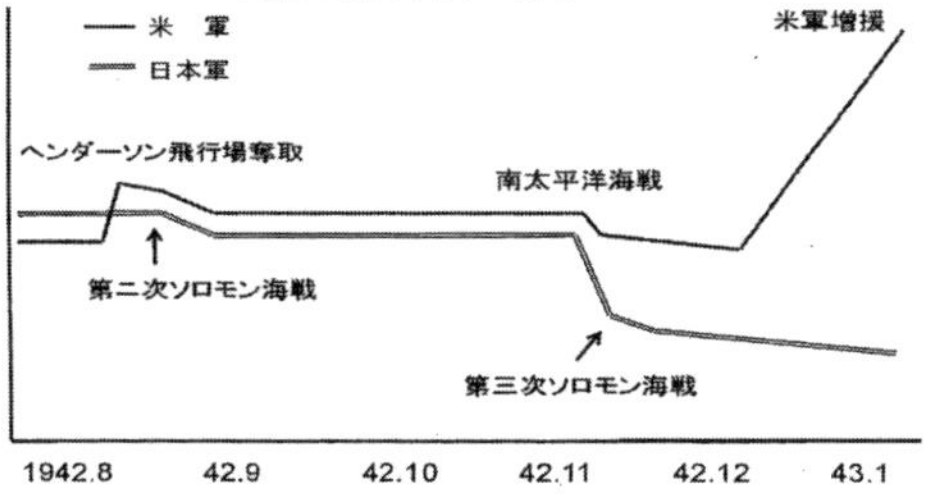

いずれも米海兵隊公刊戦史に基づき作成

的な戦闘力を発揮するのは困難である。このような当時の状況から、大戦力を集結したとしても勝利が得られるかは不明である。よって、この戦いにおける日本軍の兵力の逐次投入を敗因と決めつけることは、早計と思われる。

なお、米軍が当初より1万数千名の将兵を上陸させていたのは、次の要因があったと考えられる。まず飛行場の周辺は広大な平地であり、数千名では守ることはできない。これを守るための緊要地形がないからである。このため当初より大人数を森林に展開させ、飛行場の奪回を防がなくてはならなかった。次に米軍は海兵隊をガダルカナル島に展開させた。しかし海兵隊の占領能力は陸軍に比べて低い。そのため、ここで使用された海兵隊の部隊を次の作戦地へ転用することを最初から決めていた。多少の損害を被っても戦える部隊を維持しようとするためである。さらにガダルカナルの戦いは緒戦であり、日本軍の「不敗伝説」に脅える米軍将兵に、強い成功体験を与えるためには徹底的な勝利をもたらさなくてはならなかった。それらゆえの大戦力であり、米軍は強い覚悟をもってガダルカナル戦に臨んだのである。

海空戦力不足

▼51 第一次ソロモン海戦の結果、米軍はソロモン海域の海上優勢はほぼ日本海軍に奪取されたと認識していた。加えてヘンダーソン飛行場が確保されるまでは、米軍にはニューヘブリディーズ諸島にあるエスプリットゥサント航空基地（ガダルカナル島から約８００キロ離隔）しか使用できる基地はなかった。

ここで注意したいのは、当初、海上優勢を確保していたのは日本海軍であり、米軍は第三次ソロモン海戦で勝利するまで、日本の海上戦力に対して大きな脅威を覚えていたことだ。

さらに航空戦力については、ヘンダーソン飛行場が使用できるようになってからは米軍がやや優位、特に昼間の航空優勢は米軍が持っていると認識していた。しかし初めはガダルカナル島がジャングルに覆われていたため、航空攻撃が陸上戦闘にもたらす効果には懐疑的であった。ただし沿岸部の開闊地における近接航空支援に限り有効であると感じていた。

よって米軍は、この状況では艦艇及び航空機の運用には限界があり、日本軍はいつでも「東京急行便」[52]による増援と補給が可能であると考えていた。[53] 現に日本軍は川口支隊の上陸を無傷で成功させている。また第38師団の上陸に際し、連合艦隊司令長官山本五十六海軍大将も第17軍の作戦に同意、[54] 海軍航空部隊をもってガダルカナル沖の米艦艇との戦闘を準備していたほどである。

これらのことから本地域における日本軍の海空戦力は決して米軍に比して見劣りするものではなく、彼我伯仲もしくは、それ以上の時もあったと言える。ただし日本軍も予期しない形で戦場を決められ、守勢に立たされた。そのため、安定的な航空機の作戦基盤はラバウルにしかなかった。しかもラバウルから発進する航空機は長距離機動を行い、限られた時間での戦闘を余儀なくされ、日本軍の航空部隊や兵站部隊の限界を超えたのである。その結果、第一線部隊に負担を強いることになった。

トージョー・アイス・カンパニー（出典：「ガダルカナル戦」HP）

その他、日本海軍が第2師団の攻撃失敗を「観察」し、総括した報告書によると、敵機に対する「過度の恐怖」[55] が挙げられている。このように物理的な戦力比ではなく、心理的な影響も海空戦力不足を感じさせる原因の一つになったのかもしれない。

よって海空戦力不足をガダルカナルの戦いにおける日本軍の敗因の一つとするよりは、陸上部隊の期待する要求、つまり時期的・量的に日本軍の海空部隊が十分に応じられなかったと言うべきであろう。

さらに言うならば陸上部隊が必要な時に必要とする量の支援

（火力・兵站など）を受けられなかったという戦略的な状況判断、あるいは統合運用上の問題に帰結されると思料する。

兵站不足

ガダルカナル戦以降の島嶼部の戦いにおいて、日本軍は総じて言えば兵站が不足した状況で敗北している。ただし沖縄戦などにおいては兵站が比較的備わっていたにもかかわらず敗北を喫した。またガダルカナル島のような視射界が制限されるジャングルでの戦いや当時の突撃要領から小火器等の射撃機会は少なく、弾薬は余っていたという証言もある。[56]

一方、米軍は日本軍の遺棄した兵站物資がなければ撤退せざるを得なかったほど、兵站が不足していた時期もあった。それは1942年8月7日、米軍がガダルカナルに上陸した際、ラバウルから出撃した日本軍の航空攻撃によって、第一線を指揮していたフレッチャー（Frank Jack Fletcher）海軍中将が部隊と一部の物資を揚陸しただけで、ガダルカナルを離脱してしまった時のことである。その結果、米軍の兵站は非常に不足することになった。しかし、日本陸軍の飛行場設営部隊が大量の兵站物資（中には製氷機を利用したアイスクリーム製造機もあり、米兵は「トージョー・アイス・カンパニー」などと呼んでいた[57]）を遺棄していたことから、米軍はその物資を利用し、難を逃れることができた。

さらに、第一次ソロモン海戦で勝利した日本海軍は無防備の米軍輸送船団をとり逃している。米軍はこれを旗艦「鳥海」の艦橋が破壊され艦隊の再編成に時間がかかったため[58]、あるいは米第61任務部隊の艦載機による航空攻撃を回避するためだと推定している。[59] しかし理由はどうであれ、米軍は、第8艦隊が輸送船団を攻撃していたら、ガダルカナル戦の形勢は逆の結果となったであろうと結論づけている。[60] 通説でよく言われるようなイメージとは逆に、このように兵站に対する認識は日米両国で異なっていた。

つまり戦闘の全期間を通じて日本軍だけが一方的に兵站が不足していたのではなかった。圧倒的な海上優勢・航空優勢が日米両軍に無かったため、どちらも兵站に不安を感じていたと言えるのだ。

ただし、日本の兵站不足を助長した要因には、戦死者・戦傷者の著しい増加から兵站部隊を十分に保持できなくなり、後退時には物資を遺棄せざるを得なかったことなどもあると思われる。例を挙げれば、1942年11月10日、メタポナ川付近の東海林部隊を米軍が挟撃し、日本兵350人以上が戦死し、ほとんどの日本兵がジャングルに後退した時も、数門の火砲、数隻の上陸用舟艇とともに、15トンの米を遺棄していた。米を遺棄した理由は、今となっては不明であるが、当時すでに困窮の極みに達していたのなら食糧を遺棄することなど考えもしなかったのではないだろうか。

戦闘が終盤にさしかかった頃、日本軍は物資をドラム缶に詰めて駆逐艦から海岸に漂着させる新たな補給要領を考案する。11月30日、海戦が生起したため一度は中止するものの、12月3日に再開し、1500本中500本のドラム缶を、12月11日には1200本中200本のドラム缶を届けることに成功した。しかし、その頃の兵站不足を考慮すれば、焼け石に水だった。これはガダルカナルの上陸部隊だけでなく日本軍が現地調達（事前集積や鹵獲を含む）に頼り過ぎたことも原因ではないだろうか。このように兵站の重要性を認識し、兵站を推進するための兵力を十分に配当しなかったことにも問題があると考える。

つまり従来から指摘のある兵站の量だけではなく、兵站そのものに対する誤った日本軍の認識が敗北を招いた原因だと考えられる。

教条的な戦術の失敗

水陸両用作戦は、米軍では1920年代から理論上での検討が重ねられてきた概念である。[61] それを、この戦いで初めて実戦に移したのである。当然、試行錯誤の連続であった。

米軍は統合戦力を駆使した新たな戦いをプロトタイプと位置付け、指揮官は柔軟性ある戦闘指導を行い、作戦・戦闘の教訓を速やかに反映していた。

他方、日本軍は中国大陸で勝利した経験に基づき、適切な情報を得ることなく「突撃第一主義」[62]で米軍との戦闘に終始した。特にジャングル戦においては局地的な戦闘が主体となる上、当時の通信事情から、作戦が開始されてからの状況把握は困難である。指揮官は柔軟性を確保し、状況に即応するための予備勢力を少なくしていたので[63]、臨機応変の処置がとれなかったのである。[64]

大本営は川口支隊の攻撃が失敗に終わると、一木支隊長、川口支隊長の2人の指揮官が行った「竹槍戦術」を非難した。[65]しかし陸軍では、伝統的戦法である白兵威力による夜襲をもってすれば米軍の撃破は容易であると信じられていたのであり、これは当時の陸軍を風靡していた一般的な傾向である。もちろん大本営陸軍部もその戦法と一木支隊長の練達した指揮能力に望みをかけていた。[66]一木支隊長は千葉の歩兵学校では、諸外国の陸軍装備を研究する部署にも就いていた。その時の経験からすれば、「竹槍戦術」に終始したのではなく、戦いが始まって以降、敵の圧倒的な火力の下、どうすることもできずに敗退したというのが実態ではないだろうか。

また事実、敵に対しても怯むことなく果敢に攻撃する一木・川口支隊の士気の高さは軽んじられるべきものではない。さらにガダルカナルの戦いにおいては、陣前・陣内の機動と視射界の制約が明らかである戦例から見て、配備が薄いか、その間隙を突いて同時に多方向から攻撃すれば、一部の部隊でもヘンダーソン飛行場または米軍にとって大打撃になったと考えられる。

よって白兵戦の重視をもって教条的な戦術とし、その失敗を敗因と結びつけるのは結果論的考察だと断じざるを得ない。

第4節　勝因の検証

ここでは新たな戦争を考察するため、具体的には将来の統合運用、あるいは防衛力整備に資するという視点から、米軍が勝利した要因について、現地部隊に対する作戦支援基盤の付与と六つの機能から考察していく。

現地部隊に対する作戦基盤の付与

日本軍

先述した通り、日本軍は陸軍と海軍とでは、ソロモン諸島に対する認識が異なっていた。そのため、ガダルカナル戦において一貫した目的を確立することができなかった。

また、陸軍と海軍が協同する場合は事前に協定を締結し、それに基づき現地部隊の作戦・戦闘を律するしかなかった。

よって、状況に即応するよりも、それぞれが事前に決めた優先事項に囚われることもあった。その上、事前の計画は複雑になり融通性に欠けることも多く[67]、必ずしも効率的な戦いができなかった[68]。これは次のような戦例をもたらした。

当時、海軍はミッドウェーでの敗戦を受け、次の一手を決めかねている状態が続いていた[69]。特に真珠湾攻撃で空母を打ち漏らした痛手は大きかった。敵の空母は神出鬼没で海軍を困惑させていたのである[70]。そんな中、米軍がガダルカナル島に上陸した、という報に接した第11航空艦隊司令官塚原二四三海軍中将は、航空部隊を出撃させた。

その際、司令部では攻撃目標に関し、主として陸軍に寄与する敵船団の撃破か、あくまで海軍が追求する敵空母の撃破か、どちらを優先すべきか決められなかった。

結局、海軍は空母撃破を優先すると決定した[71]。つまり現地では臨機応変に指示を出すことは困難であり、陸軍と海軍が協同するよりも各軍の都合を優先させるしかなかった。

次の一手を決めかねていたのは陸軍も同じだった。もともと陸軍は中国大陸での作戦と、[72]「対ソ重視」を最優先に考えていた。[73]またミッドウェー作戦の結果を受けてFS作戦が延期された後は、不敗態勢なんずく対支戦略に支障がない範囲での一部の積極作戦には賛同する、[74]というのが陸軍の姿勢だった。

このように陸軍は太平洋正面に対する早期決戦構想が挫折したので作戦指導上の関心が重慶またはインド洋に向かっていた。そのため陸軍としてはガダルカナルの戦いを進んで行う必要もなかった。[75]

しかし海軍からの要請を受けた陸軍は、それを受け入れた。その狙いは将来作戦の一つである対支作戦のために海軍への徳義上の義務を果たす、[76]平たく言えば「貸しを作る」ということだった。よって陸軍はそのように副次的な目的から始まった、この作戦に十分な戦闘力を充当することはなかった。その勢力は、この地域で直ぐに運用できる一木支隊（実質的には増強一個大隊）を派遣するにとどまった。この時、連合艦隊はガダルカナルの飛行場の奪回には川口支隊の投入が必要と考えていた。[77]しかし陸軍から一木支隊で対応可能と言われ、不安を感じたほどだった。[78]

更に海軍は海軍で空母撃破を追求するあまり、一木支隊を輸送するはずの艦艇の配分さえ出し渋った。[79]そこで現地海軍司令部は急遽、トラック島まで護衛してきた駆逐艦をもって支隊を輸送することにした。[80]それは中央と現地との支隊の作戦に対する認識の相違をもたらすことになる。参謀総長も一木支隊が2組に分かれ、第1梯団だけで戦うことなど把握していなかったのである。[81]

それだけではなかった。第17軍の参謀たちは海軍の戦闘行動が制約されないように、一木支隊の重火力は輸送船で運び、人員も駆逐艦1隻につき150名までという要請に応じ、[82]現地陸海軍協定を締結した。[83]これでは現地部隊に対し、戦闘力の集中を阻害する条件を課したことに他ならない。日本軍は、陸海軍が持つ潜在的な阻害要因だけではなく、顕在する戦闘力という観点からも集中が困難な状況に陥ったのである。

またガダルカナルへ敵が上陸したとなれば、日本軍はまず本格的反攻の時期を特定する情報を入手しなくてはならなかった。

しかし中央（大本営）では、米軍の本格的反攻は昭和18年以降とする楽観的見積もりに終始した。しかも海軍は、その時、大規模な米輸送船団が8月上旬、豪州東方海域に到着するとの情報を得ていたのである。それにもかかわらず、索敵を命じられた海軍航空隊が敵の反攻部隊の来襲を見逃したことにより[84]、本格的反攻の時期の特定は情報収集努力の指向の外に置かれた。

よって陸海軍首脳は、ガダルカナルへ上陸した部隊を「偵察上陸程度のもの」[85]と結論付けた。海軍は適切な情報を活かすことができなかったのである。これは現地部隊に対する作戦基盤の付与にも影響した。大本営あるいは第17軍は、作戦地域や敵の情報すら確認できないまま支隊の投入を決定したからである[86]。特に第17軍は自ら偵察も行わずに命令を下達している。このことからも事態を重く見ていたとは思えない。また敵の兵力見積もりについても日本陸軍の米軍に対する過小評価、例えば「一個師団の敵であっても歩兵一個連隊で勝てる」[87]などといった驕りがあったため、当時の陸軍では情報を正しく処理することは難しかったと思われる。

一方、連合艦隊司令部では当初より、敵兵力を「1コ師団位」あるいは「海兵1コ師団」と断定していた[88]。それが更にガダルカナル島沿岸まで進出した潜水艦の情報で敵の編成・装備に関する見積もりを修正する必要が生じた[89]。

しかし海軍は陸軍へ通報することも新たな処置を講ずることもしなかった[90]。このように日本軍は状況の変化へ柔軟に対応することができなかったのである。

また陸軍と海軍、上級部隊と現地部隊の間における認識も異なったため、戦闘力の集中を促進する基盤を確立することもできなかった。

米　軍

1942年3月5日、キング（Ernest Joseph King）米艦隊司令長官（当時）は、大統領官邸で太平洋正面における情勢認識を語った[91]。それは日本軍がガダルカナル島へ上陸する2カ月も前のことだった。その時、キング海軍大将は、ハワイの防衛とオーストラリア及びニュージーランドに対する支援、そして今後、ニューヘブリディーズ諸島から北西へ進出するにはガダルカナル島を占領し、ラバウルに展開する日本軍を撃退する必要があると表明した[92]。

米軍では、ガダルカナル島が太平洋戦域における連合軍の反攻拠点であり、これを確保しなければならないという明確な目的が戦略レベルから第一線部隊まで確立されたことになる。また、この目的を達成するため、米軍は新たな試みである実質的な「統合作戦」を遂行し、陸軍、海軍、海兵隊、航空部隊による戦闘力の集中を企図した。

そして、まず具体的に達成すべき目標として飛行場の確保を掲げた。次に陸海空戦力の統合発揮を促進するため、水陸両用部隊を編成した。それが第62任務部隊（TF－62）である。さらに海兵隊は編成したばかりの師団を初めて実戦に投入した[93]。海兵隊では、それまで旅団以上の部隊は編成されていなかった。そのため先任旅団長が全体の指揮を執り、各旅団長経由で部隊を運用していた。

しかし大規模な作戦で海空部隊を包含し、迅速かつ柔軟な統合運用を行うには師団編成の方が適していた。なぜなら、師団自らが作戦機能と作戦を支援する機能を持つことができるからである。また複数の旅団司令部で調整するよりも、単一の師団司令部で統制する方が状況に適合した戦闘力の発揮が容易になる。それは他軍種にとっても調整先が少なくて済むので都合が良かった。

その上、米軍は現地部隊の作戦・戦闘を容易にするため、目標の近くの島に地歩を築き、その島から航空支援ができる態勢を確立した。ガダルカナルの戦いでは、それがニューヘブリディーズ島とエファテ島だった。それまで各種の航空支援基地は広い地域に散在していた[94]。これを集約して多数の航空機を運用するため、米軍は両島の飛行場整備を最優先にしたのである。これは航空機の多寡の問題に収まらない。日本軍が優勢と言われる中、基地から発進する航空機の飛行距離はほぼ同じでも無線傍受やレーダーの活用による情報の優越と相まって米軍が制空権を確保する要因になったからである。[95] 加えてガダルカナル島は新たな任務付与によりゴームレー海軍中将が指揮する南部太平洋方面軍の担任区域に含まれることになった。

しかし戦力不足を感じたゴームレー司令官は、隣接する南西太平洋方面軍司令官マッカーサー（Douglas MacArthur）陸軍大将と会談し、第一任務（目標の一つにガダルカナル島も含まれていた）に必要な協力は惜しまない、という約束を取り付けるのだった。[96] このように米軍は綿密に作戦基盤を確立してから現地部隊をガダルカナル島へ投入した。また、それを補強するように、20日にはルンガ飛行場（後の「ヘンダーソン飛行場」）へ航空機を進出させ、[97] 迅速な戦力投射に努めるのだった。

その他にも米海兵隊は豪州と連携することで現地の状況を海軍や航空部隊に通報する一方、海軍からは暗号解読により得た日本軍の企図を知らされた。[98] またエスピリットサント島、[99] ニューカレドニア島から発進した爆撃機が索敵を行うことで日本軍の上陸部隊の行動などについても逐次、情報提供を受けていた。[100] これらが米軍の戦闘力の集中発揮を可能にする要因になったのは言うまでもない。

ただし米軍の作戦にも瑕疵が全くなかったわけではない。上陸部隊の兵站に支障をきたすこともあった。それは前述した通り、ラバウルから出撃した日本軍の航空攻撃によって、フレッチャー海軍中将がガダルカナル島から無断で離脱した時のことだった。半分にも満たない一部の物資を揚陸しただけで同島に取り残された米軍は、じ後の兵站に不安を感じるのだった。[101] しかし米軍は、日本の海軍設営部隊が遺棄した大量の兵站物資を発見したことで難を逃れることができた。[102]

そして、その後は日本軍の海空警戒網を掻い潜り、米軍は駆逐艦をもって輸送船団を護衛し、軽装甲の水陸両用車を使い兵站を支えたのである。このようにガダルカナル戦を効果的に行い、戦闘力を集中するために、海兵隊、陸軍、海軍、航空部隊はできる限りの協力を行うのだった。

次に、現地部隊の主要な作戦・戦闘を垂直あるいは重層的に六つの機能に区分し、今後の戦争への教訓を析出していく。

現地住民の先導による前進（出典：米海兵隊公式HP）

機能ごとの分析による教訓

指揮の考察

まず注目すべきは、１９４２年3月5日、日本軍がガダルカナル島に上陸する以前から、キング米艦隊司令長官（当時）が太平洋正面における情勢認識として、ハワイの防衛、オーストラリアとニュージーランドを援助し、ニューヘブリディーズ諸島から北西方向へ進出するためにはガダルカナル島を占領し、ラバウルに展開する日本軍を攻撃する必要があると明確に意思表示していたことである。[103] 米軍では、ガダルカナル島は連合軍の太平洋戦域における反攻拠点であり、これを確保しなければならないという明確な目的が、国家の戦略レベルから第一線のヴァンデグリフトにまで一貫して確立されていたのである。この目的達成のため、当時としては新たな試みであった「統合作戦」を遂行するため、陸軍、海軍、海兵隊、航空部隊が戦力を確実に集中しなければならなかった。

米軍は、統合作戦が初めから円滑に進められるとは思っていなかった。

当初、米軍でも陸海部隊は、それぞれ本作戦の目標が異なっていた。陸上部隊はガダルカナルの戦いが統合による水陸両用作戦そのものを成功させればよいと思っていた。また海上部隊はガダルカナル島にいる日本軍の排除による制海権の確保こそ重要だと認識していた。そこで米軍は目標を統合上の要である飛行場の確保に統一し、陸海空戦力の統合発揮を促進するために新たな指揮系統に基づく水陸両用部隊を編成した。それが第62任務部隊（ＴＦ－62）であり、空母機動支援部隊である第61任務部隊（ＴＦ－61）及び基地航空部隊である第63任務部隊（ＴＦ－63）などとともにゴームレーの指揮下におかれた。第62任務部隊は第1海兵師団を基幹とする強襲揚陸部隊、火力支援任務群、警戒掩護部隊、掃海隊群、輸送隊群などで構成された。それは陸上部隊の戦力発揮が円滑にできる編成でもあった。

よって状況（敵情）に応じた機敏な部隊改編、水陸両用作戦における柔軟な戦闘指導ができた。さらに海兵隊は先述の通り、編成したばかりの師団を初めて投入し[104]、実戦に臨んだ。この戦いのように比較的大規模な作戦で、かつ海空部隊を包含し、迅速かつ柔軟な統合運用を行うためには、司令部機能の効率化という観点からも師団編成の方が適していたと思われる。

一方、日本軍は、ガダルカナルにおける戦いに当初から一貫した戦略目的がなく、統合の体を成していなかった。陸軍と海軍は、事前に決められた協定に基づき、それぞれの優先事項に囚われる場合もあった。また計画も複雑になり融通性に欠け[105]、陸軍部隊の遅延による度重なる計画変更も加わり、効率的な戦いができなかったと思われる。後の分析では、米軍はこの作戦が全てうまく行ったとは考えていなかったものの、日本軍の指揮官たちが臨機応変の措置をとらなかったため、日本軍は、この戦いに負けたと総括している[106]。

ガダルカナル緒戦で日本軍の現地部隊が中央協定及び現地協定など、決められた条件で戦ったことは、すなわち与えられた任務が活動の根源になるのを意味している。

しかし上級部隊である第17軍でも一木支隊に与える任務に確信が持てなかった。それを裏付けるかのように第17軍は大本営から言われるまでもなく、初めから川口支隊の投入を決めていた[107]。また同軍参謀長二見秋三郎陸軍少将も作戦当初から「ガダルカナル島放置論[108]」を主張していた。そのため現地部隊に下達された任務は「敵の撃破、飛行場の奪回」から「島の一角を保持して川口支隊を誘導」までと幅があるものになった。これは状況不明を考慮して柔軟な任務を与えたとは言えまい。陸軍には当時、ドクトリンを超えた「正論」が存在していたという[109]。そのため現地部隊の指揮官は、いかなる状況でも与えられた任務を積極的に遂行することが求められていたのである[110]。

次に一木支隊長は戦場への進出を急ぎ、▼111 前方指揮に徹した。確かに前方指揮は第一線の状況を掌握しやすい。しかし後方及び側方も含め、全般の状況を把握するのがやや難しくなる。通常なら一木支隊には歩兵大隊が編成されているので、大隊長が先遣隊（第1梯団のこと）を引き連れ、上陸を阻む敵の掃討、情報活動などの作戦準備、いわゆる橋頭堡の確保を行うべきだった。そして支隊長が海空戦力と協同し、第2梯団と上陸する時に重火力を合一させ、戦闘力の集中を目指すのが常套である。

しかし一木支隊長は「戦機」を重視したことで先の行動を選択した。この戦闘指揮と支隊の戦力分離は、じ後の作戦・戦闘に致命的な影響を与えた。小銃、重機関銃、それに歩兵砲しか持たない一木支隊は米軍との戦力比を益々あけることになったからである。

さらに離島しかもジャングルに覆われた戦場では独立した戦闘が生起する可能性は高くなる。よって自律型の戦闘が求められる。しかし一木支隊の編成の特性から、それは困難だったと思われる。なぜなら一木支隊のほとんどの将校は少・中尉などの尉官であり、戦術能力には限界があった。大佐は一木支隊長ただ1人、中佐はおらず、少佐は2人、しかも一人は第2梯団を率いていた。さらに大尉も数名で多くの中隊長は中尉だった。

自律型の戦闘では経験豊富で実兵指揮に長けた将校が必要となるのは当然である。それにもかかわらず、将校不足は将校を中心とし偵察を主任務とする将校斥候群が全滅することで更に顕著となった。このような状況から、一木支隊長が第1梯団を率いたのも、将校の数が限られる「1コ支隊1コ大隊」という編成から自ら状況判断をしなくてはならない、と考察したとするのが自然である。

一方、米軍は現地部隊に対し、明確な任務を付与した。戦略レベルから現地部隊のレベルまで日本軍の反撃を撃破し、飛行場を確保する、という一貫した目標があった。さらに米軍では現地部隊指揮官に対し、状況に適応して戦闘力を集中するため、柔軟な部隊運用ができるように配慮されていた。任務部隊も、その一つだった。第62任務部隊は第1海兵師団を基幹とする強襲揚陸部隊、火力支援任務群、警戒掩護部隊、掃海隊群、輸送隊群などの各種機能で構成され、上陸部隊の戦闘力の集中が円滑にできる態勢がとられていた。

また指揮の命脈とも呼べる通信手段についても日米の態勢は大きく違った。米軍は通信組織が確立されていた上、上級司令部とも随時交信が行えた。よって陸海空の各部隊は相互の連携も容易になり、状況の変化へ柔軟に対応できた。加えて米軍では最新の戦況がラジオを通じて直ちに国民へ伝わるほど、通信手段の確保、あるいは情報伝達に優越があった。[112]

それに対し、日本軍では現地部隊の通信は海軍に依託する予定であり、潜水艦などの通信手段を活用できるはずだった。[113] しかし潜水艦がガダルカナル近海から離れたため通信は途絶し、一木支隊長は独断的戦闘を強いられた。独断についても『歩兵操典』では「独断ハ其ノ精神ニ於テハ決シテ服従ト相反スルモノニアラズ常ニ上官ノ意図ヲ明察シ大局ヲ判断シテ状況ノ変化ニ応ジ自ラ其ノ目的ヲ達シ得ベキ最良ノ方法ヲ選ビ以テ機宜ヲ制セザルベカラズ[114]」と記述されている。

しかし一木支隊には上官の意図、大局を理解するに足る情報は与えられず[115]、不明確な目的しか与えらえなかった。一木支隊長は戦闘力の集中もできないまま、当初の任務に固執しなければならなくなった。結局、「機宜を制する」ことを重視し、攻撃を行うだけだった。

戦闘力を構成する主要な機能（「機動」「打撃」「防護」）の考察

機　動

まず近現代戦を概観すると、離島作戦には長距離機動を伴う傾向があると言える。そのため陸海軍及び航空部隊等の協力は不可欠になった。ガダルカナル戦では、日本軍もトラック島からガダルカナル島に至る約2000キロを超える距離を機動した。これは概ね東京から台湾の距離に相当する。有利な態勢を獲得するために行われる機動には情報、火力、防護などの各機能との連携が必要である。

しかしガダルカナル緒戦では、日本軍は時間という要素を重視し、十分な調整を行わなかった。よって、これまで見てきた通り、機動間における戦闘力の集中もできなかった。反対に米軍は海空一体となり、各種機能が連携する任務部隊により長距離機動を成功させたのである。

米軍は緊要な時期と場所に戦力を集中するため、大胆な機動を行っている。例えばヴァンデグリフトが日本軍の反攻が近いと見積もり上級部隊に要請した航空戦力は、一木支隊が攻撃を開始した21日直前の20日にヘンダーソン飛行場に到着した。その後、ヘンダーソン飛行場に駐機している「ワイルドキャット」38機が、空中戦により損耗し、11機しか使用できなくなると、速やかに増援要請に応じ、24機に増加された。

陸上戦闘に関しても米軍は日本軍に対し、陸上部隊による砲迫射撃と歩兵部隊を突入させる一方、海兵隊を艦艇に乗せ、日本軍の後方地域に対して大胆な奇襲を行い勝利した。また増援部隊の機動を迅速に行うため航空部隊に支援された海上輸送を行い、沿岸部で被害を軽減しつつ上陸を果たした。さらに島嶼における機動部隊の作戦を容易にするため、ヘンダーソンの航空部隊の掩護下において工兵隊が水陸両用トラクターなどをもって機動路を整備するほか、ジャングル伐採もできる重機を大いに利用した。

これは、日本軍が「丸山道」と呼ばれる小道を啓開するのに時間がかかり、重砲を放棄せざるを得なかったことや、戦車などの重戦力の機動路を確保できなかった結果を考えれば、決して小さい問題ではない。ただし、この重機に関する日米両軍の認識に差がある背景には、当時の両国における工業化の度合いなどが大きく影響していると思われるので、さらに深い考察が必要であろう。

打　撃

日本軍はガダルカナル島へ逐次投入を行い、作戦に失敗したと言われる。▼[116]

しかし離島奪回作戦における上陸部隊の戦力推進には逐次投入か、一挙投入しか方法はないと先に述べた。一挙投入に必要な輸送船とそれを護衛する駆逐艦及び航空機等の数には限界があり、海軍がそれを用意することはなかった。その上、日本軍の敵に対する見積もりと実際の戦力とでは大きな隔たりがあったことを再強調する。[117]

よって繰り返しとなるが、日本軍が一木支隊第1梯団に加え、第2梯団、川口支隊そして第2師団主力の集結を待って攻撃したとしても、それだけ米軍に防御準備の時間を与えることになり、攻撃が成功したか疑問である。米軍の防御も「時間」を重視して準備されていたため、[118]地上戦闘の激烈化は避けられなかったと思われるからだ。

次に無事、上陸した現地部隊は接敵行軍を全うすることが求められる。一木支隊は敵情が不明な上、詳細な地図もなく、地形等を掌握することも困難だった。そのため現地では接近経路と緊要地形を見積もり、要点に対しては必要に応じて戦闘を予期しつつ前進するなど、十分な警戒を行う必要があった。敵が離脱を考えていたとしても、掩護部隊による戦闘の生起が予想されるからである。しかし一木支隊長は尖兵と斥候を派遣しただけだった。さらに将校斥候群が全滅した後は、斥候を派遣することもなかった。これにより機動と情報という二つの機能の連携は難しくなるのだった。

続いて敵に接触した後は十分な偵察を行い、敵の弱点を見つけ出し、戦闘力を集中する必要があった。『歩兵操典』の綱領では、「有形無形ノ各種戦闘要素ヲ綜合シテ敵ニ優ル威力ヲ要点ニ集中発揮セシムル」[119]と記述されていた。現在、機動の視点から結果論的に考察すれば、一木支隊は右正面から一部の部隊で攻撃させ敵を拘束し、主力を左側方、つまり敵の防御準備が十分ではない方向へ回り込ませるべきだった。一部の部隊でもヘンダーソン飛行場へ突入できれば、米軍に大打撃を与えることができたと考えられる。米軍も「(日本軍が)もう少し偵察する余裕があったら1マイル内陸部から後方に迂回できた」[120]と述懐するほどである。

敵の予期しない時期・場所・方法で攻撃を行い、敵に対応の暇を与えなければ、ある程度の戦力比を克服することは可能だったと思われる。しかし暴露した砂洲付近で日本軍は敵に拘束された。それは正に攻撃方向として敵が予期する経路だった。[121] 日本軍が情報と火力を分断されていく中、米軍が現地住民による誘致導入を行い、[122] マイクロフォンの利用による日本軍の接近を待ち構え、[123] 周到に準備した地域で情報と火力を連携させた成果だった。

また一木支隊は飛行場から約30キロ離隔したタイボ岬に上陸した。しかし一木支隊長はルンガ岬への強襲上陸を主張していた、という証言がある。[124] 敵陣に近く、海空からの掩護も期待できるからである。一木支隊が当初参加したミッドウェー作戦では、航空部隊が敵防御施設を徹底的に叩き、海軍の艦砲射撃の掩護の下、突撃するようになっていた。[125]

それにもかかわらず第1梯団の戦いにおいては、海軍は空母艦載機を投入することにさえ難色を示した。また艦砲射撃も計画されることはなかった。[126] よって米軍の戦車、水陸両用車、豊富な野戦・高射砲及び迫撃砲などに対し、日本軍は劣勢な火力で戦わなければならなかった。戦史叢書では戦後、これを陸軍は海軍との協同に熱意がなかった、[127] あるいは陸軍も海軍も統合戦力の発揮について未熟だったと指摘している。[128]

さらに一木支隊第1梯団は重火力と分離される一方、行軍間は小銃のみを持ち、装塡も禁止していた。[129] その上、重機関銃及び大隊砲は分解され手搬送により最後尾を前進した。そのため地形障害の通過や兵隊の疲労が重なると次第に主力と離れ、長径が伸びるばかりだった。[130] これでは状況に即応して戦闘力を発揮することは困難だったと思われる。

加えるに一木支隊の戦法は、攻撃間、いたずらに射撃するのではなく、突撃を発起、突入後に射撃を行う、[131] というものだった。このため反斜面を利用し、河川や鉄条網などの障害と連携した大量の火力で攻撃部隊を制圧する米軍の戦法には歯が立たなかった。日本軍は米軍の突撃破砕線を突破するためには自ら火力を発揚することが不可欠だった。さらに支隊には予備がないため、[132] 火力による掩護にも限界があった。

日本軍は機動と火力の連携という着意が足りなかったのである。

その後、日本軍は突撃を再興する時になり、一木支隊長自らが重機関銃中隊を指揮し、火力の発揮に努めている。[133] しかし最終的に一木支隊は『歩兵操典』に記されている通り、[134] 突撃を繰り返すしかなかった。支隊長は、それ以外の方法を思いつくことができなかったか、高い戦術能力を持つ指揮官が少ない中、臨機応変の措置をとることが困難だったためと考えられる。[135]

日本軍の上陸阻止のために、米軍は陸上部隊から得た詳細な情報に基づき、圧倒的な統合火力、すなわち陸上部隊による砲迫撃、飛行場・航空母艦等から出撃する航空戦力、そして艦艇からの艦砲射撃を敵に指向するためのネットワークを構築していた。

その一例として9月8日、タシンボコの日本軍に対する攻撃を行った際、約300人の日本兵に対し、1コ突撃大隊と予備1コ大隊を投入したのだが、この時も駆逐艦で兵員を海上輸送し、駆逐艦による掩護射撃、ヘンダーソン飛行場から発進した航空機6機の近接航空支援を指向したことにより、米軍は勝利をおさめている。

装備の面からも米軍は圧倒的に優勢な火力を持っていた。また近接航空支援に掩護された戦車などによる機動打撃も十分に有効だった。さらに急降下爆撃機「ドーントレス」は上空を旋回し、舟艇の接岸を掩護するとともに、日本軍陣地に機銃掃射を浴びせるなど、陸海空の連携も円滑で日本軍に大きな損害を与えた。

このように米軍が局地あるいは一時的に限定された航空優勢を獲得できたのは、陸上部隊の正確かつ詳細な情報と統合によるタイムリーな戦力発揮が可能であったこと、飛行場を確保したため、海軍機動部隊の空母とともに基地から発進する航空戦力を発揮できたことが理由として挙げられる。また米軍は、常に陸海空の予備戦力を持ち、日本軍の企図を敏感に察知し、戦力配備の変更や出撃・撤退を柔軟に実施して陸海空の部隊がそれぞれの弱点を補うよう努めていた。

それに比べ日本軍は、海軍が戦艦「金剛」「榛名」などでヘンダーソン飛行場を砲撃した際、陸軍との連携を避け、別に海軍独自の射撃観測部隊を派遣した。[136] 戦場を熟知しない同部隊は夜間における射撃の誘導に失敗し、せっかく行った艦砲射撃にもかかわらず、十分な成果を得られなかった。この背景には、やはり陸軍が海軍との協同に熱意がなかったことや、[137]陸軍も海軍も統合戦力の発揮について未熟だったことが要因として挙げられる。[138]

水陸両用作戦は米軍が十分な検討を重ねてきた戦い方であった。[139]作戦・戦闘の教訓も速やかに反映した。[140]しかし、日本軍は真剣に敗因を分析したとは言えない。陸軍では、伝統的戦法である白兵威力による夜襲をもってすれば米軍の撃破は容易であると信じられ、戦闘要領が大きく変わることはなかった。『歩兵操典』綱領には、「訓練精到ニシテ必勝ノ信念堅ク軍紀至厳ニシテ攻撃精神充溢セル軍隊ハ能ク物質的威力ヲ凌駕シテ戦捷ヲ全シ得ルモノトス」[141]と記述されている。つまり心的戦闘力は物的戦闘力を超越して勝利できる、と書かれているのであり、これは当時の戦術思想と言っても過言ではない。そして失敗から学ばなかった日本軍は後日、同じ失敗を繰り返すことになるのである。

その他、米軍は現地に住むメラネシア人への対応を適切に行い、人心掌握にも努めている。例えば8月7日、島民の被害を一切出さずに米軍は上陸前の艦砲射撃を行った。それは8月5日の夜、米軍が上陸地点付近の島民に対する事前通告を極秘裏に行い、島民の避難を勧めていたからである。[142]米軍は土地に対する執着心が強いメラネシア人の特性をよく利用して対日抵抗運動を助長させることも忘れなかった。これまで見てきたように、日本軍は主に単独の機能で戦い、対する米軍は各種の機能を相互に連携させて戦ったことが分かる。そして後者は戦闘力の集中のための相乗効果を生み出したのである。

防　護

日本海軍は第一次ソロモン海戦の結果、ソロモン海域の海上優勢をほぼ保持していると認識していた。[143]よって海軍は敵から攻撃されることはないと決めつけ、十分な戦力を輸送船団の防護に配当しなかった。確かに一木支隊第1梯団は夜陰に乗じて無血上陸を成功させることができた。しかし第2梯団を乗せた輸送船団は海軍の思惑とは異なり、現地部隊指揮官が敵からの攻撃をおそれ上陸は遅延した。[144]

結果から考察すると、米軍は上陸部隊の孤立化に成功していたのである。このため一木支隊は歩兵（機動に任ずる部隊）と重火力（火力支援部隊）との協力ができない状況が継続した。そもそも海軍では、陸上部隊の攻撃を掩護するような技術は成熟していなかったとされる。[145] そのことも上陸部隊の防護を脆弱にした要因と思われる。また海軍設営隊も海空からの掩護もなく、十分な築城資材を持っていなかった。飛行場付近には敵大型機来襲に備えて軽易な防空壕を構築していたが、地上部隊の来攻に対する陣地は準備していなかった。火砲も全部でわずか高角砲6門と山砲2門に過ぎなかった。[146]

つまり設営隊は敵が反攻してこない、という前提で上陸し、戦略的重要施設となる飛行場を作っていたことになる。このように日本軍は防護に対する認識が不十分だった。

上陸する米海兵隊（出典：米海兵隊公式HP）

それに対し米軍は、日本軍の海空戦力から我の損害を減ずるため、飛行場周辺の陣地を強化するとともに、飛行場が破壊された場合に備え、各施設の復旧措置を徹底していた。そのため、後のことだが日本軍の海上からの射撃に対しても被害を最小限に食い止めることができ[147]、防護が持続的な戦闘力の発揮を実現した例証となった。

また防御資材が不足していたため[148]、防御線を飛行場から数百メートル南に拡大させ、射界の清掃を行い、接近経路上に地雷も埋設し、日本軍の飛行場への接近を防いだ。このことにより先述の戦艦、軽巡洋艦、駆逐艦など、8隻によるヘンダーソン飛行場に対する艦砲射撃が、滑走路に21コの穴をあけた時でも[149]、米軍の損耗を約40人に抑える結果となった。これは米軍が状況に応じ、防御要領を決定するとともに、応急資材を利用したトンネルを掘り、防護の処置に努めた成果であった。

また10月13日、日本軍は第2師団の長射程の砲撃でヘンダーソン飛行場の一部の滑走路を一時的に使用不能とさせたが、米軍は工兵隊による予備滑走路の整備を行っていたため、戦闘機の離着陸には支障がなかった。米軍は、その後もヘンダーソン飛行場が破壊されると直ちに修復し、あるいは予備滑走路を使って航空機の離着陸を可能にし、航空戦力発揮の維持に努めていたのである。

基盤的機能（「情報」「持続」など）の考察

ガダルカナル戦においては日本軍の策源地ラバウルでさえ現地の実状況を知ることはできなかった。[150] このため戦局を見通すことも困難だった。現地部隊は、あらゆる手段を尽くして敵の編成・装備などの戦力を知ること、相手の企図や相対戦闘力を正しく把握する必要があった。また敵の可能行動、できればその採用公算順位や我に重大な影響を及ぼす敵の可能行動などの情報を入手すべきであった。

しかし一木支隊長は、時間的制約を受け、それらの事情を少しは知る「ガ島守備隊」[151]と連携することはなかった。[152] また将校斥候群が全滅した後は情報活動には消極的にならざるを得なかった。[153] 結果論だが、一木支隊長は主動を確保できる攻撃においても、それに資する偵察を十分に行わず、戦闘力発揮の手段を自ら制限することになったのである。

米軍にとっても現地の情報は乏しかった。

米軍は当初、日本軍に追放されたガダルカナル在住の宣教師や農園経営者から情報を入手していた。しかし、彼らからは正確な情報を得られなかった。また航空偵察にも限界があった。[154] そのため米軍の上陸部隊は正確な地図さえ持たず、上陸作戦を遂行しなければならなかった。さらに、米軍はガダルカナル島に上陸した日本軍が5000人以上と過大視していたため、[155] ヴァンデグリフトは一木支隊を全滅させた後でさえ、「このままでは米軍部隊は直ぐ海に叩き落とされてしまう。一刻も早く援軍を送る必要あり」と上級司令部に打電している。

また米軍は豪州と連携することにより、現地の地元警察官などで構成するコーストウォッチャー（Coast watcher）を活用することができた。[156] コーストウォッチャーは、約1000キロに到達可能とする長距離無線機を持ち、日本軍の行動を島伝いにつぶさに監視し、豪州軍や米軍に報告・通報した。さらに現地に進出した米海兵隊は、現地の状況を海軍や航空部隊に通報する一方、海軍から暗号解読による日本軍の企図の把握や艦載水上レーダーによる日本軍上陸部隊の行動などについて情報提供を受けた。このようにガダルカナル島での作戦遂行を効果的に行うために、海兵隊、陸軍、海軍、航空部隊とも相互に日本軍の動向に関する精密な情報を共有していた。

その一方、日本軍では百武陸軍中将が一木支隊長に対し、状況不明なため速やかに飛行場を奪回・確保、奪回が不成功の場合にはガダルカナルの一部を占領し、後続部隊の到着を待て、と極めて曖昧な命令を下さざるを得なかった。また一木支隊が上陸直後、現地の状況を把握するために派遣した将校斥候群（情報所開設要員を含む）約34名がコリ岬で米軍の伏撃に遭い全滅したため、[157] 地形・敵情を確認することなく攻撃してしまった。これは情報不足が招いた悲劇ではないだろうか。

その他、川口支隊主力による攻撃の際、現地の情報不足により川口支隊長と参謀たちは道に迷い、指揮下部隊から孤立し、十分な指揮ができなかった。このように日本軍は、ジャングルでは目的地も現在地も分からず、上級部隊の状況確認と指揮下部隊の状況把握さえできなかったのである。[158]

もちろん米軍も必ずしも十分な情報が得られていたわけではない。

その例は川口支隊の攻撃を凌いだ直後、マタニカウ川西側において、米軍は300人ぐらいと見積もっていた日本軍を包囲撃滅しようと試みたが、実際の日本軍の部隊は川口支隊主力であり勢力は4000人を超えていた。この戦闘は川口支隊が離脱したため、実際には生起しなかったが、戦闘が開始されていれば米軍にも多くの損害が出たであろう。この時の経験から米軍は10月7日、2回目のマタニカウ川西部の攻撃では、十分な情報収集を行うため大規模な偵察隊を派遣した。この部隊のガイドを務めたのはコーストウォッチャーなどの現地住民であり、翌10月8日のマタニカウ付近の日本軍の全滅に寄与した。

このように米軍は常に情報の優越に心がけていたのであり、これが勝因の一つになったと考えられる。また米軍は、日本軍の偵察活動から企図を秘匿するために保全の処置も徹底している。日本軍の航空偵察や航空機あるいは潜水艦による威力偵察などに対し、上陸部隊は積極的な反応を示すことはなかった。その結果、日本軍は上陸した部隊の兵力を把握することができず、一部の部隊を発見しても動作は委縮して元気がない、と判断するだけだった。[159]

また米軍は将校斥候群を全滅させると、日本軍が持っていた各種資料、作戦図、通信網図を鹵獲するなど、あらゆる手段を活用して情報の入手に努めた。[160]特に航空写真は貴重だった。米軍はジャングルの島では航空偵察に限界があると認識していたため、[161]航空写真を持っていなかったのである。このように米軍は常に情報を収集し、戦闘力の発揮に資するよう努めていたのである。

持続

上陸した一木支隊は兵站とも分離していた。第1梯団は第2梯団と合一するまで補給手段がなく、自ら携行する弾薬及び糧食をもって独立的に作戦・戦闘を遂行しなければならなかった。さらに上陸地点に残置していた予備弾薬や救急品等は作戦が進展すると、一部の部隊をもって取りに帰り、折畳舟による海上輸送で搬送するのだった。結局、それらの物資は戦闘には間に合わなかった。[162]その他、第1梯団最大の火力である歩兵砲2門の弾薬は1門当たりわずか40〜50発であり、[163]これでは兵站上の理由から機動と火力の連携を望むことなど初めから無理な話だった。

加えて第一次ソロモン海戦で第8艦隊は無防備の米軍輸送船団をとり逃したのは、日本軍が兵站の重要性を認識せず、兵站を推進するための兵力を十分に配当しなかった結果であると考えられる。

LVT-1アリゲーター（出典：『ガダルカナル1942』）

打ち捨てられた日本の輸送船「鬼怒川丸」（出典：戦没船を記録する会HP）

対する米軍もガダルカナルでの戦いを急いだため、ニュージーランドで用意した90日分の兵站物資のうち60日分の物資しか船舶に積載しなかった。しかもその約半分をガダルカナル島に卸下できなかったのである。このため米軍では作戦当初から兵站不足が深刻な問題になっていた。そのような時、米海軍の駆逐艦が日本軍の海空警戒網を潜って補給物資を揚陸させたことは大きな意味があった。米軍は駆逐艦をもって輸送船団を護衛し、揚陸に際しては軽装甲の水陸両用車を使い、ガダルカナルの兵站を支えたのである。また海上輸送部隊の接岸時の弱点を狙う日本海軍に対しては、陸上部隊の重砲による射撃をもって制圧した。これはまさに統合運用の賜物であった。

さらに米軍は、日本軍が遺棄した兵站物資を十分に利用した。その後、ヘンダーソン飛行場が使用可能になると航空機の整備とともに、物資の輸送も行った。[164] 特にマラリアや赤痢の猛威により病人が多く発生したため、衛生資材の追送にも十分着意し、非戦闘による損耗を極力抑えたのである。この点、日本軍はマラリア・赤痢対策を十分にとらなかったため、多くの犠牲者を出してしまった。おそらく戦病死者の最大の死因もマラリアや赤痢によるものだと思われる。[165]

教育訓練の視点からも米軍はガダルカナルにおける戦いで得たジャングル戦や水陸両用作戦に関する教訓を迅速に反映させ、[166] じ後の戦闘に資するのだった。

ガダルカナルの戦いは現代戦にも多くの示唆を与えている。島嶼部

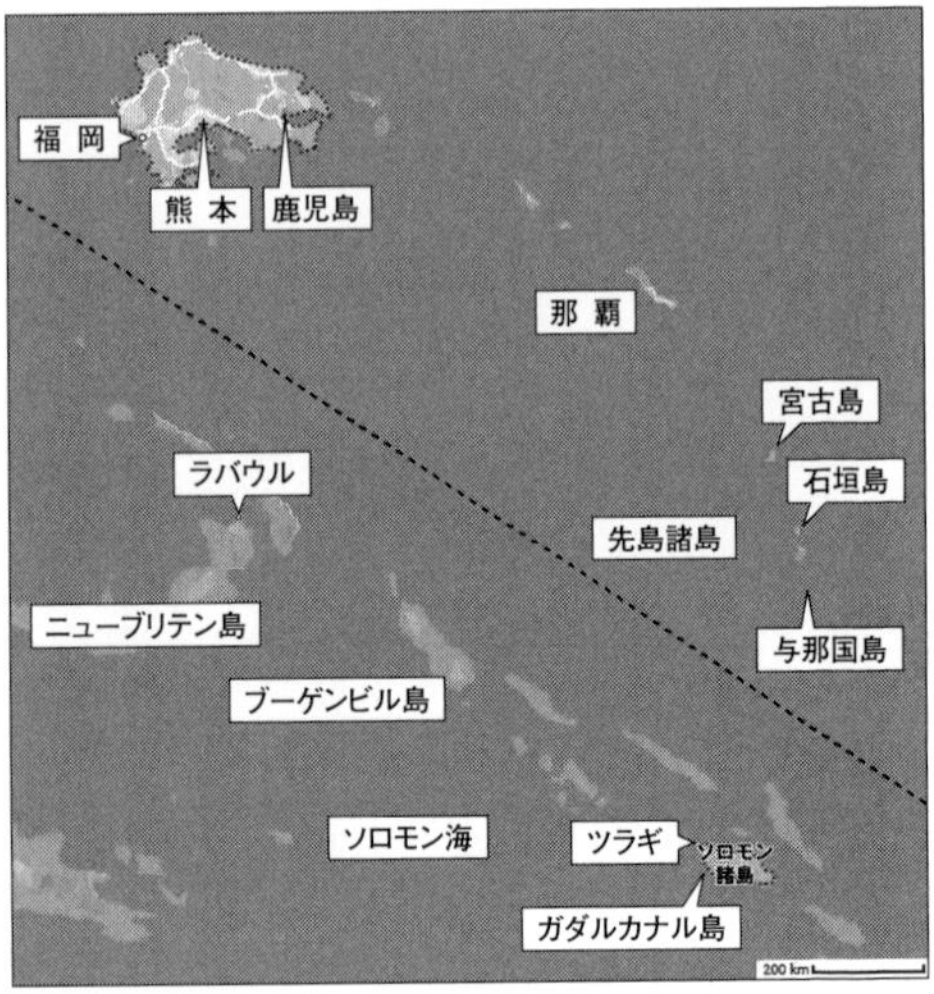

同一縮尺で見るソロモン諸島及び南西諸島の対比

の戦いでは戦勢を支配する戦略的要点に対して統合戦力をいかに集中させるかが鍵になると思われる。

　このためには、まず長期的な戦略の下、戦略レベルから作戦・戦闘レベルにいたるまでの一貫した目的を確立し、主動を確保するために状況に柔軟に対応するための処置を講ずることが必要である。次に現代戦においては、航空機による戦力の遠距離投射能力の向上などにより、一方的な航空優勢を獲得することは困難である。このことは海上優勢についても言える。

　さらに海空火力のみで島嶼に配置された地上部隊を全滅させるのは難しいこともわかった。このため、我が方の陸上・海上・航空の統合戦力の最大限発揮が可能な空間での戦いを敵に強要するだけでなく、戦力集中のために安定的な戦力を発揮する陸上部隊を努めて早期から配置し、作戦全般を通じて優勢を確保、統合運用による対着上陸作戦の核心的戦力として運用することが重要だと考えられる。

　そのための一手段として、島嶼部の特性である縦深性の欠如と孤立性を克服し、陸海空が協力して周辺島嶼・海域・空域・宇宙・サイバー・電磁波の全領域を含む有機的な戦闘力を発揮するためのネットワークを構築するとともに、「海上・航空優勢」を獲得するための情報・作戦・支援基盤を確立することが必要である。さらに、作戦空間における軍種間だけではなく、他国の軍隊や、あらゆる組織・個人と連携するための作戦基盤の確立にも着意すべきである。この際、戦いの様相が常に変化していることを機敏に判断し、将来の戦いに関する研究を進めるとともに、教訓を直ちに、じ後の作戦・戦闘や教育訓練に反映させることも大切である。

また予期しない時期・場所での敵の大兵力の上陸を許すと奪回が困難なことから、適確な情勢認識に基づき、大部隊を迅速に集中できる態勢を整備していくことが肝要である。米軍は、ガダルカナル戦以降、「蛙跳作戦」あるいは「飛石作戦」などと呼ばれるように、ラバウル、台湾など、圧倒的に多くの戦力投入を必要とする島嶼での戦闘を回避した。また、その一方で長距離機動や空母による長距離機動をともなうアウトレンジ戦法に固執することなく、作戦基盤を押さえつつ一歩一歩、着実に進む道を選択している。これらのことからも、初期戦力の大小が島嶼の戦いの勝敗に大きな影響を与えることは間違いない。つまり、新たな島嶼部の戦いにおける抑止の在り方を示すものになるかもしれないのだ。

これまで考察してきたことにより、ガダルカナル戦での敗因に対する反論については一部の例証を挙げつつ論ずることができたが、当然、敗因の全てを解明したなどとは言えず、更なる分析が必要である。

またかつての「エアシーバトル構想」などを殊更強調し、島嶼部の戦いが海空戦主体あるいは海空戦力を強化すれば事足りるとする向きもあるが、当時の米軍でさえ陸上部隊をはじめ海上・航空部隊及び海兵隊などの統合戦力があってこそ、島嶼が防衛できたと結論づけることができ、これが現代の島嶼部の戦いに示唆する最大の教訓であると考える。さらに我が国は、我が国を取り巻く戦略環境を分析し、我が国独自で対処する場合の備えと併せ、ユーラシア大陸の東端に位置する島嶼国として来援する米軍にとって有益かつ安定した作戦基盤を提供することが重要なのではないだろうか。

確かに米国の「統合作戦アクセス構想」などの動向についても、やや下火になったとはいえ、今後も引き続き注目していく必要がある。ただし、米国がどのようなコンセプトを発表していこうとも、現代戦において陸上戦力を必要としない統合・海空作戦は存在しない。島嶼防衛の要となる陸上自衛隊の任務・役割を検討し、我が国の安全保障、海空自衛隊との統合作戦に寄与できる陸上自衛隊の進むべき方向性について、さらなる検討を進めていくことが必要である。

第3章　フォークランド紛争における英軍の勝利の要因

本章においても、「フォークランド紛争（The Falklands War）」[1]における攻防両者の戦いを機能ごとに考察し、新たな戦争への教訓を抽出していく。[2]

フォークランド紛争とは1982年、英国とアルゼンチンとの間に生起した戦争である。その最大の特色は近代軍が統合作戦環境下、島嶼の支配権をめぐり近代的な装備を投入し、[3]本格的な作戦を遂行した最も直近の戦例であることにあると言っても過言ではない。すなわち現代戦の離島作戦のプロトタイプと言えるのだ。

写真1：サッチャー元首相（出典：BBC NEWS）

当時、17歳だった著者などは、最近のロシアによるウクライナ侵攻のように、先進国が戦争をすることなど信じられない行為だと感じた。また社会主義との戦争を予想していた米国が、同盟国である英国を直ちに支援できない状況が生ずることなども考えてもみなかった。そこに同盟の脆弱性を感じたものである。

また、その時の首相サッチャー（Margaret Hilda Thatcher, Baroness Thatcher）女史は英国初の女性首相であり（写真1）、同女史は人々から

「鉄の女（Iron Lady）」と呼ばれた。そしてこれから考察するフォークランド紛争において、堅い意志をもって英国を率い、勝利に導いた偉大な政治家の一人になるのである。

フォークランド紛争は、アルゼンチン軍が南大西洋の英領島嶼への上陸作戦を奇襲的に成功させたことに始まる。▼4 英軍は本土から約1万3000キロも離隔した戦域において、当初、海上あるいは航空優勢を得られないまま独立的な戦闘を強いられた。それにもかかわらず英軍は島嶼の奪回に成功し、アルゼンチン軍に勝利した。

これは単に過去の出来事と認識すべきものではない。紛争が終結してから40年以上経った現在でも、この紛争に注目する動きが見られるからである。2013年3月10日及び11日にはフォークランド諸島で住民投票が行われた。そこで英国への帰属が確認されたが、アルゼンチンは強くこれを否定する姿勢を見せ、▼5 今でも両国の関係は悪化しているのである。

また米海軍戦略大学（Naval War College）のジェームズ・ホルムズ（James Holms）准教授はフォークランド諸島をめぐる英国とアルゼンチンとの緊張した関係を取り上げ、「南大西洋で起こっていることに中国の戦略家が注目しているのは間違いない」と指摘していた。▼6 さらに中国が尖閣諸島奪取を企図し、アルゼンチンに急接近、フォークランド紛争から多くの教訓を得ているとの報道も見られた。▼7 加えて、米海軍戦略大学のライル・ゴールドスタイン（Lyle Goldstein）准教授は、「北京はフォークランド紛争を現代戦略のガイダンスの源と見做している」と言及した。▼8 2007年1月には、フォークランド紛争に関する資料が中国語に訳され、新華社通信から「アルゼンチン、英国によるマルビナス諸島での紛争」と題されて北京で刊行されたことが確認できている。▼9 これら以外にも2011年11月、米陸軍戦略大学（Army War College）は、中国がフォークランド紛争から多くの教訓を得ていると裏付けられる資料を公表したのである。▼10

このように様々な教訓の宝庫とも呼べるフォークランド紛争を見直すことは、▼11 我が国の防衛、なかでも島嶼防衛に大きな示唆を与えるものと考えられる。▼12 よって本章では、まず紛争の概観を行った後、各種機能を有機的に総合発揮するための「指揮」、戦闘力を構成する主要な機能である「機動」「火力（打撃）」「防護」、基盤的機能を成す「情報（認識）」「持続」「その他の機能」という視点から紛争を分析、攻守両側面で教訓を抽出していく。

その後、第3節において、我が国の島嶼防衛を効果的・効率的に実行するために必要な防衛力整備の方向性についても考察していく。

なお考察に当たっては、厳しい予算環境下、全体最適化及びゼロ・レスカジュアリティが求められる昨今の防衛省・自衛隊を取り巻く状況を考慮するとともに、フォークランド紛争と我が国の島嶼防衛の大まかな比較を行った。

そして、その類似点と相違点の概要について触れた後、我が国の島嶼防衛に必要なことを、防衛省が主たる努力を集中して戦略的視点に立ち検討を進めるべきもの、主として統合幕僚監部が統合作戦の実効性を高めるために焦点を当てて検討すべきもの、さらに離島防衛作戦で他軍種へ最も支援を求めることになる陸上自衛隊が自らの作戦能力を向上させるために検討すべきもの、という三つの項目に整理しつつ、具体化していく。

第1節　フォークランド諸島の概要

フォークランド諸島は英国本土から約1万3000キロと書いたが、アルゼンチン沿岸部からは約550キロ離れた南大西洋に位置する（図1参照）。同諸島は東フォークランド島及び西フォークランド島の二つの大きな島、並びに778の小さな島々からなる。総面積は約1万2200平方キロであり[13]、新潟県（約1万2500平方キロ）とほぼ同じ大きさだが、諸島の広がりは四国ほどに相当する（図2参照）。最高

図 3-2　フォークランド諸島の大きさ
（同一縮尺による四国との比較）

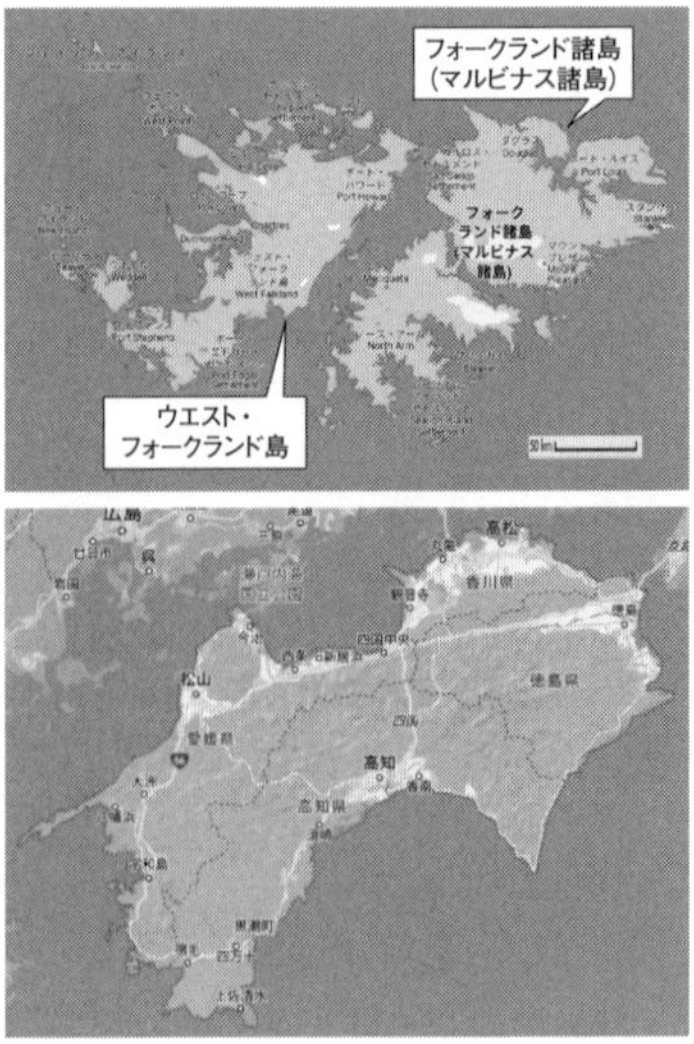

図 3-1　フォークランド紛争の概観

（出典：Department of History,
United States Military Academy）

図 3-3　東フォークランド島

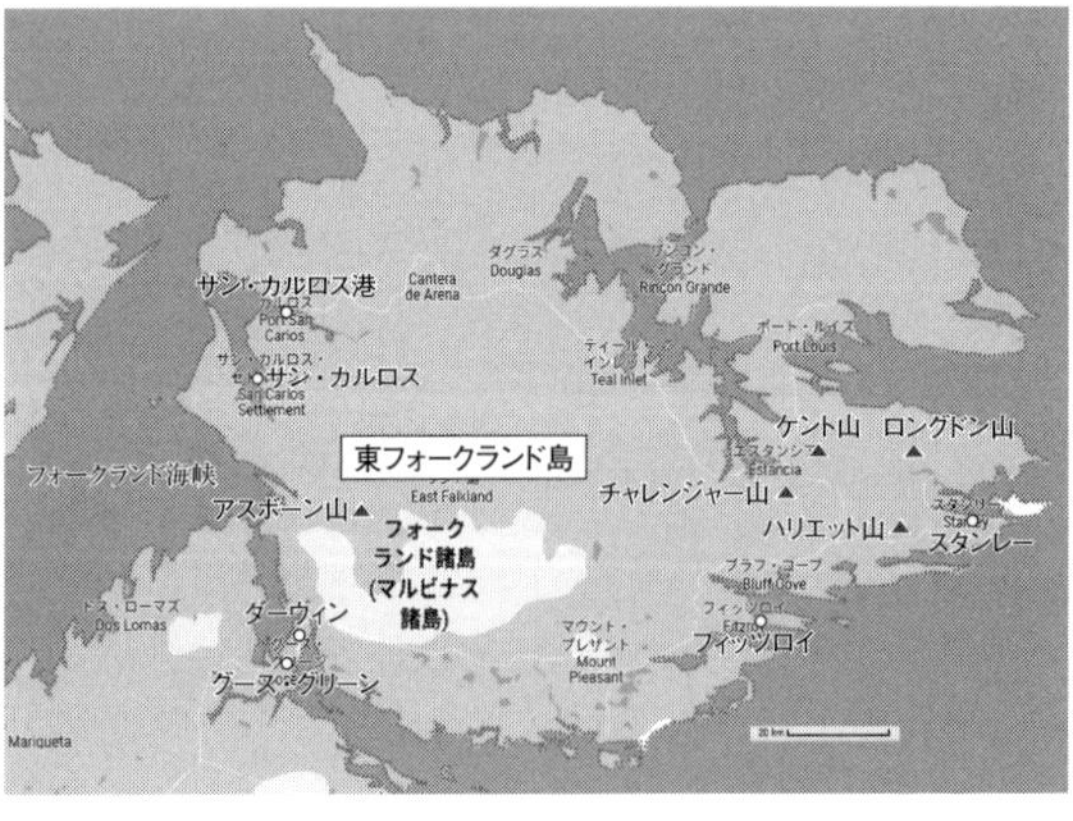

図 3-4

フォークランド諸島の紋章

峰は東フォークランド島にあるアスボーン山（標高705m）で、[14] 島都スタンレーは東フォークランド島の東端に位置する（図3参照）。人口は、フォークランド総督府の資料によると、1980年当時は1813人だった。[15] それぞれの島は大部分が沼地と起伏に富んだ平地、それに岩石がむき出しになった丘陵と山岳地帯からなる。ただし東フォークランド島の平坦な土地は、諸島の紋章（図4参照）にも描かれるように、羊を飼うのに適する牧草地となっている。産業に関しては、以前は農業と牧羊が中心だったが、現在は漁業がそれらに代わりフォークランド諸島の経済を支えるようになった。[16] また気象については寒冷海洋性気候であり、[17] スタンレーの平均気温は約5・6度だ。降水量は約625ミリと比較的少ないが、[18] 強い偏西風の影響を受け、一年を通じて雪が降る。[19] このようなフォークランド諸島を舞台に、英国とアルゼンチンはどのような戦いを行ったのだろうか。次節で紛争の概要について、じ後の論旨展開に必要な史実に焦点を絞って記述していく。

第2節　フォークランド紛争の概要

発端

フォークランド諸島をめぐる争いは、歴史上あるいは外交上、深い根を持つ。それは大航海時代の「領土獲得競争」[20] にまで遡ることができる。[21]

ただしフォークランド紛争そのものは僅か3人のアルゼンチン人の行動によって始まったと言っても過言ではない。そのうち2人はガルチェリ（Leopoldo Fortunato Galtieri Castelli）大統領（写真2）とアナヤ（Jorge Isaac Anaya）海軍司令官（写真3）であり、彼らは「マルビナス諸島の奪回」という明確な意図を

図 3-5　ロザリオ作戦の概要

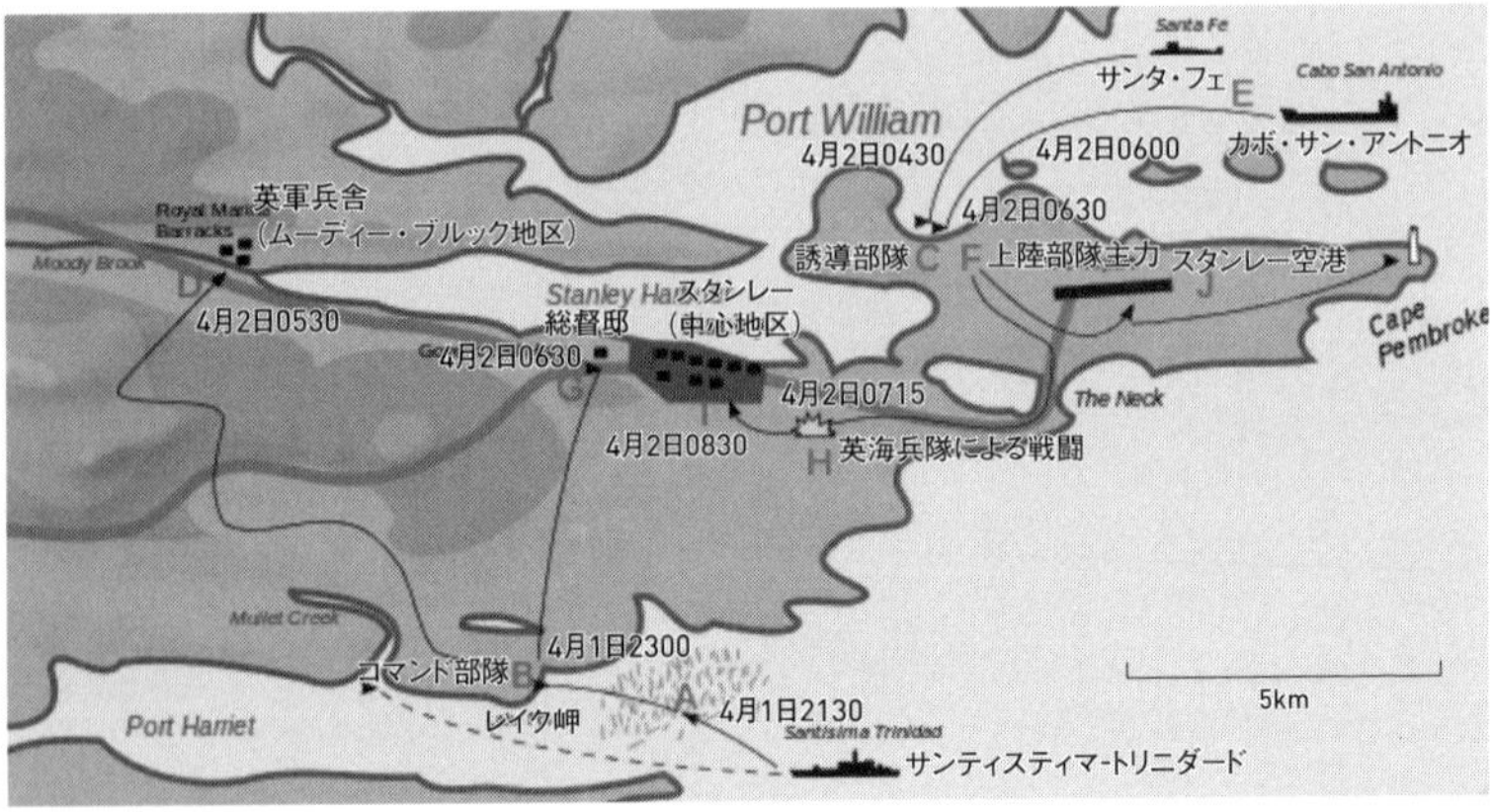

（出典：The Fight For The Malvinas）

図 3-6　南ジョージア島

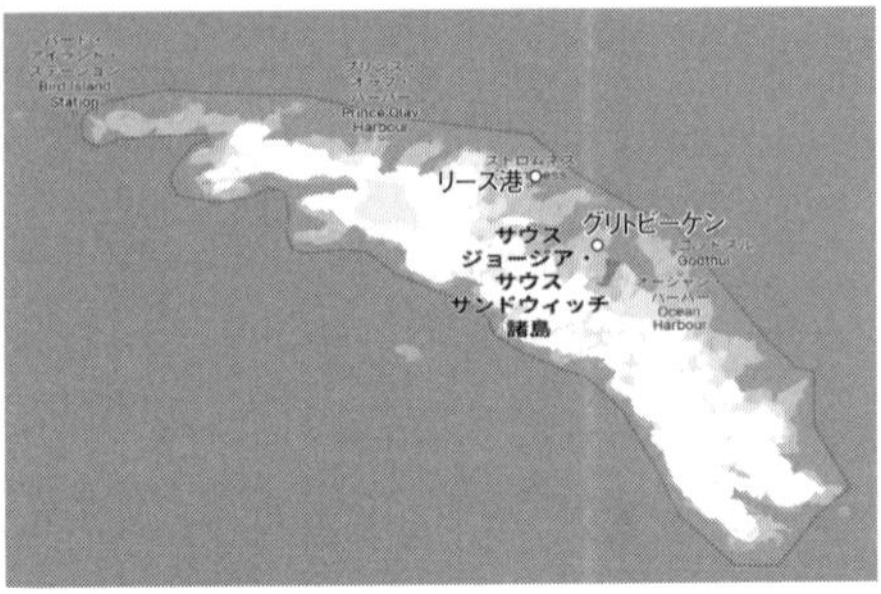

写真 2：ガルチェリ大統領（出典：Clarin Newspaper）

写真 3：アナヤ海軍司令官（出典：Taringa HP）

写真 4：ベゼル海軍少将（出典：Taringa HP）

写真5：ハント総督（出典：The Sun Newspaper）

写真6：フィールドハウス海軍大将（出典：The Imperial War Museum）

写真7：ムーア海兵隊少将（左）とウッドワード海軍少将（右）（出典：The Imperial War Museum）

もって行動を起こした。残る1人はダビドフ（Constantino Davidoff）という実業家である。彼は自分の行動がどのような結果をもたらすかを十分に意識せず、[22]事を起こした。[23]ダビドフ氏は、フォークランド諸島から更に東約1000キロに位置する南ジョージア島がアルゼンチンの領土と疑わなかった。その一方的な思いから、1982年3月19日、同島にアルゼンチンのクズ鉄業者42人を上陸させたのである。[24]そして3月30日、アルゼンチンはそれへ呼応するかのように、空母、駆逐艦、フリゲート艦、潜水艦、輸送艦などによるフォークランド諸島への本格的な上陸作戦を開始した。[25]

アルゼンチン軍の指揮官はベゼル（Carlos Alberto Cesar Busser）海軍少将（写真4）である。アルゼンチン軍の上陸作戦は概ね次の通り進んだ。まず「コマンド部隊（The Argentine Buzo Tactico Forces）」[26]がゴムボートによりレイク岬へ上陸、暗闇の中を島都スタンレーへと進み、英軍兵舎と総督邸を制圧した。次いで上陸部隊主力が水陸両用車を使ってスタンレー空港を掌握、それと同時に増援部隊をヘリコプターで送り込み、スタンレーの主だった地区を占領した。その後、英国のハント（Rex Hunt）総督（写真5）がアルゼンチン軍からの降伏勧告を受け入れたことで、[27]アルゼンチン軍はフォークランド諸島を手中に収めることができた（図5参照）。[28]

一方、南ジョージア島についても、アルゼンチン海兵隊により島都グリトビーケンが攻撃されていた（図6参照）。[29]このアルゼンチン海兵隊は、英政府の許可を得たと偽り、3月25日深夜、リース港に上陸、そのまま同港を不法に占拠していた部隊である。[30]南ジョージア島を守る英海兵隊は勇敢に戦ったが、[31]最終的には降伏し、同島はアルゼンチン海兵隊によって占領されることになった。

なお、これらのアルゼンチン（軍）の行動に対し、4月3日、英国の要請により国連安全保障理事会が開催され、「決議第502号」[32]が採択、アルゼンチン軍のフォークランド諸島からの撤退が求められた。また4月9日、当時の欧州共同体（EC：European Community）は英国に対する全面支援とアルゼンチンへの経済制裁の発動を宣言した。[33]

ただし北大西洋条約機構（NATO：North Atlantic Treaty Organization）に加盟している西欧諸国は、北大西洋条約第5条、いわゆる「共同防衛」[34]義務を果たすという名目で部隊を派遣することはなかった。[35]

英国の作戦準備及びアルゼンチン軍の防御態勢強化

英国はアルゼンチン軍の英領土に対する侵略事態を受け、4月3日、1956年のスエズ動乱以来はじめてとなる下院緊急会議を招集するとともに、フォークランド諸島における軍事行動に関する動員令を下達した。軍事行動のコードネーム（作戦名）は「団結作戦（Operation Corporate）」である。

その後、英軍は速やかに作戦準備を推進、[36]4月5日に空母、駆逐艦、フリゲート艦、揚陸艦、輸送艦等からなる「機動部隊（Task Group 317.8）」[37]をポーツマス港よりフォークランド諸島へ向け出航させた。この際、陸海空の各部隊を「南大西洋における任務部隊（Task Force South – Task Force 317）」として編成し、フィールドハウス（Sir John Fieldhouse）海軍大将（写真6）をもって一元的に指揮させた。[38]また機動部隊（Task Group 317.8）の指揮はウッドワード（John Foster "Sandy" Woodward）海軍少将（写真7）が、上陸部隊（Task Group 317.1）の指揮はムーア（Jeremy Moore）海兵隊少将（同写真）がそれぞれ執ることとなった（図7参照）。

図3-7　南大西洋における任務部隊

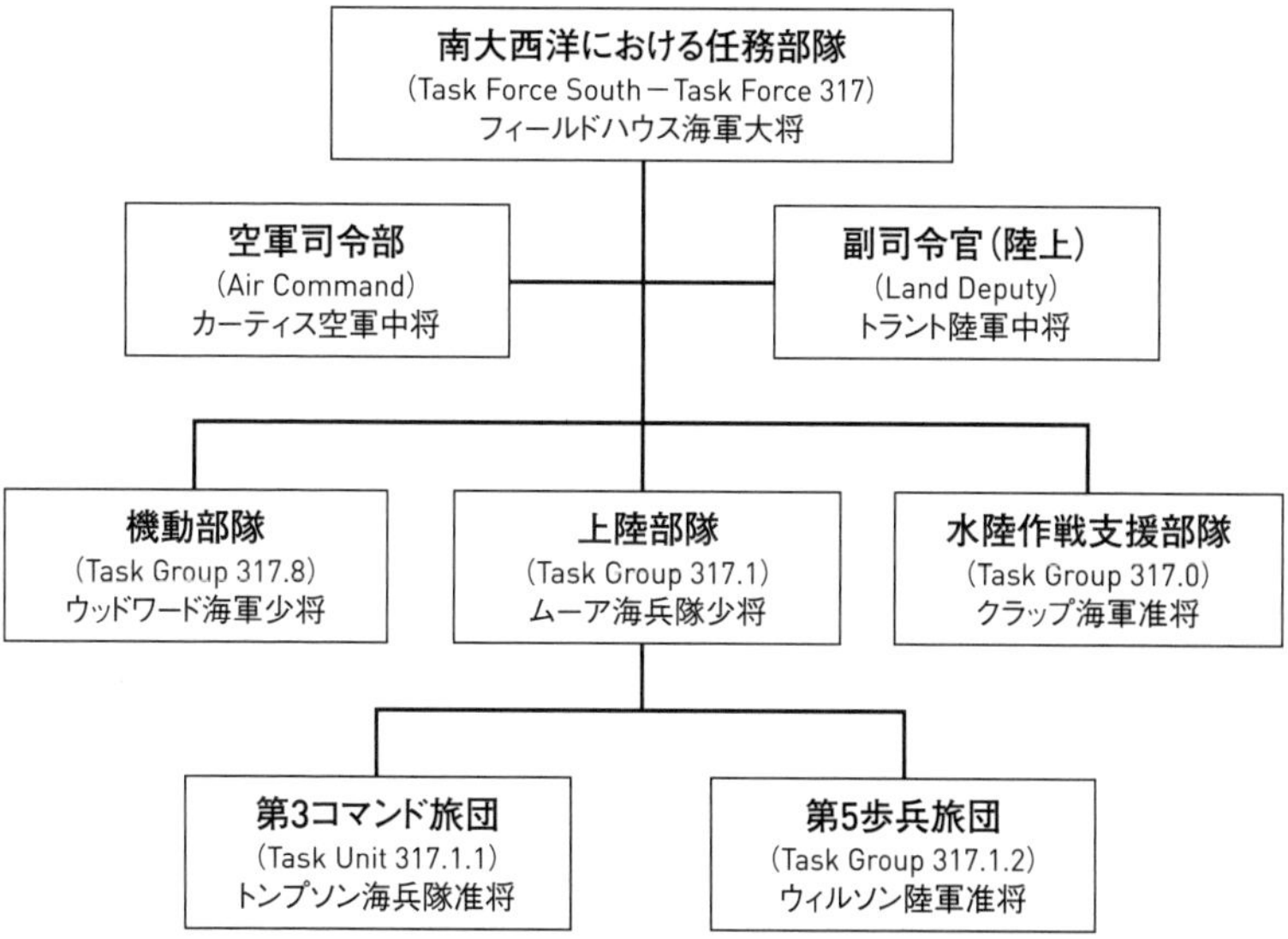

(出典：The Fight For The Malvinas)

英機動部隊が出航して1週間が過ぎた4月12日、先発していた英潜水艦隊は、フォークランド諸島海域へ展開した。英国はアルゼンチン軍の上陸部隊を孤立させるため、フォークランド諸島を中心とする半径200海里(約370キロ)を封鎖海域とし、以後、この海域で他国籍の艦船が通航するのを禁じた。[39] アルゼンチンは英国の海上封鎖を激しく非難したが、英国は国連憲章第51条に基づく自衛権の行使と主張し[40]、封鎖解除には応じなかった。

英国の海上封鎖が完了するまでの間、アルゼンチン軍はフォークランド諸島への人員の増援及び装甲車両、野砲、対空機関砲、対空ミサイルなどの装備の輸送ができた。[41] しかし英国の海上封鎖後は、大規模な戦力増強ができなくなった。それでも輸送機による小規模な部隊と物資の輸送が続けられ、同島の陸上部隊は約1万名を超えた。[42] またアルゼンチン軍はスタンレー、グース・グリーン、ペブル島の各飛行場に24機のプカラ攻撃機、ベルと

図3-8　アルゼンチン軍が航空機を配備した地域

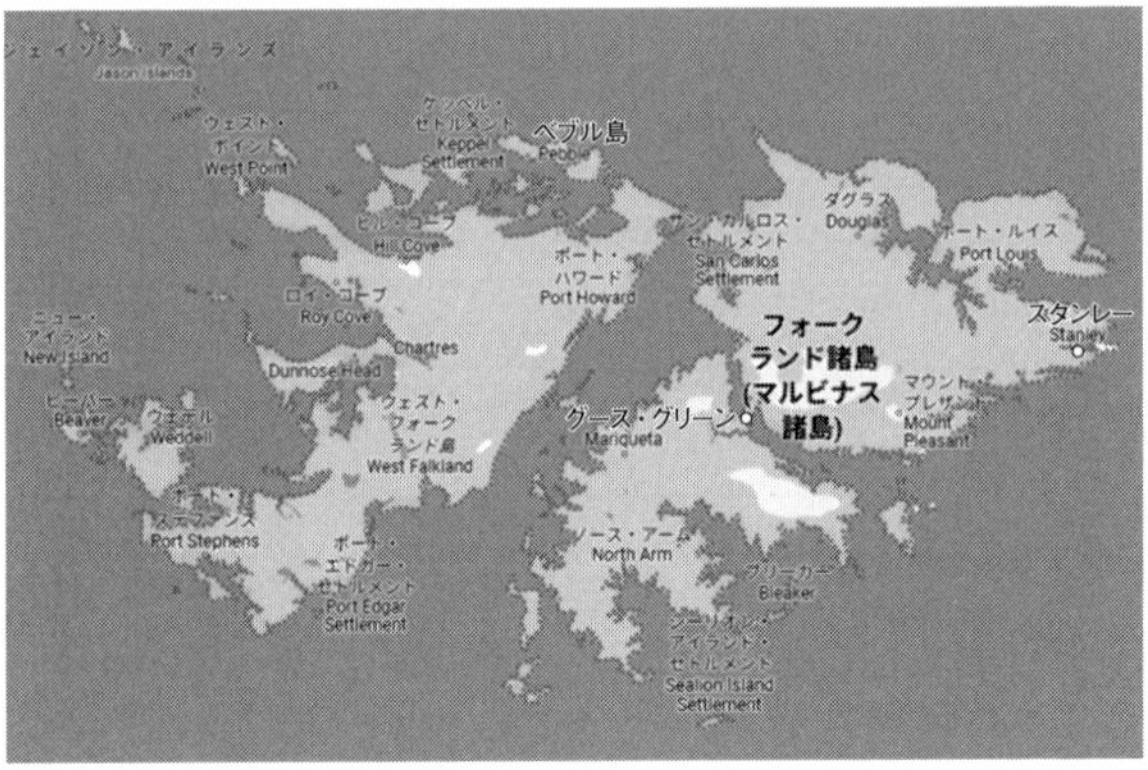

チヌークのそれぞれ2機を配備（図8参照）し、英軍の反撃に備え防御態勢の強化を図るのだった。[43]

英軍による南ジョージア島の奪回とスタンレー空港爆撃

ポーツマス港を出航した英機動部隊は大西洋を南下し、英国本土とフォークランド諸島とのほぼ中間に位置する英領アセンション島に進出した。英軍はアセンション島に中継基地（前方展開地）を設定していた。4月10日、英機動部隊は「南ジョージア島とフォークランド諸島よりアルゼンチン軍を排除するための計画を立案せよ」との命令を受領した。[44]そこで英海兵隊の一部を南ジョージア島へ先遣させ、同島の奪回を命じたのである。その後、英機動部隊は所要の準備を済ませ、4月18日、アセンション島を後にした。南ジョージア島へ先遣された英海兵隊を主力とする攻撃部隊は、4月25日、それまでいくつかの失敗はあったものの、駆逐艦「アントリウム」の艦砲射撃による掩護[45]を受けて上陸、同島の奪回に成功した。上陸部隊は約２５０名、そのうち実際に上陸したのは75名だったが、[46]約2倍の勢力からなるアルゼンチン軍守備隊はあっけなく降伏した[47]（写真8）[48]。

続く5月1日、英軍はアセンション島からバルカン爆撃機2機を発進させ、スタンレー空港に対する空爆を行った。[49]飛行距離は東京からハワイの間に相当する。[50]さらに空爆直後には英海軍機動部隊がスタンレー

写真8：降伏文書に署名するアルゼンチン軍南ジョージア島（リース地区）守備隊長（出典：Chronicle of the Falkland Islands）

の東180キロまで接近、空母「ハーミズ」から飛び立ったシーハリアーがスタンレー空港とグース・グリーン飛行場を爆撃し、空港施設の一部を破壊した。[51] その後も駆逐艦・フリゲート艦による艦砲射撃は行われたが、大きな成果はなかった。英軍がスタンレー空港を爆撃した狙いは、航空優勢の獲得などにあった。[52]

英ア両軍による海空作戦

この頃になると、英ア両軍の海空作戦は急に活発化した。そのきっかけは英海軍原子力潜水艦によるアルゼンチン海軍巡洋艦への攻撃だった。4月30日、英海軍原子力潜水艦「コンカラー」（写真9）は「封鎖海域外」[53]を航行するアルゼンチン海軍巡洋艦「ヘネラル・ベルグラーノ」と駆逐艦2隻からなる艦隊を発見し、ロンドン郊外ノースウッドにある任務部隊司令部へ報告した。それは直ちに英政府にも伝えられた。[54] 発見から二日経った5月2日、「コンカラー」は任務部隊司令部から攻撃許可を受けた。これにより同艦は「ヘネラル・ベルグラーノ」に向けてタイガーフィッシュ魚雷を発射し、撃沈した（写真10）。この撃沈がフォークランド紛争の戦火を広げる「起爆剤」になった。[55] 5月4日には英政府の決定をアルゼンチンは激しく非難する。

そして海軍のシュペルエタンダール2機に搭載した空対艦ミサイル「エグゾセ」[56]でスタンレーの南西約140キロにいた英機動部隊に対して攻撃を行ったのだ。発射されたエグゾセ1発が英海軍駆逐艦「シェフィールド」に命中（写真11）[57]、同艦は5月10日に沈没した。[58]「シェフィールド」の炎上する姿は直ちに報道され、[59]「お茶の間」でテレビを観ている人々にとって、どこか遠くで行われていた戦争が、身近なところで起こっている戦争だと感じられるようになった。

英軍のフォークランド諸島奪回に向けた動き

5月10日、英海軍フリゲート艦「アラクリティ」はフォークランド諸島奪回に向け、上陸地偵察の任務を帯びてフォークランド海峡に進入した。そこでアルゼンチン軍の輸送艦「イスラ・デ・ロス・エスタドス」を予期せず発見、直ちに砲撃し、撃沈した。[60] また5月14日にはペブル島の飛行場を「SAS（Special Air Service）」[61]が襲撃する。駐機するプカラ攻撃機11機を破壊し、[62] アルゼンチン軍に多大な損害を与えたのである。その後、5月21日未明から午前中にかけて英陸軍空挺大隊主力が東フォークランド島西側のサン・カルロスへ上陸、橋頭堡を築くことに成功した。[63] これにより英軍のフォークランド諸島奪回に向けた動きは本格化することとなった。

アルゼンチン軍による海上作戦

英軍を迎え撃つアルゼンチン軍も英軍の上陸は許したものの、その後、予想される本格的な奪回を食い止めようと積極的に海上作戦を遂行した。5月23日、アルゼンチン軍のダグラスA－4（スカイホーク）攻撃機が英海軍フリゲート艦「アンテロープ」に襲いかかり、撃沈した。[64] また、それに続く25日、[65] アルゼンチン空軍A－4B各2機がそれぞれ英海軍駆逐艦「コヴェントリー」とフリゲート艦「ブロードソード」を攻撃、爆弾を命中させ、両艦ともに撃沈した。[66]

さらにアルゼンチン海軍のシュペルエタンダール攻撃機が英機動部隊を襲撃、エグゾセ1発が英海軍徴

写真 9：コンカラー（出典：Navy Photos）

写真 10：沈むベルグラーノ（出典：AP 通信）

写真 11：燃えるシェフィールド（出典：Navy Times HP）

写真 12：アトランティック・コンベイヤー船上で炎上するウェセックス・ヘリコプター（出典：ukserials.com）

用貨物船「アトランティック・コンベイヤー」に命中した。同船は大破炎上の末、30日に沈没した。この攻撃により、「アトランティック・コンベイヤー」に搭載されたチヌーク3機、ウェセックス5機、リンクス1機の計9機のヘリコプターと上陸に必要な器材、滑走路を修復するための応急資材、航空機用の整備部品、弾薬及び臨時滑走路構築用の資材など、大量の物資が失われることとなった（写真12）[67]。そのため損失を許した海軍上層部に対する非難が集中するのだった。

英陸軍のグース・グリーンに対する攻撃

サン・カルロスへ上陸した英軍の次の作戦は二手に分かれ、グース・グリーン及びスタンレーへ向け前進することだった（図9参照）[68]。グース・グリーンへ向け前進を開始した空挺連隊第2大隊は、5月28日、カミラ水路近辺でアルゼンチン

図3-9　サン・カルロスに上陸した英軍の攻撃方向

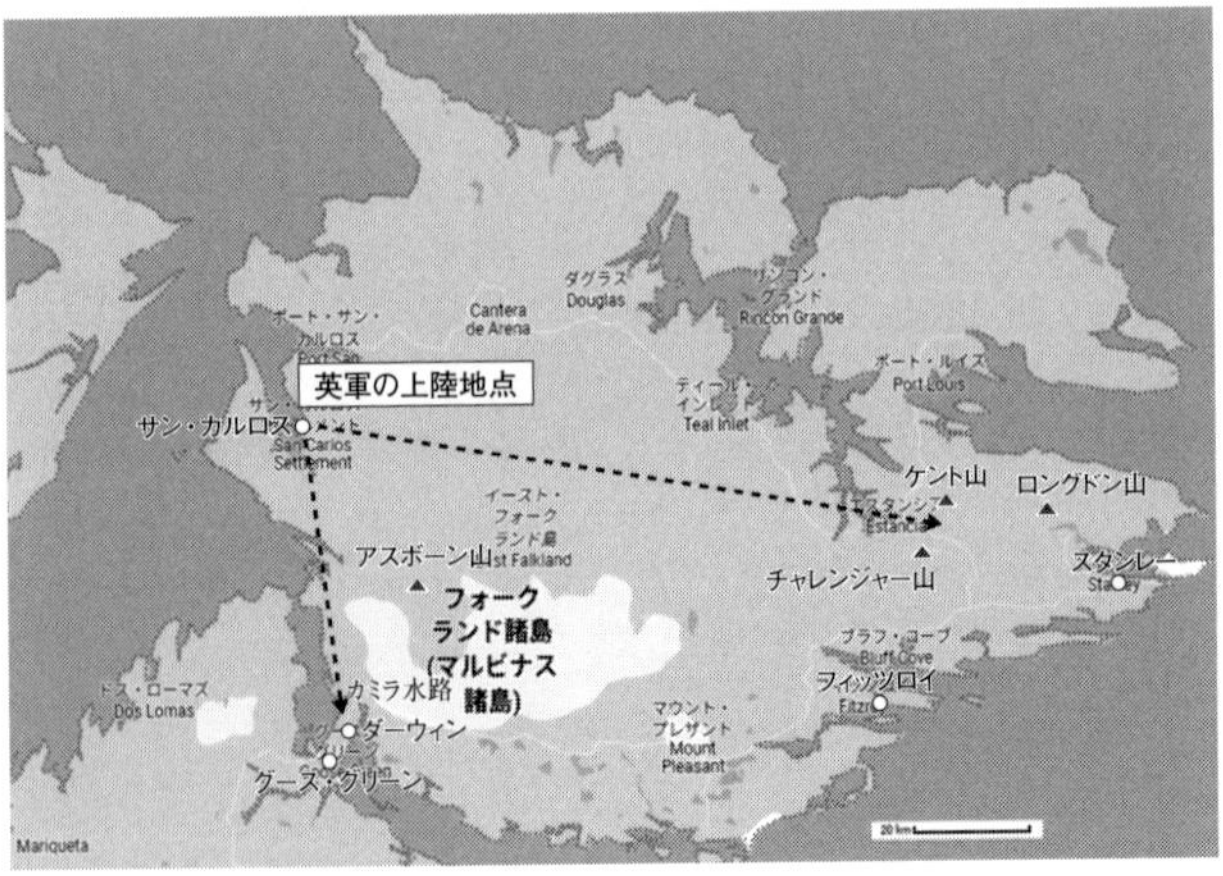

軍と接触することとなった。第2大隊は陸軍砲兵隊の砲迫火力及び空軍ハリアーなどの近接航空支援を受け、アルゼンチン軍の防御陣地に接近した。対するアルゼンチン軍守備隊もプカラ攻撃機（写真13）による近接航空支援を受け激しく応戦した。この戦闘で英軍は第2大隊長のジョーンズ（Herbert Jones）陸軍中佐（写真14）が戦死するなどの損害を受けたが、敵の防御陣地を突破して飛行場を制圧することができた。その後も英軍は攻撃の手を緩めず、アルゼンチン軍が立て籠もるグース・グリーンの包囲に成功する。包囲されたアルゼンチン軍は防御準備を周到に行っていたが（写真15）、さしたる抵抗もせず、英軍からの降伏勧告を受け入れた。グース・グリーンは5月29日早朝、英軍によって奪回されたのである。▼[69] 一方、スタンレーへ向け前進した英海兵隊第42コマンド大隊（写真16）とＳＡＳは5月30日にはケント山を確保し、スタンレーを包囲していた。

スタンレーの陥落

包囲に成功した英軍は6月13日、スタンレーへ向け攻撃を開始した。英軍は砲兵部隊による火力支援、海軍艦艇の艦砲射撃及び空軍ハリアーによる近接航空支援などを受けて前進した。また英軍は新たに揚陸したスコーピオン軽戦車などを投入して戦った。しかし、この頃になると、守るアルゼンチン軍に大きな変化が見られた。すでにアルゼンチン軍には敗戦ムードが漂い、全体の士気が下がっていたのである。[70]これにより英軍は激烈な戦闘を交えることなく、アルゼンチン軍の防御陣地を突破できた。翌14日、英軍がさらにスタンレーへ迫ったことで、現地指揮官メネンデス（Mario Benjamin Menendez）准将（写真17）は、アルゼンチン軍のおかれている状況に望みがないと覚り、降伏の意思を示した。そして同日午後9時、英上陸部隊司令官ムーア少将と「マルビナス諸島軍政官」[71]として会談に臨んだメネンデス准将は、彼の指揮下にある9800名の兵士とともに投降した（写真18）[72]。スタンレーはついに陥落し、フォークランド諸島は英国の手に戻ったのである。

終結

スタンレー陥落の報を受け、ガルチェリ大統領は戦闘の終結を認めざるを得なかった。しかし停戦に反対する民衆と英国との交渉を求める軍首脳部の両方から見放され、[74]17日には大統領を辞任することとなった。[73]また6月20日には、英軍が南サンドイッチ島に再上陸し、英政府はフォークランド諸島をめぐる英国の統治は全て回復したとして公式にアルゼンチンとの停戦に至った。[75]こうして75日間にわたり、[76]英ア両国で繰り広げられたフォークランド紛争は終結したのである。

ここまでフォークランド紛争の概要について記述してきた。次に機能毎の分析を行い、教訓を抽出していくことにする。教訓の抽出に当たっては、先述した通り、指揮、戦闘力を構成する主要な機能、そして基盤的機能に区分しつつ、考察する。

写真13：撃墜されたプカラ機（出典：Falkland Islanders at War）

写真14：ジョーンズ陸軍中佐（出典：Mail Online）

写真15：アルゼンチン軍がすべり台に設置した多連装ロケットランチャー（出典：Forgotten Voices of the Falklands）

写真17：メネンデス准将（出典：Andradetalis Worldpress HP）

写真16：スタンレーへ向け前進する英海兵隊（出典：Defense Media Network）

写真18：降伏したアルゼンチン兵（出典：AP通信）

第3節　機能ごとの分析による教訓

指揮の考察

はじめに戦略レベルから指揮の機能について分析する。指揮の機能を考察するに当たっては、アルゼンチンと英国とでは、その背景に大きな違いがあることを考慮すべきである。アルゼンチンでは大統領によるほぼ独裁体制の軍事政権（Military Junta）が権力を握っており、海軍司令官の意見が国防政策に大きく反映される傾向にあった[77]。このことは紛争の全期間を通じ、硬直した指揮となって現れる。

例えばメネンデス准将は紛争後はじめて、この紛争が軍事ではなく政治的意味合いが強いものだと分かった、という趣旨の発言をした。アルゼンチンの現地最高指揮官が、この紛争の目的すらよく理解していなかったのである。対する英国はアルゼンチン軍のフォークランド諸島への上陸を受け、直ちに海外防衛委員会南大西洋小委員会を編成した。これは後に「戦時内閣」と呼ばれる組織だ。首相、内相、外相、国防相、蔵相、並びに特別顧問としての官房長官、外務次官、国防次官、各参謀長及びフォークランド問題顧問で構成される。ここでの決定を正確に現地部隊へ伝える、あるいは現地部隊の状況を報告するなど、「戦時内閣」を密接に補佐したのが、国防参謀長（Chief of the Defense Staff）ルーウィン（Terence Thornton Lewin）海軍大将（写真19）を中心とする参謀長委員会（Chiefs of Staff Committee）だった。

参謀長委員会とは、平時、ロンドンの「ホワイトホール（Whitehall）」[78]の国防省で開かれる軍の最高諮問機関だ。しかし、国家の非常事態に接し、必ずしも軍事に精通しているとは言えない文官へ専門的助言を与えるために、参謀長委員会が「戦時内閣」と一体化する形をとった[79]。これにより「戦時内閣」は南大西洋における任務部隊（Task Force South — Task Force 317）に対し、適切な戦闘指導を行うことができた[80]。

写真19：ルーウィン海軍大将
（出典：The Telegraph HP）

つまり現地指揮官から国家のトップに至るまでの認識の統一、意見の集約、素早い意思決定、あるいは決心の変更など、迅速な権限の集中と状況に応じた柔軟性の保持が可能となったのである。

次に作戦レベルで概観すると、英軍はノースウッドの海軍艦隊司令部を基幹とする任務部隊を編成し、陸海空の各部隊をその指揮下に入れて運用した。また各級指揮官と本国との滞りない通信も確保した。この際、通常ならば戦闘指揮所は逐次に開設・進出するという方式がとられる。しかし現地指揮官の状況判断を容易にするため、移動中の艦船内で簡易に開設した。これは指揮の断絶を防止し、陸海空の部隊が一体となった円滑な指揮幕僚活動に寄与した。

一方、フォークランド諸島のアルゼンチン軍は、英軍の進出にともない本国との連絡が絶たれ、独立的な指揮によらざるを得なかった。よって作戦地域の全般状況の把握も困難だった。増援部隊の状況すら確認できず、上級司令部の指揮の硬直と相まって状況急変に応ずる戦闘指導にも制約を受けたのである。

ただし統制に関しては英軍にも苦い経験がある。それは空域あるいは地上での統制が不十分だったことに起因する。5月6日、英海軍のシーハリアー2機が空中衝突で失われた。[81] 次に英海兵隊第45コマンド大隊の偵察班が友軍の迫撃砲部隊と遭遇し、「同士討ち」に巻き込まれ、5名の死者と2名の重傷者を出す。これを受けて英軍は、空域あるいは地上で統制を行う将校を直ちに現地へ派遣し、[82] 統制及び識別要領を徹底した。作戦空間に所在する部隊を掌握し、損耗の局限を図ったのである。これは、じ後の戦闘を容易にするための適切な処置であった。

戦闘力を構成する主要な機能の考察

機動

まず戦略レベルの機動については、英国が本土から約1万3000キロにも及ぶ長距離機動を成功させたことに注目すべきである。

英軍はアルゼンチン軍の侵攻から僅か5日という短い期間で、艦隊旗艦の空母「ハーミズ」を中核とした空母2隻、[83]駆逐艦10隻、フリゲート艦13隻、揚陸艦8隻、輸送艦又は支援艦16隻の計49隻からなる機動部隊をポーツマス港より出撃させた。しかも、この長大な機動を安全に行い、じ後の作戦を有利に進めたのだ。

この際、英軍はアセンション島を中継基地(前方展開地)として利用し、[84]フォークランド諸島へ一気に進出した。また英軍は情報獲得のため、早期から特殊部隊をフォークランド諸島に派遣したが、その際も前述の機動部隊とは別に、航空機、潜水艦、小型特殊艇など、海空戦力を含む長距離機動を成功させている。これらは、機動には中継基地(前方展開地)と統合輸送(陸海空戦力を適宜に組み合わせた輸送)が不可欠であることを実戦で証明した例であると言える。

ただし、作戦あるいは戦術レベルの機動に関して言えば、英軍には大きな制約があった。それは徴用貨物船「アトランティック・コンベイヤー」がアルゼンチン軍に撃沈されたことで、飛行中だった「チヌーク」1機を除く計9機のヘリコプターを失ったことである。[85]英軍の地上部隊の作戦地域、すなわち橋頭堡を設定したサン・カルロスと最終攻撃目標であるスタンレーとの間には、岩だらけの高地と山嶺が立ちふさがっていた。[86]この機動の困難性を克服するためには、ヘリコプターが重要な役割を果たすと見積もられていた。結局、ヘリコプターの不足は、英軍が作戦決定から攻撃準備を完了させるまで、10日間もの時間を費やす要因となった。[87]さらにアルゼンチン軍は陣地周辺に大規模な地雷原を構成したため、ヘリコプターを使えない地上のみでの前進には多くの障碍を伴ったのである。

写真 20：アルゼンチン軍の LVTP-7（出典：Defense Media Network）

この事例は、遠隔地での地上部隊の機動においては、機動手段、特に予備の確保が大きく作戦に影響を与えることを示唆している。ただし、そのような厳しい状況の中、特殊部隊が現地住民と接触し、現地で調達したバギーやバイクなどを利用して機動が難しい地形を克服しつつ、先行的な情報獲得に努めていたのは特筆に値する。

一方、アルゼンチン軍がロザリオ作戦において、ほぼ計画通り機動を発揮したことは、英国への奇襲を成功させ、速やかな目標奪取を果たすなど、緒戦を飾る要因の一つとなった。その例として、水陸両用車（米国製のアムトラック及びＬＶＴＰ７水陸両用装甲兵員輸送車［写真20］）を活用した迅速な機動が挙げられる。アルゼンチン軍は、スタンレー空港の沖合まで進出した揚陸艦「カボ・サン・アントニオ」から水陸両用車（少なくとも19両）を発進させ、潜水艦「サンタ・フェ」から隠密に上陸していた偵察部隊の誘導を受けつつ、最初の目標であるスタンレー空港へ前進し、これを奪取した。[88] このようにアルゼンチン軍は水陸両用車を巧みに使い、水際から攻撃目標に至るまでシームレスな機動に成功したのである。

打撃（火力）

海上・航空による戦闘

まず、海上戦闘における潜水艦の有効性について考察する。南ジョージア島攻撃部隊を掩護するため、洋上で待機していた英駆逐艦「アントリウム」は、4月23日、アルゼンチン海軍の潜水艦が接近しているとの情報を得た。自艦の安全を図るため、一旦は同島周辺海域から離脱する。[89] しかし4月25日、アルゼンチン海軍の潜水艦「サンタ・フェ」が英海軍艦載ヘリコプターから攻撃を受けて損傷、南ジョージア島沿岸に放棄されたことを知り、[90]作戦を再開した。また英国が海上封鎖を行った際、英海軍原子力潜水艦「コンカラー」がアルゼンチン海軍の巡洋艦「ヘネラル・ベルグラーノ」を撃沈した。[91]この結果、アルゼンチン海軍は主力艦艇の損失を恐れ、外洋に出ることを躊躇した。[92]これは原子力潜水艦が実戦に初めて参加した事例である。このように島嶼防衛及び奪回の実戦において、島嶼の孤立のためには原子力潜水艦あるいは潜水艦の展開が極めて有効であることを証明したのである（なお、水上艦艇の戦いについては、5月10日、英海軍フリゲート艦「アラクリティ」がアルゼンチン軍の輸送艦「イスラ・デ・ロス・エスタドス」を砲撃し、撃沈した例がある。ただし、これが唯一の水上艦同士による戦いだった[93]）。

図 3-10　アルゼンチン南部の主要航空隊基地

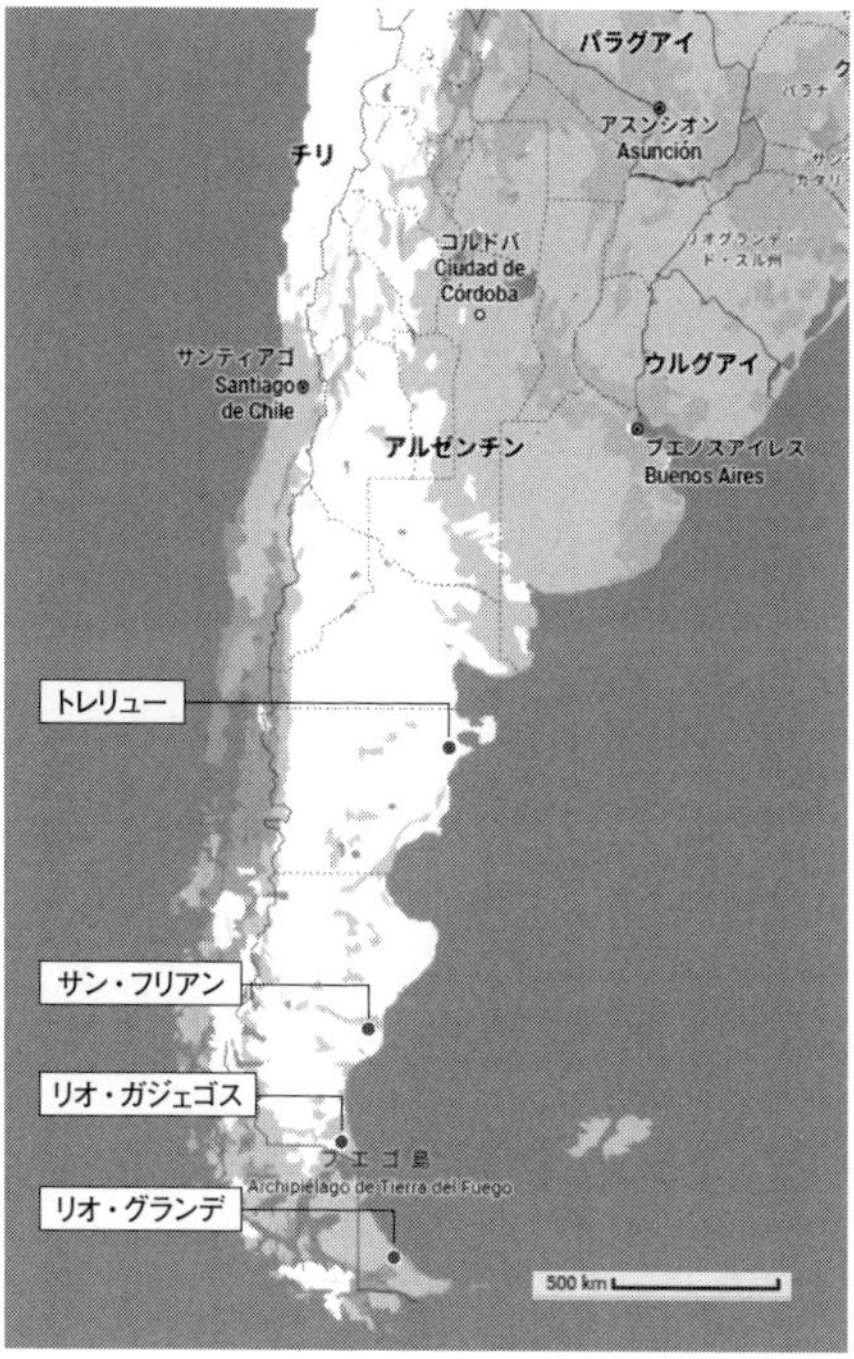

　次に、英ア両軍の航空戦力についても考察していく。まずアルゼンチンでは、英国が機動部隊を派遣したとの情報を入手すると、海空軍の航空隊をフォークランド諸島に近いリオ・グランデ、リオ・ガジェゴス、サン・フリアン、トレリューなどの南部の基地に展開した（図10参照）。英軍への要撃準備が進められたのである。

　更にアルゼンチン海軍は導入したばかりのシュペルエタンダール攻撃機（写真21[94]）に、新規に購入した5発

写真 21：アルゼンチン海軍シュペルエタンダール攻撃機（出典：Military Analysis Network）

写真 22：空対艦ミサイル・エグゾセ（出典：Military Analysis Network）

写真 23：イスラエル駆逐艦エイラート（出典：Wikipedia）

の空対艦ミサイル「エグゾセ」[95]（写真22）を装備した。その頃すでに第三次中東戦争の直後に起きた一つの出来事により、対艦ミサイルは注目を浴びる存在になっていた。その出来事とは、イスラエルの駆逐艦「エイラート」（写真23）の沈没だった。エジプトのコマール型ミサイル艇（写真24）の発射した、たった1発のミサイルで同艦は撃沈されたのである。[96]これを機に海上戦力に対するミサイルの有効性が見直され始めた。[97]このようにアルゼンチンは当初こそ本格的な戦闘を予期しなかったものの、最新の空対艦ミサイルを速やかに実装し、敵機動部隊を要撃する準備をしっかりと進めていたのだった。

　これに対して英国は飛行隊の増強で応じた。空母「ハーミズ」と「インヴィンシブル」（写真25）に、それぞれ英海軍第800飛行隊シーハリアー12機、第801飛行隊シーハリアー8機を配備したのである。[98]これらは通常5機で編成されるものだった。このシーハリアーには第3世代の空対空ミサイルであるサイドワインダーAIM－9L（写真26）が搭載されていた。[99]サイドワインダーAIM－9Lは、パッシブ赤外線ホーミング誘導、飛翔速度マッハ2・5と、当時の最先端を行くミサイルだった。また、英軍は空軍のハリアーを空母に搭載するための改修も行った。さらに、空対空戦用のミサイルランチャーの増設も行われ、[100]航空戦力の発揮に万全を期した。これらの動きが緊要な時期において、英軍が航空優勢を獲得する要因の一つになったと考えられる。

　加えて、英空軍はワディントン基地に所属する第44、第55、第101飛行隊のバルカン爆撃機（写真27）に、何年も使われることがなかった空中給油受油装置を取りつけた。またパイロットに対しては空中給油

写真 24：P-15ミサイルを発射するコマール型ミサイル艇（出典：Maly okret rakietowy）

写真 25：英海軍空母インヴィンシブル（出典：Maritime Quest HP）

写真 26：空対空ミサイル・サイドワインダー　AIM-9L（出典：Military Analysis Network）

写真27：英空軍バルカン爆撃機（出典：Defense Imagery Mil. HP）

写真28：英空軍ヴィクター空中給油機（出典：Dodmedia）

を受ける訓練を速やかに実施した。バルカン爆撃機の基本任務は核攻撃にあったからだ。

ただし今度は1機当たり1000ポンド爆弾21発を搭載できるように新たな装置が付けられた。さらに陸上から遠く離れ、洋上を正確に飛行できるように慣性航法装置が搭載された[101]。こうした準備の成果が、5月1日に行われたスタンレー空港に対する攻撃の第1段階、すなわち6000キロ以上を超える長距離爆撃という形で現れる。英軍はアセンション島を発進基地とするバルカン爆撃機による空爆の後、空母から発進するシーハリアーによる空爆、それに続く駆逐艦・フリゲート艦による艦砲射撃からなる3段階攻撃を行い、スタンレー空港とグース・グリーン飛行場を使用不能にするという計画を立て、それを実行に移したのである。

まず第1段階のバルカン爆撃機によるスタンレー空港への爆撃は「カモシカ作戦（Operation Black Buck）と呼ばれた。この作戦に参加した航空機は、バルカン爆撃機2機（同行予備機1機を含む）[102]とヴィクター空中給油機（写真28）19機（同行予備機4機を含む）である。爆弾を21発搭載し、長距離を往復しなくてはならないことから予備機も同行したのである。空中給油機への給油も必要だったため、多数の空中給油機を必要とした[103]。アセンション島を発進したバルカン爆撃機はスタンレー空港へ21発の爆弾を投下、4発の爆弾がスタンレー空港施設に着弾し、4発のうち1発が滑走路を直撃した（写真29[104]）。この作戦を遂行したことで、英国はアルゼンチンに対し、「ブエノスアイレスにも空爆は可能だ」という暗黙のメッセージを与えることができた。[105]

また戦争継続に不可欠な国民からの「早く期待する戦果が欲しい」という声に応える政治的手段の一つとして活用できた。[106] しかし作戦レベルから考察すれば、この作戦のコストが高くついたと言っても言い過ぎではないであろう。なぜならスタンレー空港を空爆することで「英軍の航空優勢の獲得」と「アルゼンチン軍の本土との輸送空路を断つ」という所期の目標は達成できなかったからである。[107]

続く第2段階では、英海軍機動部隊がスタンレーの東180キロまで接近し、空母「ハーミズ」から飛び立った第800飛行隊のシーハリアー8機を含む12機がスタンレー空港とグース・グリーン飛行場へ空爆を行った。[108] スタンレー空港へ向かった9機は1000ポンド爆弾とクラスター弾で滑走路及び対空陣地を攻撃したが、大きな成果は得られなかった。またシーハリアーを迎え撃つアルゼンチン軍も陸上に設置したタイガーキャット対空ミサイルや高射砲で応戦したが、これも大した成果はなかった。[109]

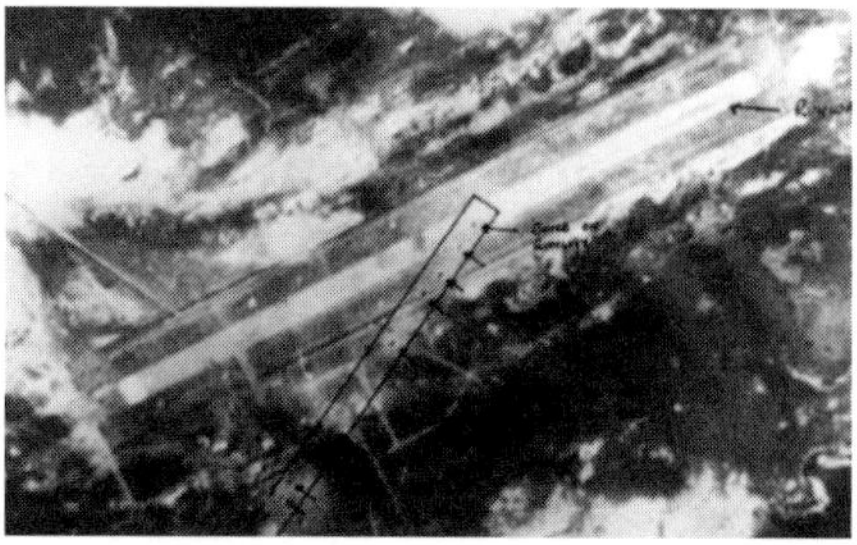
写真29：空爆直後のスタンレー空港（出典：The Falklands War 1982）

そして第3段階では、駆逐艦「グラモーガン」とフリゲート艦「アラクリティ」「アロー」の3隻が昼間と夜間の2回に分けてスタンレー空港と周囲の砲兵陣地に向けて艦砲射撃を加えた。しかし陸上での砲撃観測がなかったため、戦果は軽微なものにとどまった。[110]

このようにスタンレー空港などに対する攻撃では十分な成果を上げることはできなかった。しかし艦砲射撃の成功例としては次のようなものがある。それは4月25日、南ジョージア島において英海軍「アントリウム」と「プリマス」がSAS及びSBSの火力誘導によりグリトビーケンに対する精密な艦砲射撃を行った際、この艦砲射撃だけでアルゼンチン軍を降伏させたことだ。[111]

これらのことから、島嶼の作戦においては、火力発揮は主として海空からのミサイル攻撃または空爆、沿岸部に対する艦砲射撃などに限定されるが、その成否は、陸上からの情報が大きく影響することが理解できる。

陸上における戦闘

ここでは島嶼防衛における陸上戦闘の教訓について考察していく。

まず所期戦力について概観すると、アルゼンチン軍は８００名にも満たない比較的小規模な兵力で東フォークランド島へ上陸作戦を行った。しかしフォークランド諸島を守る英軍の戦力は海軍第８９０１分遣隊（Naval Party 8901）の一部、ノーマン（Mike Norman）少佐が率いる79名の海兵隊員（写真30）だけだった。[112] 明らかに対処に要する戦力が不足していた。また、南ジョージア島守備隊の英海兵隊もわずか23名とさらに少数であった。[113] しかし約５００名からなるアルゼンチン軍の上陸部隊の降伏勧告を拒否、[114] 84ミリ無反動砲などで敵の艦艇に損傷を与えた他、[115] アルゼンチン海軍のピューマ（ヘリコプター）を機関銃で撃墜するほど勇敢に戦い、弾薬が尽きるまでアルゼンチン軍に降伏しなかった。

一方、攻守逆転した英軍の奪回作戦においては、約３０００名の上陸部隊が、[116] 約１万名と数に勝るアルゼンチン軍に攻撃を挑まなければならなかった。[117] それでも英軍は勝利したのである。

これは、島嶼のように人員・装備の進出または増強に制約を受ける場合、単純な人員比だけでは、勝敗は決まらないことを示唆する例だと考える。しかし、それと同時に最低限の戦闘（作戦）遂行能力を備え、一

写真30：ノーマン少佐（一列目最左翼）と海兵隊員（出典：British Empire HP）

図 3-11　英軍の作戦図

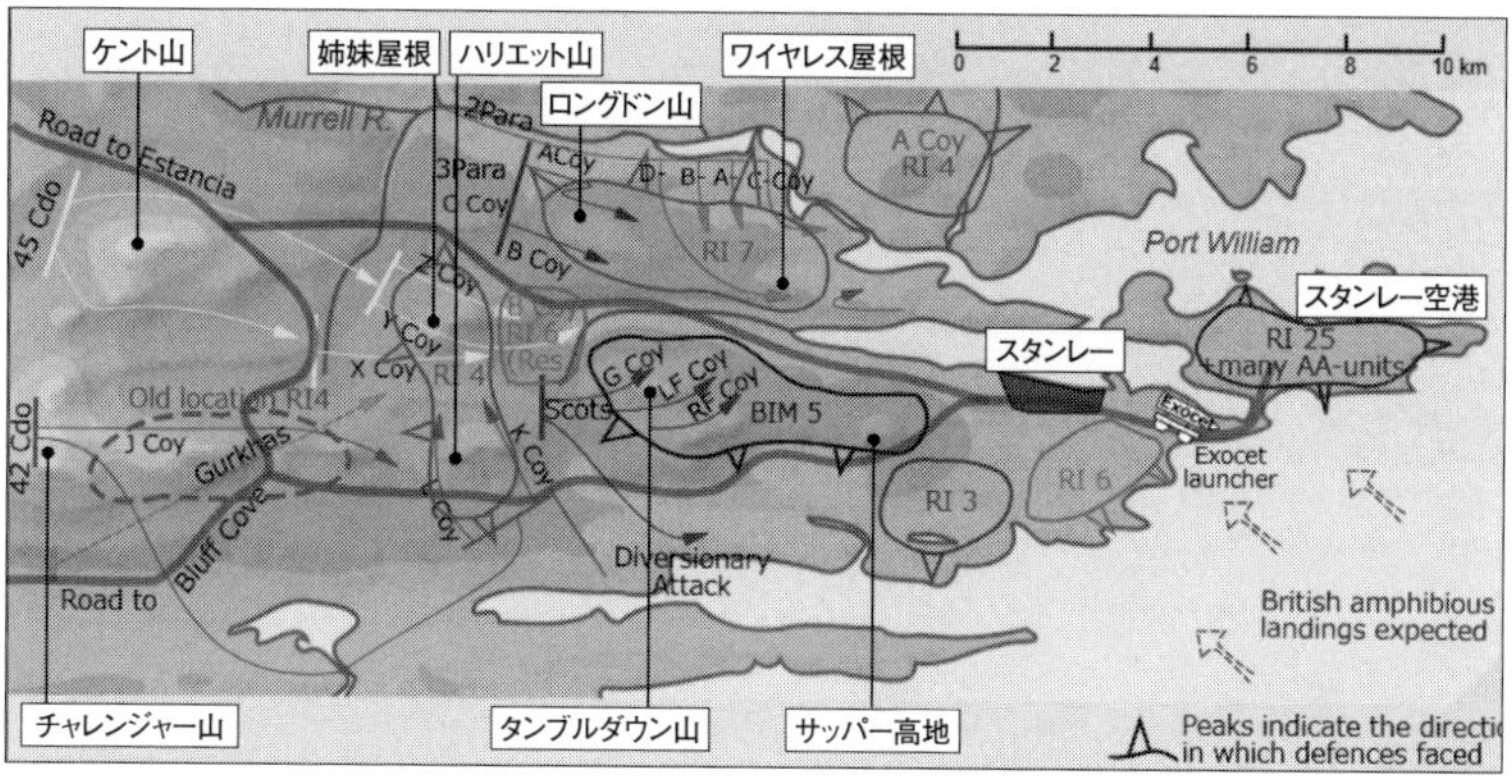

（出典：British Empire HP）

定期間、独立的に戦力を発揮できる部隊が島嶼にいなければ、有効な抑止力（戦闘が開始されてからは対処戦力）にはならないことを証明しているのも事実である。

次に近接戦闘について考察すると、英軍は伝統的な戦法で戦ったことに着目すべきであろう。[118] その一つは周到な準備を行い、砲弾を敵陣地に集中してから夜間攻撃に移るというものである。[119] 具体的に戦闘経過を見ていくと、スタンレーに対する夜間攻撃は、第1段階が6月11日未明から夜明けまで、第2段階は6月13日から実施された。当初、ロングドン山、チャレンジャー山、ハリエット山を攻撃し、じ後、スタンレー港を見下ろす三つの高地、すなわちワイヤレス尾根、タンブルダウン山、サッパー高地を奪取するという計画だった（図11参照）。[120]

計画通り攻撃を開始した英軍の陸上部隊は、常にフリゲート艦による艦砲射撃の支援を受けて目標を奪取することができた。しかし、アルゼンチン軍が精巧な米国製暗視ゴーグルを数百個持っていたのに対し、英軍は同程度のものを20～30個しか持っていなかった。そのため苦戦を強いられることもあった。[121] また、迫撃砲の照明弾で目標陣地を照らしながらミラン誘導ミサイルを射撃し、敵を撃破することもあった。ただしハリエット山では、アルゼンチン軍の抵抗は、それほど

写真 31：スタンレー中心地区（出典：GFDL）

写真 32：スコーピオン型軽戦車（出典：The Imperial War Museum）

長くは続かなかった。第1段階の作戦はほぼ完全な成功だったと言える。[122]続く6月13日には、予定通り第2段階の攻撃が開始された。スタンレー（写真31）に配置されたアルゼンチン軍の155ミリ榴弾砲は、英軍に大きな損害を与えた。

しかし、英軍は3日前から砲兵部隊による対抗射撃を実施した上、シミター型とスコーピオン型の軽戦車（写真32）を投入する。歩兵部隊の前進を掩護、作戦の進展に寄与したのである。またワイヤレス尾根のアルゼンチン軍の抵抗はそれほどでもなかったが、そこから13キロ南にあるタンブルダウン山正面ではアルゼンチン軍は全く退却しなかった。[123]よく訓練され、装備も十分に行き渡った海兵隊が防御していたのである。英軍はここでも伝統的な方法で攻撃し、[124]ようやく目標を奪取することができた。伝統的とはいうものの、軽戦車を含む装甲戦闘力を保持し、砲迫火力の支援を受けた歩戦協同による総合戦闘力の発揮は依然として重要であり、これにより敵部隊を撃破し、勝敗を決したと言っても過言ではないだろう。

またタンブルダウン山に対する攻撃においてはハリアーが地上レーザー誘導方式を採用するクラスター弾による攻撃を加えた。さらに地上での火力誘導による艦艇からの砲撃が継続的に続けられたことで敵に甚大な損害を与えることができた。[125]

同じく6月13日には、英軍はそのまま勢いに乗り、スタンレーへ一斉に攻撃を開始した。しかし、その頃、アルゼンチン軍の防御態勢は既に

図 3-12　スタンレーに対する英軍の攻撃

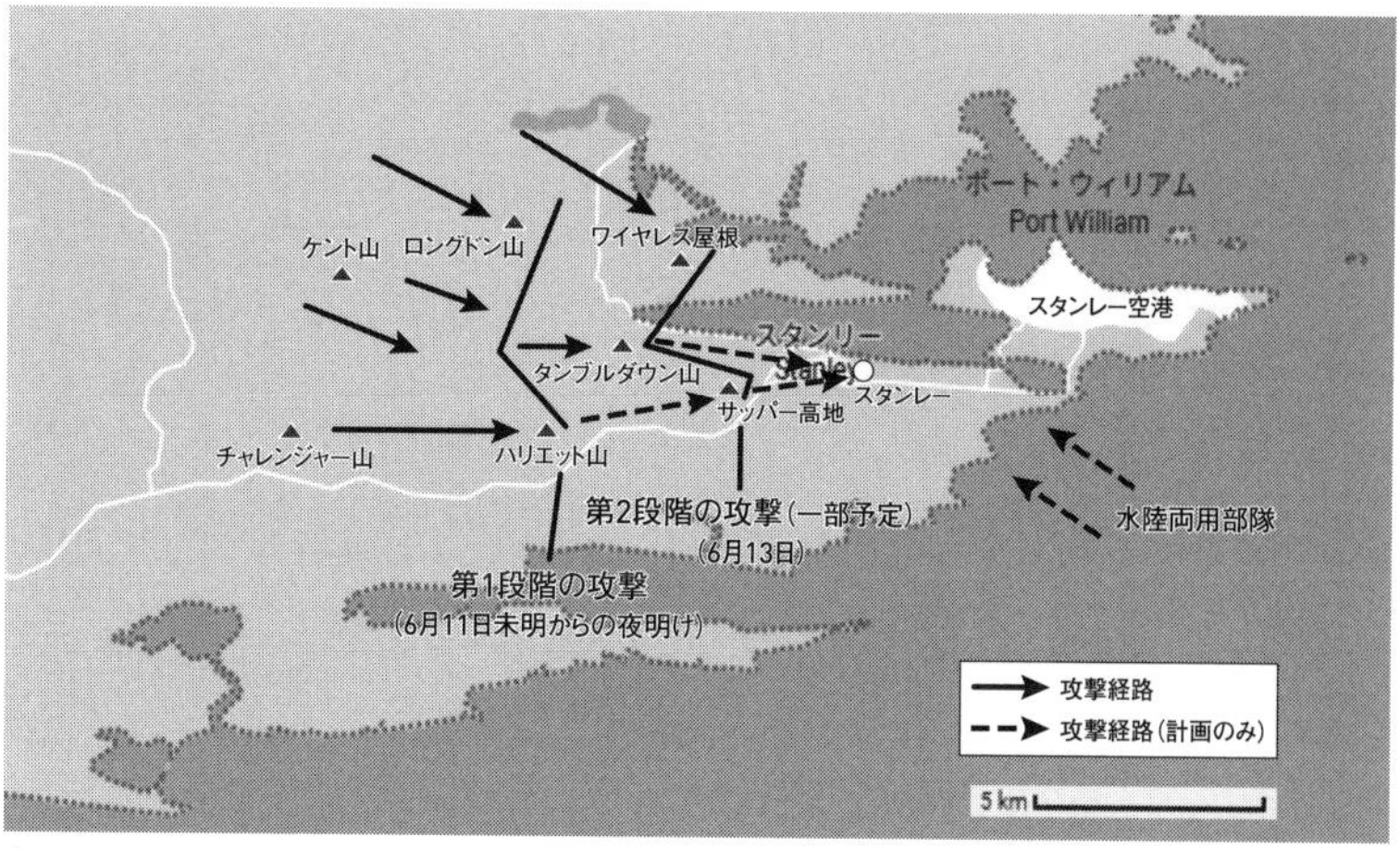

（Battle Atlas of the Falklands War 1982に基づき作成）

瓦解していた。[126] このため英軍は容易にアルゼンチン軍陣地を突破し（図12参照）、アルゼンチン軍を投降させることができた。スタンレーを守るアルゼンチン軍には新兵が多くいた上、各種要因が重なり罹患者を続出させたため、士気が低かったのだ。[127] これらの戦闘から、実戦では装備品の優劣はもとより、高い士気の保持が勝敗に大きく影響を与えることを改めて認識させられる。

その他、柔軟な火力運用についても教訓がある。アルゼンチン軍は英軍の上陸（橋頭堡の設定）阻止に必要な火力を準備していなかった。その代わり英軍はアルゼンチン海空軍機の猛攻により多くの海軍艦艇を失った。

だが陸上部隊の上陸はほぼ計画通りに行われたのである。後日、分かったことだが、アルゼンチン軍は橋頭堡をめぐる戦いを企図していなかったため、[128] 地対艦ミサイル等を配備しなかったのだ。しかし英軍の攻撃に接したアルゼンチン軍は当初の計画を直ちに修正し、スタンレーへトレーラー改造の応急ミサイル発射台を設置した。そして、そこからエグゾセを発射、駆逐艦「グラモーガン」の後部甲板に命中させ、不発ながら中破に追い込むという成果を上げている。[129] この事例は、実戦では状況の変化に応じた柔軟な火力運用が有効であることを示すものと考える。

防護

防護に関連して、英国は当初から航空優勢を十分に獲得できないことを懸念していた。[130] その危惧が現実のものになったのは、5月4日、アルゼンチン海軍のシュペルエタンダール攻撃機が空対艦ミサイル・エグゾセで英機動部隊に攻撃を行った時である。リオ・グランデ基地より離陸した2機のシュペルエタンダール攻撃機は、それぞれ右翼下に1発のエグゾセを実装していた。離陸してから15分後、同機はKCハーキュリーズ給油機から給油を受けた。海面から約15メートルの超低空で英機動部隊に接近したのだ。この際、電波は封止し、レーダーは一切使用していなかった。英海軍艦艇はこの接近する攻撃機をレーダーで捕捉できなかった。[131] シュペルエタンダール攻撃機はネプチューン哨戒機から通報を受けて目標を確認することができた。そして英機動部隊に近づくと、約37メートルの高度に上昇、この時だけレーダーを使い、エグゾセを発射すると直ちに退避した。発射されたエグゾセ1発が「シェフィールド」のほぼ中央部に命中したのである。[132]

また英機動部隊は5月1日から10日の間、アルゼンチン海軍潜水艦「サン・ルイス」から魚雷攻撃を受けて以降、対潜戦を強いられることになり大幅に活動範囲を縮小した。このように防護の決定的手段を欠く英海軍は1発のミサイルの脅威と1隻の潜水艦の行動によって、当初は継続的な航空優勢と海上優勢の確保ができなかったのだ。

その後、英軍の機動部隊がアセンション島へ進出する頃になると、フォークランド諸島に対する奪回が本格的に検討された。複数の計画が立案されるようになった。

その代表的な三案を列挙する。

一つ目の案は、このまま長距離機動を続け、フォークランド諸島を速やかに攻撃して橋頭堡を築き、陸上戦闘へ移行するというもの。
二つ目の案はアセンション島に一旦前進基地を設定し、後続部隊の到着を待って態勢を整え、フォークランド諸島を攻撃するというもの。
そして三つ目の案は海上（封鎖海域の南）に機動部隊をとどめ、当初、海空戦力をもってフォークランド諸島を攻撃し、敵戦闘力を減殺してから陸上部隊を上陸させるというものであった。
これらの中で、英国は軍事的判断より政治的判断を重視した。上陸部隊の指揮官たちからは、ほとんど支持を得られなかった一つ目の案、つまり、このまま長距離機動を続け、フォークランド諸島を速やかに攻撃して橋頭堡を築き、陸上戦闘へ移行する案を採用するのだった。[133]
この案は、事前の情報収集と海空戦力による敵戦闘力減殺の時間が極めて制限される。また海上優勢と航空優勢を確立する時間的余裕もなく、その上、上陸部隊を危険にさらす。それでも英軍はこの政治的判断に従った。
しかし、英軍は防護の徹底を図るため、上陸作戦（橋頭堡の確保）そのものにおいては安全を最優先する案を選択した。具体的には、敵に近いスタンレー空港への強行着陸またはスタンレー港への舟艇等を利用した強襲上陸ではなく、敵が配置されていないため危険性が最も低いと見られていた、スタンレーから西へ約100キロ離れたサン・カルロスに上陸する案を選択したのである。[134]
このように防護を十分に考慮した英軍であったが、5月23日、英海軍フリゲート艦「アンテロープ」に対するアルゼンチン軍A－4攻撃機の奇襲を許してしまった。「アンテロープ」[135]は攻撃され、500kg爆弾2発が命中したのである。これらは不発弾であったが信管除去作業中に暴発し、「アンテロープ」は翌24日に沈没した。[136]英軍はアルゼンチン軍機による攻撃へ備え、防護手段として英海軍のシーハリアーを配備していた。それにもかかわらず早期警戒機を運用せず十分な哨戒時間もとっていなかったため、シーハ

写真33：ブロウパイプ・ミサイル（出典：WWⅡ in Color HP）

リアーによる防護はほとんど役に立たなかった。それに比べて5月28日、英軍がグース・グリーンを攻撃中、アルゼンチン軍のプカラ2機が飛来した時、1人の英兵がブロウパイプ・ミサイル（写真33）を発射し、これを撃墜する戦果を上げたことで[137]、個人携行火器による防空の有効性が確認された。当日は雨が降り雲は低くたれ込め、ハリアーによる防空が期待できない状況にあった。[138]

これは、防護の処置は状況に応じて各種手段を柔軟に組み合わせる必要があることを示す事例である。

さらに6月8日、フィッツロイにおいて、英海軍は徴用商船で輸送された増援部隊を強襲揚陸艦「フィアレス」などに乗り換える作業を進めていた。この動きをアルゼンチン軍はスタンレーのレーダーで察知した。フィッツロイの海岸は対岸の傾斜が険しく、上陸に手間取ったこともあり、英軍はアルゼンチン空軍のスカイホーク1機、ミラージュ2機の攻撃を受けることとなった。この攻撃では近衛大隊33名をはじめ、輸送船乗組員、海軍技師、医官など46名が犠牲となった。[139] この損失の原因は上陸部隊に対する防空が十分に講じられず、護衛する艦艇もなく、[140] さらにフィッツロイへの上陸が急遽決められたため、[141] 周辺地域に対する防護の処置が遅れたことによる。[142]

ここからも防護においては、陸海空のあらゆる手段を有効に活用して時間的及び空間的間隙をつくらないことが必要であると再認識させられる。

また防護機能の一つ、保全についても考察していく。

アルゼンチン軍は海上での情報収集のため、民間トロール漁船「ナルワル号」を用いた。英軍は、この漁船が情報活動、具体的には通信傍受を行っていることを直ちに標定し、警告を与えた。しかし、「ナルワル号」は情報活動を続け、当該海域に居残った。これに対し、英軍はその証拠を約10日もかけて揃え、

5月9日、シーハリアーによる攻撃を行い撃破した[143]。これは敵の情報収集手段を適確に把握し、保全の処置を確実に行っていた証左である。また現地とノースウッドにある任務部隊司令部との通信に当たっては、アルゼンチンに傍受されるおそれがない衛星通信を利用していたのである[144]。

さらに国防省は作戦に支障が出ないように、他省庁、機関等と一体となり現地とロンドンの2カ所で検閲を実施した[145]。フォークランド諸島が本土から1万3000キロも離れているため、完全に通信・情報手段を掌握できるのは国防省だけであった。このように英軍は保全を適切に行い、円滑な作戦遂行を容易にしたのである[146]。

しかし、それでもグース・グリーンに対する攻撃の際、機密漏洩事件が発生したのである。それはBBCの従軍記者が攻撃2日前に、次の攻撃目標がグース・グリーンであることを送稿し、BBCがその記事に基づき「グース・グリーン攻撃近し」と放送、アルゼンチン軍にグース・グリーンでの戦闘を予期させたのである[147]。これ以降、検閲がさらに厳しくなったのは言うまでもない。

写真34：アルゼンチン海軍空母ベインティシンコ・デ・マジョ（出典：Haze Gray & Underway HP）

基盤的機能の考察

情報（認識）

まず情報機能における教訓を戦略レベルから考察していく。アルゼンチン海軍は3月30日、空母「ベインティシンコ・デ・マジョ」（写真34）を旗艦とし、駆逐艦7隻、フリゲート艦3隻、輸送艦3隻、揚陸艦1隻で編成する任務部隊をフォークランド諸島へ出撃させた。上陸作戦を成功裡に完了するためである[148]。この作戦をアルゼンチンは当初、ウルグアイ海軍との演習だと説明していた。また英外務省の見解によると、アルゼンチンは侵攻の前夜、つまり3月29日までは侵攻の意図がなく、当然、情報も入手できなかったとする。[149]しかしブエノスアイレスの英国大使館が得た情報、あるいは英国に協力する各種機関からもたらされた情報では、アルゼンチン軍がフォークランド諸島へ侵攻する可能性が高いことを示唆していた。[150]さらにアルゼンチン本国の電話・通信施設の多くは英国系企業が敷設したものである。このため英国は比較的容易に通信情報を掴むことができるはずだった。それにもかかわらず、英国本土では南米からの情報資料を適確に評価する態勢が十分ではなかった。[151]アルゼンチン軍の企図を侵攻直前まで把握できなかったのである。[152]ここで注目すべきは英国と同盟を結んでいる米国の動きだ。米国は、上陸作戦が実施された時、偵察衛星によりアルゼンチン軍の行動を把握していた。また米国の動向は米国と同盟を結ぶ西欧諸国に大きな影響を与えるはずだった。しかし米国は自国の国益追求を優先し[153]、アルゼンチンに自制を求めるだけで、英国にアルゼンチン軍の動向を通報しなかった。[154]

一方、フォークランド諸島に駐留する英海兵隊は緊迫した情勢を認識する手段を持たなかった。4月1日になって漸く目の前で起きている現実から危機を察知したハント提督が、ラジオ放送により警告を発したが[155]、全ては手遅れだった。アルゼンチン軍が奇襲に成功した後だった。このように本土から離隔する島嶼において、作戦環境の機微な変化を認識することは困難であった。また小部隊の情報活動だけでは全般状況を正確に把握することはできなかったのである。

ただし英国も当初こそ敵の奇襲を許したものの、その「カウンター」ともいうべき反撃の初動には成功している。アルゼンチンは上陸作戦を発動するに当たり、英国が予備役まで招集し、英国本土から約1万3000キロも離れた辺境の地に艦隊を派遣するとは思っていなかった。[156]フォークランド紛争が、「誤算の戦争（Miscalculations War）」と呼ばれる所以である。アルゼンチンの首脳はフォークランド諸島への上陸作戦が無血で成功し、同諸島を占領しさえすれば、英国が軍隊を派遣することはないと踏んでいたのである。[157]

軍事衝突にならなければ紛争処理は、国連あるいは米州機構（OAS：Organization of American States）に委ねられる、そうなればアルゼンチンに勝算がある、と考えていたのだ。なぜならアルゼンチンの首脳は、領有権論争では非同盟諸国及び第三世界からの支持を得て、自分たちに利があると信じていたからだ。[158]よって侵攻の企図を知った米国により作戦の中止を求められたアルゼンチンにとって、軍を引く理由などどこにも見当らなかったのである。

このように紛争の発端には当事国同士の情報不足に起因する大きな誤算が影響していたのだ。このことから適切な情報認識のためには同盟国及び関係諸国との連携による情報共有が不可欠であるとわかる。

しかし、アルゼンチンのフォークランド諸島上陸作戦に向けた情報活動には周到に準備されていた面もあることを見逃してはならない。アルゼンチン軍が上陸する直前、フォークランド諸島に駐留する英軍は、同諸島からアルゼンチンに向けた無線を傍受していた。その際、アルゼンチンが英海兵隊の配置及び行動について、細かく調べ上げていることを知り英軍司令部は驚愕した。それには英海兵隊の人数、就寝時間から宿泊場所、そして日常の行動パターンに至るまで含まれていたからである。英軍は、この事実を本国へ報告するとともに、現地での情報入手に努めるのだった。

その結果、侵攻に先立ち上陸したアルゼンチン軍の「ガス工事夫」17人の中に特殊工作員または情報要員等が紛れ込んでいるとの推測に至った。しかも「アルゼンチン系航空会社」[159]のスタンレー事務所（支店）にはブエノスアイレスに送信できる強力な無線機があった。[160]このため、これを利用していたに違いないと断定している。情報を入手するためには努めて早期から現地に特殊工作員または情報要員等を派遣することの有効性を示唆する。

次に作戦レベルから考察すると、英国は現地での情報を重視しつつ戦っていたことがわかる。4月24日、南ジョージア島上陸部隊指揮官シェリダン（Guy Sheridan）少佐は、「政治的理由」[161]によりノースウッドにある任務部隊司令部から、同島への上陸を直ちに実行せよとの強い指示を受けた。

しかしシェリダン少佐は、特殊部隊がアルゼンチン軍の防御態勢を偵察していないことを理由に上陸命令を事実上、拒否したのである。[162]計画では、まずSASと「SBS（Special Boat Squadron）」[163]が上陸し、リース港におけるアルゼンチン軍の兵力と配置を偵察することになっていた。この時既に米国は英国に対する支援を決め、英軍は米国の偵察衛星情報を当然得ることができたであろう。また米国の各種施設が入手したアルゼンチンの暗号通信は直ちに英軍に渡されていた。[164]よってノースウッド任務部隊司令部は十分な情報を得ていたと思われる。それにもかかわらず、同司令部はこの一少佐の意見具申を最終的に受け入れたのだ。また東フォークランド島への上陸に際しても5月1日、SASとSBSが上陸、偵察に成功し、敵部隊の展開状況が確認されるのを待って、部隊を上陸させるのだった。[165]

一方、フォークランド紛争における情報活動の最大の焦点の一つは、上陸に適する地域を探し出すことにあった。[166]しかし敵はいないと見積もり、上陸地に選定したサン・カルロスには敵が配置されていた。その上、情報活動を行っていたSBSの一部が敵に発見され、企図を暴露してしまった。さらに舟艇上陸に習熟していない空挺部隊が上陸作戦を行ったため、[167]上陸そのものに困難を伴った。

それでも上陸後、英軍は早急に態勢を立て直し、各部隊とも所期の目標に進出することができた。これは事前に潜入していた特殊部隊等による現地での情報活動、特に上陸後、初めての土地でも部隊が行動できるように作戦地域の状況を速やかに把握し、適宜に情報を共有していた証左と思われる。それに対し、アルゼンチン軍では当初のフォークランド諸島侵攻作戦（ロザリオ作戦）において一部の誘導部隊が上陸目標を確認できず、誘導どころか主力の上陸に後れをとるという事態が起きていたのである。

英軍は、これ以降も現地の情報を重視した。SAS及びSBSによる情報活動を先行的に実施させ、その成果に基づき計画を臨機応変に立案・修正し、作戦を遂行した。さらに英軍の特殊部隊は一部の島民との連携を図り、島民からアマチュア無線の機材などを借用し、敵情を上級部隊に通報するなど、[168]状況に即応した情報活動を行い、情報の優越に寄与した。このように、英国は現地における特殊部隊及び住民がもたらす情報を重視していたのである。

またアルゼンチン軍が陽動あるいは欺騙などを行わなかったことも英軍の情報活動を容易にし、速やかな攻撃に役立つ結果となった。アルゼンチン軍は英軍が誤認識するような部隊の展開あるいは偽地雷原の構成なども行わなかった。[169]

ただし英軍においても、作戦に重大な影響を及ぼす気象・海象に関する情報収集については十分ではなかった。4月21日、南ジョージア島において吹雪の中、偵察のためにSBSを乗せて発進したヘリコプターが墜落するという事故が起きた。そのため英軍は現地へ救出に赴くことになった。しかし救出に行ったヘリコプターも墜落するという失態を演じてしまったのである（写真35）。[170]

写真 35：南ジョージア島において墜落したウェセックス・ヘリコプター（出典：Forgotten Voices of the Falklands）

写真 36：ワイドアウェーク基地（1982 年）（出典：National Cold War Exhibition HP）

図 3-13　アセンション島

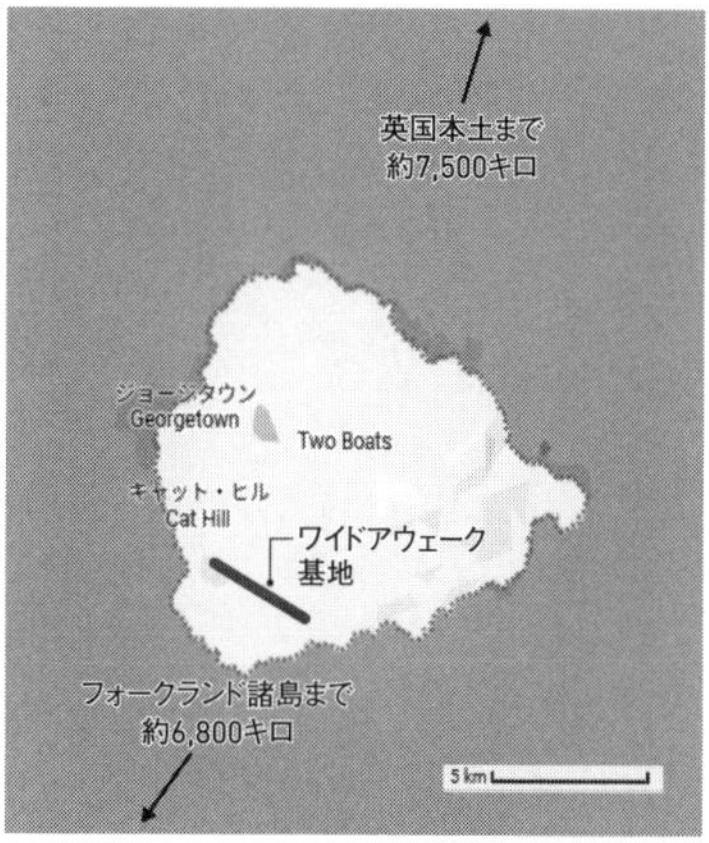

（出典：Naval History com.）

これは情報機能の視点から考慮すると、現地での気象・海象などに関し、英軍が十分に把握していなかったことを示唆している。当時の英軍の情報活動の限界を感じる出来事である。

持続

ここでは島嶼防衛の特性に配慮しつつ、持続の教訓について考察していく。まずフォークランド紛争が始まると、周辺諸国はアルゼンチンに対し、友好的な態度を示すことが多くなった。

英軍は、それらの国々から後方支援を期待することは望めなかった。[171]そこで中継基地（前方展開地）としてフォークランド諸島の北西約6000キロにある英領アセンション島（図13参照）、ワイドアウェーク基地（写真36）を利用することにした。

しかし、この基地は英軍が使用しているものではなく、英国が米国に貸与しているものだった。英国は基地の使用許可を米国に申し出る必要があった。[172]そして英軍はワイドアウェーク基地が使用できるようになった以降、アルゼンチン空軍の行動範囲外の南ジョージア島を攻略次第、これを前方展開基地として活用した。さらに戦況が進展すると、機動部隊の作戦を支援するために、空母、補給艦、徴用した民間船などからなる「シーベイシング」[173]のプロトタイプと呼べる機能を準備した。これが後に大量消費する物資、特に弾薬の補給を支えたのである。[174]逆にアルゼンチンは、英軍の海上封鎖によりフォークランド諸島を守備する部隊への兵站支援に制約を受けることとなった。

また先述の通り、長距離機動をもってスタンレー空港を空爆するという大がかりな作戦が計画された。1機の爆撃機をアセンション島からアルゼンチン南部にまで往復させるだけでも予備を含めて19機の空中給油機が必要だった。英軍は最終的には爆撃機4機と76機の空中給油機を投入している（図14参照）。これは英軍が本土と長距離離隔する作戦空間でも強靱な兵站支援能力を保持し、自国の防衛に必要な戦力を派遣できることを示すものになった。

図3-14　空中給油計画

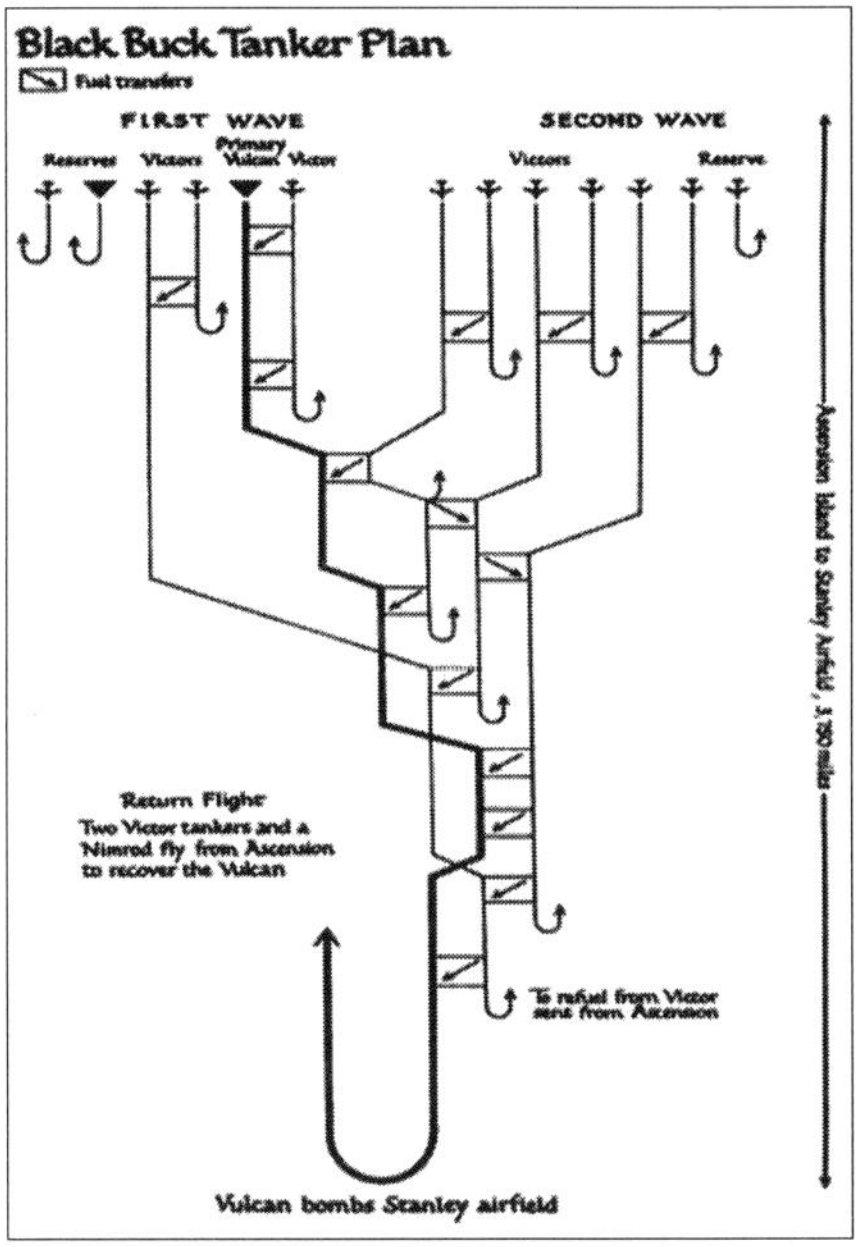

（出典：Falklands War 1982）

一方、アルゼンチン軍は、制圧したスタンレー、グース・グリーン、ペブル島の各飛行場にアルゼンチン空軍第1、第3グループと海軍の第1、第4航空隊の軍用機約30機、それに陸軍輸送ヘリコプター部隊を配備し、[175]戦力を増強するための兵站支援を行った。

それに対し、英軍には陸上部隊を直接、支援できるものとして、撃沈された英徴用貨物船「アトランティック・コンベイヤー」に搭載され難を逃れたチヌーク1機しかなかった。しかも英軍は「アトランティック・コンベイヤー」に積載された予備部品も失っていたため、[176]チヌークの十分な運用は期待できないと目されていた。しかし整備兵らの尽力により、同機は4月26日から戦争終結まで弾薬及び野砲の輸送、英軍兵士又はアルゼンチン軍捕虜の輸送に使用され、[177]大いに評価されたのである。これは、柔軟性と創造性を活かした整備能力が装備品等を良好な状態に保ち、物的戦闘力を維持させ、作戦全般に寄与した事例と言える。

訓練、心理戦、民事などの機能

訓練、心理戦、民事に関する機能のうち、まず英軍の訓練について述べる。英軍は伝統的な戦法及び夜間戦闘に精通していた。また平素からカナダ及びノルウェーでの極寒地訓練、[178]あるいはブルネイでのジャングル戦を想定した訓練など、[179] 多種多様な作戦環境で訓練していた。このため、フォークランド諸島においても作戦を有利に進めることができた。

次に英軍の心理戦についても記述する。アルゼンチン軍は、部隊により訓練練度及び士気に大きな差があった。このため英軍は紛争末期が近づくと見るや、ラジオ放送などを使い、[180] 巧妙な心理戦を遂行した。英軍は訓練練度及び士気が低い部隊に対してのみ心理戦を行ったわけではない。精強な部隊に対してはアルゼンチン軍兵士の功名心をくすぐり、名誉ある降伏勧告を行った。これにより英軍は終戦交渉を有利に進め、[181] 所望の成果を得ることができたのである。

島民の扱いについても多くの教訓がある。当時、フォークランド諸島の島民は約１８００人であり、[182] そのほとんどが英国系住民である。アルゼンチン軍による侵攻後、住民の動向は四つに分かれた。まずハント総督及び英軍守備隊と行動を共にし、第三国（ウルグアイなど）経由で英国本土へ行く者。後日、アルゼンチン軍による「支配」に嫌気がさし、島から離れる者。もともとフォークランド諸島に所在したアルゼンチン系の住民あるいは上陸したアルゼンチン軍と共存しようとする者。そしてアルゼンチン軍の抵抗勢力になる者であった。[183] 侵攻後、軍政官に就任したメネンデス少将は島民と良好な関係を築こうと、温和な態度で接したため、抵抗勢力の動向についてはほとんど知られていない。しかし後に英軍が接収した報告書によれば、アルゼンチン軍の作戦を妨害するため、一部の若者による軍事用電話線の切断及びオートバイを利用した情報伝達など、各種の「抵抗運動」が存在していたという。[184] このように作戦地域において住民からの理解・協力を得ることは重要なことだとわかる。

さらに英国の商船徴用についても記述すべきであろう。英国は南大西洋上の機動部隊を支援するため、キュナード・ライン社が所有する「クイーン・エリザベス2世」及びP&O社が所有する「キャンベラ」を徴用したのをはじめ、民間船44隻を借り上げた。いずれも英政府が徴用あるいは用船契約を結んだものである。英政府は最後までこの武力行使を「戦争」とは認めなかったが、それでも商船を徴用できたのは女王の勅命による影響が大きかった。またアルゼンチンがフォークランド諸島に侵攻した4月2日には、国防省、貿易産業省と海運総評議会などの関係者が参加する官民合同の会議が召集されたが、それ以降、紛争終結まで毎日数回の会合が開かれ、この会議を通じ所要事項については迅速な調整・措置がなされた。徴用された船舶の損失及び用船料は、１９３９年の軍事賠償法で徴用が終わって半年以内に政府が費用を払うことになっていたため、[185] 調整・措置も円滑に進められたのである。

第4章　二つの戦争がもたらす新たな戦争への教訓

本章では、これまで記述してきた事例から新たな戦争への教訓について考察していく。その狙いは、第Ⅲ部「蓋然性のあるシミュレーションの考察」に寄与するためである。なお本章の趣旨から一部、第1章で述べたことの重複も含まれる。

第1節　ガダルカナル戦の教訓に基づく防衛力の方向性

ガダルカナル緒戦の主要な作戦・戦闘を機能の視点から分析した結果、日本軍の作戦・戦闘は上級部隊と現地部隊、そして軍種間だけではなく、各機能においても十分な連携がとれていなかったことが確認された。また米軍による日本軍の戦闘力集中を阻む要因についても指摘できた。

現地部隊は、目的を確立できなかった上級部隊から明確な任務を付与されることも、十分な戦力を配分されることもなかった。そして誤った敵情に基づき、「時間」という制約を受けつつ戦場へ出撃したのである。その際、軍種間の不協和から十分な輸送支援を受けることもなく、部隊の戦力を分散せざるを得なかった。さらに海空からの掩護は得られず、ガダルカナル島に約3カ月も前から所在する関係部隊や現地住民の協力を得ることもなく、圧倒的に優勢な敵と戦った。

その上、現地部隊は当時の日本陸軍の戦術思想から、後続を待つこともなく突撃を繰り返し、全滅したのである。指揮官の資質や圧倒的な戦力比等だけがガダルカナル緒戦の敗因ではなかった。ガダルカナル緒戦の勝敗を分けた最大の教訓、それは数々の要因が重なり日本軍が戦闘力の集中に失敗したと総括できる。

では、これまで見てきた作戦・戦闘を基に現代戦における離島作戦への具体的な教訓について記述していく。なお、作戦・戦闘の機能には軽重があり、戦況の推移に応じて、それらを適切に律することが戦闘力の集中には必要であることを考慮しつつ論を進める。

まず有形・無形の戦闘力を集中させるためには戦略レベルから現地部隊に至るまでの一貫した目的を確立することが必要である。その際、離島では局地的かつ複雑な作戦環境で戦わなくてはならないことを考慮し、小部隊指揮官でも自律型の戦闘を行い、実効性が期待できる新たな意思決定プロセスなどを開発していくことも必要だと思われる。

そして離島奪回作戦においては、陸海空の作戦空間で各機能の相乗効果を期待されるシームレスな運用が求められるのは必至である。そのため、ただ単に作戦空間を区切る今までの統制手段とは異なり、任務別に境界を設定するなど、新たな統制手段も求められることになるであろう。ここで言う任務別の一例として、「条件の作為」「決定的成果の獲得」「作戦の支援」などが挙げられる。

続いて離島の特性には縦深性の欠如と孤立性がある。

これらを克服するためには、作戦空間は局地的でも宇宙・サイバー・電磁波など、作戦に影響を及ぼす全ての領域の把握に努め、適切な作戦環境の認識を持つことが求められる。そして、その上で戦勢を支配する戦略的要点へ、いかに早く統合戦力を集中させるかが勝敗の鍵になると思われる。

加えて現代戦においては、航空機などの突破力の向上により、一方的な航空優勢を獲得することは困難になった。これは海上優勢についても言える。よって離島作戦に当たっては安定した戦力を発揮できる陸上部隊を努めて早期に配置し、作戦全般を通じて優勢を確保、統合運用による対着上陸作戦の核心的戦力として運用する着意が重要だと考えられる。

最後に、緒戦に当たっては、それまでの戦いの様相が常に変化していることを機微に判断し、将来戦に向けた平素の研究を活用するとともに、作戦・戦闘での教訓を直ちに反映できる態勢を確立することが必要であろう。緒戦で敗北すれば士気は低下し、国民の不信感も倍増する。不戦の時代が長ければ長いほど、緒戦の戦果がもたらす影響を考慮しなくてはならない。ガダルカナルの戦いは現代戦にも多くの示唆を与えている。

第2節　フォークランド紛争の教訓に基づく防衛力の方向性

機能毎の分析により抽出したフォークランド紛争の教訓を基に我が国の島嶼防衛に資する防衛力の方向性について記述していく。なお考察に当たっては、まずフォークランド紛争と我が国の島嶼防衛を比較し、その類似点と相違点に配慮すべきと考える。

我が国の島嶼防衛との比較

はじめに外交についてである。そもそもＮＡＴＯ加盟国は「共同防衛」の義務を有する。よって英国の領土が他国に侵略された場合、同盟国に対し、自国が侵略された場合と同様に領土を保全する義務を保有していた。一方、我が国は日米安全保障条約で結ばれた日米同盟に基づき、米国を唯一の同盟国としている。また紛争周辺諸国との関係について、英国はフォークランド諸島周辺のほとんどの国から支援を受けることができなかった。それに対し、我が国は東アジアの多くの国とあらゆる領域で良好な関係の維持に努めている。

次は政治制度についてである。アルゼンチンの軍事政権を例として挙げるまでもなく、米国のような民主国家においても、大統領制は集権が比較的容易である。また、有事超党派コンセンサス及び国民からの支持・理解を得られやすい。しかし英国と我が国は議院内閣制を採用しており、大統領制に比べ、やや分権的あるいは「縦割行政」に陥りやすい傾向を持つ。

さらに法制度について、英国は多種多様な戦争あるいは紛争の経験から、機動、防護、情報、持続などの各機能において、国防省と他省庁との関係を律するとともに、民間力を活用するための法的枠組み、または慣習による法制度が確立されている印象を受ける。しかし我が国には戦後、有事立法などについてタブー視された時代があり、これらの課題を十分に克服しているとは言い難い。

加えて、地政学的視点からフォークランド諸島と我が国の島嶼を考察すると、次のような相違点がある。まずフォークランド諸島は、東西フォークランド島及び周辺の島嶼を含め四国ほどの大きさがあり、我が国が島嶼防衛としてイメージしている島嶼とはやや異なる。また英国はフォークランド諸島をアルゼンチンとの領土交渉の対象として一度は認めていたのであり、それを裏付けるかのように抑止力に足る十分な守備隊を駐留させなかった。このことからも明らかなように、英国は紛争が生起するまでは同諸島を重要地域として見ていた可能性は低いと思われる。

しかし我が国にとって島嶼防衛の焦点となる地域は、我が国だけでなく、同盟国の米国にとっても戦略的に意味があり、東アジア諸国も「核心的利益」とさえ呼ぶ重要な地域である。

さらに本土との離隔についても、フォークランド諸島が英国本土から約1万3000キロも離れていたのとは異なり、我が国の本州から先島諸島との距離は約1000キロしかない。ちなみに先述したようにアルゼンチン本土とフォークランド諸島との距離は沿岸部から約550キロであり、距離だけ見ればアルゼンチンにとって圧倒的に有利な戦いだったと理解できる。

上記の他、統合作戦については英国には水陸両用作戦を行う海兵隊があり、統合（任務）部隊を運用した経験も豊富である。その上、フォークランド紛争後は常設統合司令部を新編し、民間力の活用も含めた統合（任務）部隊の作戦能力の向上に努めている。

それに対し、我が国では、限定的な水陸両用戦機能を保有する陸上自衛隊の部隊、すなわち水陸機動団がある。ただし統合幕僚監部及び陸上総隊が創設された後でさえ、一部の部隊を除き、発生した事態へ対処するために、その都度、統合任務部隊が編制される形をとっている。

次に各軍種が装備する兵器についても考察する。

日英両国の陸海空部隊を単純に比較することは困難であるが、我が国は英国とは異なり、空母あるいは原子力潜水艦、戦略爆撃機などの一般的に「攻撃的性格が強い」とされる装備を保持していない。

また核兵器も保有していない。英国はフォークランド紛争で核兵器こそ使用しなかったものの、空母、原子力潜水艦を投入し、その効果を示した。

さらに、英国は強襲揚陸艦及び水陸両用車などの統合戦力の発揮に資する装備を効果的に運用した。また陸海空のいずれの作戦空間でもミサイルの存在が大きく作戦に影響を与えたことを付言する必要があるだろう。

以上の類似点と相違点を考慮しつつ、防衛省、統合幕僚監部、そして離島防衛作戦で他軍種へ最も支援を求めることになる陸上自衛隊と、主体となる対象によって項目を整理しつつ、防衛力整備の方向性について具体化していく。

我が国の島嶼防衛に資する防衛力整備の方向性

防衛省が戦略的視点に立ち検討を進めるべきもの

リーダーシップ発揮に向けた基盤の確保

フォークランド紛争を見れば、戦争指導には軍事作戦だけではなく、複雑な国家目的を達成するために、政治・外交、経済などの多くの手段が講じられたことが分かる。

よって島嶼防衛においても強力なリーダーシップを発揮するために、情報の一元化を図り、国内外からの支持を得るとともに、大局的な視点から戦いの明確な目標を速やかに確立することが肝要だ。

そのためには平素より国民からの信頼と理解を得ることに加え、実効性が高いリーダーシップに必要な基盤の確保が不可欠だ。議院内閣制を採用している英国は、アルゼンチン軍の侵攻を受け、首相（状況により内閣）に対する集権的統制を実現するため、戦時内閣を形成した。さらにそれを参謀長委員会が支え、適切な戦争指導を行い、戦いに勝利したのである。

防衛省も与えられた役割を積極的に果たすため、リーダーシップを発揮する基盤の確保、例えば、危機対処時の措置の充実、早期情報入手による認識の統一、迅速な状況判断と決心、状況の変化へ柔軟に対処できる権限の集約、そして平素からの交戦規程（ROE : Rules of Engagement）の策定・見直しなどを追求すべきであろう。

国力結集のための各種施策の推進

適切な状況判断を行い、限られた国力を正しく指向するためには情報の優越を獲得することが不可欠である。フォークランド紛争において英国はＥＣ（当時）、ＮＡＴＯ諸国から情報を入手した。島嶼防衛に限らず、我が国も適切な状況判断、意思決定を行うためには、同盟の形態の違いはあるものの、我が国唯一の同盟国である米国、あるいは同志国などからの情報提供は必須であろう。また国内においても情報を正しく伝え、国民からの理解・協力を得るために、他省庁、行政機関あるいはメディアなどの各種民間組織やＳＮＳを発信する個人などと情報が共有できる枠組みを構築することが必要だと思われる。さらに長期的な展望から、防衛省も同盟国、周辺諸国等との戦略情報の共有などについても手段を講じることが有効だと思われる。この際、基盤の一つに、宇宙・サイバー・電磁波領域での優越、またインフラ整備の継続性を期待される省庁や企業との連携も無関係ではないと思われる。

その他、英国はフォークランド諸島がアルゼンチンに侵攻されるや否や予備役を直ちに動員している。よって我が国でも即応態勢を保持し、継戦能力を発揮するため、多くの国民から支持を得る予備戦力の保持要領についても検討すべきである。

さらに我が国では領域警備などの問題があり、法整備が十分に進んでいるとは言い難い。

上記のことから有限の国力を結集するためには、かつて米国がいうところの「ＪＩＩＭ（Joint, Interagency, International, and Multinational）」（統合、省庁間、国際間、多国間）作戦環境を目指すべきである。防衛省が政府と一体となり、状況に応じてイニシアティブを持って、国内外の関係各省庁、民間企業、各種団体、個人等を含めた広範囲・多次元での統合化を推進すべきである。

米国でも統合が進まない時、米統合参謀本部議長は、職務の多くが戦略物資をどこへ置くかを決めることだとしていた。しかし現在の防衛省・自衛隊では、関係省庁や行政が機能を発揮できない時、どの領域にもまたがる大規模な活動を要求される場合、防衛省・自衛隊がそれを担うという気持ちや文化が未だ醸成されていない。これは、統合の問題に収まらず、オール・ドメインでの戦いを追求する防衛省・自衛隊に課せられた責任であると思われる。

戦略機動手段の確保

島嶼防衛において、本土から長距離離隔した島嶼へ戦力を集中させるためには、陸海空自衛隊及び民間の輸送力の総力を用いた戦略機動が不可欠である。英国では戦略機動を支える輸送支援として、「クイーン・エリザベス2世」「キャンベラ」などの商船を多数徴用できたのである。[1]

しかし我が国にはこのような法的枠組み、あるいはノウハウがほとんどない。よって今後は益々民間フェリー・貨物船、民間航空機等の利用及びそれら従事者の運用、賠償などに関する法的枠組み[2]の検討並びに平素からの関係部署との調整・計画作成などが必要となってくるであろう。加えて一部、動きが見られるように火薬取り締まりに関する法律の問題、米軍のアセットの利用の問題などと密接に関係していくのは間違いない。

統合幕僚監部が統合作戦の実効性を高めるために検討すべきもの

正確な作戦空間の認識と状況に応じた指揮・統制

英国は本土からフォークランド諸島までの広大な範囲で作戦を遂行した。

このように戦場の概念が急速に広がり、統合作戦の遂行時には、島嶼という限られた空間だけではなく、必要とあれば宇宙、地球規模に至る作戦空間において、影響を及ぼすあらゆる要素を「正確に」認識することが大事である。

そのためには地形・気象はもちろん海象、電波、磁気、サイバー、宇宙を利用した航行システム、その他、必要とする多層的な情報を必要な時に獲得することが肝要である。英国が常設統合司令部（ＰＪＨＱ）を後に置いたのも、この理由による。

特にフォークランド紛争時代の戦争とは異なり、現代の戦争形態は既に「ＮＣＷ（Network-Centric Warfare）」（ネットワーク中心の戦争）へと変化した。従来から存在する偵察衛星、特殊部隊、航空偵察などの手段に加え、フォークランド紛争時代にはなかった無人偵察機、無人偵察車及び無人偵察船などの各種情報収集手段の統合化も進めるべきである。

なおフォークランド紛争当時には確立した概念ではなかった「HNO（Human Network Operation）」（ヒューマン・ネットワーク・オペレーション）が、将来、島民の協力などで有効な情報収集手段になると予想される。上記以外にも英国はフォークランド諸島で勤務し、周辺海域をヨットで航海した経験を持つサスビー＝テイラー（Ewan Southby-Tailyour）少佐を肩書きのない参謀として上陸部隊の第3コマンド旅団司令部に招聘、詳細な情報を得た例などがある。[3]

つまり、統合作戦においては「鳥の眼から虫の眼」で情報を収集、それを活用する柔軟な組織を編成することが重要だと思われる。

これは英国のことだけではない。フォークランド紛争とは少し離れるが、米国では2021年のアフガニスタンからの撤退に当たっては、米軍だけでは十分な情報を獲得できなかった。そのため、過去、現地に住んでいた、あるいは駐屯していた予備役軍人の知見を民間企業のネットワークを活用することで統一し、情報の優越を達成したのである。そのため、自国民保護も適時に行うことができたと言われている。

また統合作戦を効率的に実施するため、あるいは戦闘消耗を局限するためには作戦空間を認識するだけではなく、各級レベルでの確実な統制の措置が必要である。

特に島嶼防衛作戦では、焦点となる作戦空間に膨大な戦力の集中が予想される。英軍は航空機の空中衝突及び友軍相撃で貴重な戦闘力を失った。このため、統合作戦を主宰する司令部等は、作戦空間に所在する多数の部隊、アセット、他省庁、各種機関、民間団体、個人（残留住民など）に至るまで掌握し、現地部隊へ識別を徹底させる必要がある。この際、AI化が進む中、先にも触れたが、統制を単に行動地帯などで「区分」するのではなく、任務に基づく複雑な統制を確実に行うことで、現地部隊の戦力を最大限発揮するための基盤を与え得るものと考えられる。

戦術レベル以下の部隊における統合化の促進

フォークランド紛争を概観すれば、島嶼での戦いには戦術レベル以下の部隊における統合化、つまり陸海空の統合戦力の発揮及び民間力の活用の重要性が理解できる。

よって統合化を促進するためには、まず島嶼の戦いの特性を活かした簡明かつ柔軟で実行可能な統合作戦構想を確立することが必要である。

特に限られた能力・アセットしか持たない我が国の島嶼防衛においては、陸上自衛隊は敵が必ず攻撃しなくてはならない要点に部隊を配置、これを守り抜くとともに、海上自衛隊及び航空自衛隊は周辺海空域において海空作戦を実施し、さらに宇宙・サイバー・電磁波の領域で優越を獲得、要時、要域において緊要な敵を撃破することになるであろう。

また敵に上陸を許した場合、速やかにこれを奪回するための作戦を遂行することになると考えられる。これらには全て陸海空をはじめ、全領域でのバランスのとれた戦力の発揮、必要に応じ、戦力の不足を補い予備力を強化するために関係各省庁、民間企業、各種団体、個人等との連携が不可欠である。

次に統合運用の視点から考察すると、我が国では東日本大震災が発生した際、統合任務部隊が編成され、実際に運用される機会があった。この時、メジャー・コマンド・レベル（戦略レベルの作戦を担当する司令部のレベル）での空域統制・調整、通信、輸送、施設などといった機能別のコントロールについては、関係各省庁及び地方自治体等との連携も含めて概ね成功している。

ただし、独立的戦闘の傾向が強い島嶼での戦いに有効な戦術レベル以下の統合作戦、あるいは部隊の大小に関わらず武力行使を伴う統合作戦の経験は未だない。突発的に生起する事態へ即応するため、平素から戦術レベル以下でもヴァーチャルな司令部を立ち上げて事態別演習を行うなど、シームレスな備えが重要である。この際、米国との共同対処及び自衛隊と他省庁から派遣された機関、民間企業、各種団体、あるいは個人等との連携を推進するなどの施策も必要である。

さらに島嶼防衛にあっては、海空戦力が陸上戦力の発揮、あるいはその継戦能力を大きく左右する鍵になることは間違いない。この点、我が国は打撃力としての本格的な空母を保有していないが、フォークランド紛争における英空母の存在は、主として陸上部隊及び航空部隊の機動、あるいは海上支援基盤の一手段として大いに役立つものであった。

よって島嶼防衛においては、空母に代わる何らかの機能の保持を検討すべきであろう。

また敵の海上使用を拒否し、海上に浮かぶ島嶼の孤立を防ぎ、島嶼防衛を容易にするためにも、水上艦艇、潜水艦、航空機などの海空戦力が不可欠である。

フォークランド紛争に参加した英海軍艦艇のうち駆逐艦8隻[4]、フリゲート艦15隻[5]は、我が国の即応態勢にある護衛艦と数の上ではほぼ互角であり、我が国も同程度以上の戦力発揮を期待できると思われる。

他方、潜水艦については、英海軍は原子力潜水艦5隻と通常潜水艦1隻[6]をフォークランド紛争へと投入したのに対し、我が国は数の上では勝っている。ただし我が国の潜水艦はディーゼルを主機関とするもののみであり、連続潜航時間と水中における戦闘力ではやや劣ると言わざるを得ない。

しかし、探知能力、静粛性及び水中運動性は原子力潜水艦に引けを取るものではない。また浅海域対潜用魚雷などを装備することで、島嶼周辺海域における優位も獲得できる。よって陸上部隊の機動を脅かす敵海上部隊に対する打撃に関しては高い効果を期待することができる。

一方、航空戦力について、フォークランド紛争では、海上部隊の機動及び地上部隊が作戦する間、多数の航空機[7]が参加した。我が国の航空戦力と比較するのは困難だが、陸上部隊の戦闘に関しては、防空、敵侵攻部隊の撃破など、島嶼の防御及び奪回に密接に連携した対地支援を期待できるであろう。

その他、我の後方支援にとって後方連絡船の確保は重要であり、そのための海上優勢と航空優勢が不可欠である。また地上にあっては陸上部隊による海空部隊及び作戦基盤となる基地レーダー等に対する直接防護の必要性もある。さらに戦術レベル以下の陸上部隊でも、状況により港湾・飛行場施設を復旧させ、海空部隊の作戦を掩護する任務などについても準備すべきであろう。

新たな意思決定プロセスの検討と新たな戦術の創造

ＮＣＷが検討され始めた頃、戦争形態の変化と相まって、実戦経験豊富な諸外国の新たな意思決定プロセスの導入を検討する必要性が高まっていった。フォークランド紛争を概観すれば、島嶼防衛では将来戦の特性が顕著になり、「自律・分散・協同」を主体とした戦闘が生起すると予想された。よって従来の状況判断から複雑系科学に立脚する意思決定及びビジネスモデルを一部採用した意思決定プロセスの分析を行うとともに、それを実践の場で検証する部隊実験等によって導入の是非を検討することは意義のあることだと思われる。

またフォークランド紛争の教訓から、島嶼防衛における一つのパターンとして、当初、持てる全ての力を使った戦闘力集中競争が生起するというものがある。

その後、軍事的な持久を追求することにより敵の戦意を粉砕し、政治的手段による紛争解決へ寄与することが必要になってくるであろう。このため侵攻部隊は島嶼守備隊の孤立を図り、速やかに各個撃破を企てる。この島嶼という限られた空間で主力と離れ作戦を遂行するため、我が国は迅速な増援が可能な態勢を維持する必要がある。その上、独立的に運用される機会が増える師団・旅団以下の部隊でも、広範多岐にわたる複雑な作戦環境を瞬時に、しかも正しく認識し、「自律・分散・協同」型の戦力が発揮できる態勢の確立について検討すべきである。

特に各島嶼の地形的特性を最大限に活用し、個々の島の防御だけではなく、陸海空一体となった島と島との有機的なネットワーク化を図り、迅速な集散離合を可能にするシステムで島嶼防衛を行うことが必要になる。併せて、これに資する新しい戦術の創造が不可欠であると考えられる。

シームレスな機動の追求

島嶼防衛においては、孤立した単独の島だけで戦えるはずもなく、本土と複数の島を結ぶ「機動網」が必要になる。

この際、線的な機動だけではなく、立体的なネットワークを構築することが重要である。そのためには迅速な中継基地（前方展開地）の設定と陸海空戦力によるネットワークの掩護が必要になるであろう。また従来の着上陸（揚陸）作戦においては、我が国の機動は作戦空間を陸海空に区分し、陸海空自衛隊にそれぞれ機動の責任を付与、作戦を遂行することになっている。このため、現地における空間あるいは機能的な境界が不明確な場合、指揮の空白が生じるおそれがある。さらに水際障害が周到に設けられている場合または上陸直後の脆弱な態勢において敵に反撃を受けた場合、上陸部隊の損害は多大なものになると予想される。

それに対し、英国の海兵隊等は水陸両用の作戦空間を付与することで水陸での機動を促進する対策が採られている。これは陸海空からの支援火力との連携を容易にするものである。

加えて海空からの掩護及び迅速な障害処理能力の保持はもちろん、上陸に際してもシームレスな機動が鍵となる。そういった意味で、強襲揚陸艦、高速輸送艦、水陸両用車、掃海艇、潜入・強襲ボート、状況により比較的軽易に輸送できる装甲車両等を一つのパッケージとした戦闘組織の編成が必要になるであろう。

統合作戦支援基盤の確立

統合作戦を効果的に実施するためには兵站の優越が不可欠であり、英軍も海上封鎖を行うことでアルゼンチン軍の孤立を図った。よって島嶼への進出に当たっては、我の作戦空間を敵に封鎖されないための処置が必要である。

逆に、敵に島嶼への侵攻を許した場合、敵の行動範囲外に我の中継基地（前方展開地）を確保するとともに、敵の中継基地（前方展開地）の設定拒否または海上封鎖を行い、敵を孤立させることが必要である。このためには、外征軍的な性格を持った後方支援部隊が適している。我が国もシーベイシング（左頁の図参

図

（出典：Second Line of Defense HP）

照）のような機能を持つ[8]、あるいは長期的な見積もりに基づき、特定の島嶼にその機能をあらかじめ付与すべきである。

また統合作戦を円滑に行うためには保全についても着意しなければならず、通信及びサイバーをはじめとする様々な分野で、関係各省庁、メディア等の関係企業、住民などとの関係を緊密にし、作戦企図の秘匿に努める必要がある。

その他、アルゼンチン軍の士気が下がったことによる戦闘力低下を考慮すれば、アドホックに編成される統合任務部隊等の特性を考慮した統率・リーダーシップはもちろん、部隊、個人を対象とした防護（精神衛生を含む）、厚生、士気・規律の維持などについても着意すべきである。

さらに条件作為あるいは決定的作戦を支援するため、負傷者や捕虜の取り扱いを適切に行い[9]、戦意醸成、国民からの支持、我が国に対する良好な国際世論の形成などにも着意する必要がある。

加えて、英軍が極寒地及びジャングルでの訓練を行っていたこと、舟艇上陸に慣熟していない空挺隊員が上陸作戦を実施した事例に鑑み、自衛隊でも我が国のあらゆる環境下で統合作戦が遂行できるように国内外の演習場を利用し、陸海空の努めて多くの部隊が島嶼防衛に資する訓練を実施することが重要だと思われる。

また現代戦においても夜間戦闘能力を保持すること、白兵戦が生起することを念頭に基本的行動（装備を含む）に慣熟させることが肝要である。この際、島嶼防衛においては、地形に応ずる戦い方に精通させるとともに、輸送の可能性を踏まえ、軽機甲戦力の運用に関して習熟することも重要である。

陸上自衛隊が自らの作戦能力を向上させるために検討すべきもの

本書の目的が島嶼防衛に焦点を当ててることから、ここで他の作戦と異なる行動をとる軍種、つまり陸上自衛隊の作戦能力を向上させるために検討すべきものを付記した。

平時の態勢（抑止）と訓練

英軍はアルゼンチン軍約1万名に対し、それを僅かに上回る約1万1000名を派遣した。そのうち上陸部隊については約3000名しかいなかった。またアルゼンチン軍による当初の侵攻作戦（ロザリオ作戦）においては、英軍の守備隊は対処のためには余りにも少なく、抑止力にはならなかった。このことから必ずしも膨大な戦力を配置しなくても、平素から戦略要点となる島嶼に対する十分な所期戦力の配置及び独立戦闘能力の付与は重要であると理解できる。労働党政権時代の英国の過ち、すなわち戦略的価値と配置すべき戦力の均衡を一方的に崩すことは、地域の不安定を招来するという軍事領域における失策を繰り返してはいけないのである。国民の生命及び財産を担保として、平和と安全を賭けの対象にしてしまわないか、という目で島嶼の所期戦力等を見直すことは意義があると思われる。この際、戦略的に重要な意義を有する島嶼への部隊の常駐が困難であっても、訓練部隊等として常に部隊を展開させることは作戦能力を向上させるとともに、有効な抑止につながるものと思われる。

指揮（通信）

英国は紛争当初から、通信衛星を利用するとともに、現地へ通報艦[10]を派遣し、移動中の艦船内に指揮所を開設するなど、状況に即した通信運用に努めた。そのため限られた通信能力でも作戦部隊が必要とする長距離の通信伝達、膨大な通信量を支えることができた。我が国においても陸海空及び米軍との相互運用性を可能にし、敵からの攻撃に耐え得る柔軟かつ強靭な通信能力の保持が必要である。

特に島嶼においては、長距離離隔による通信の制約が予想される。これに対応するため、通信衛星の利用に加え、見通し外通信（OTH：Over The Horizon通信など）、高高度飛行船、成層圏プラットフォームなど、新たな技術を活かした通信設備、強靭な多層無線式の通信システム[11]等による作戦空間全体に行き渡るネットワークの構成について検討する必要がある。

機　動

フォークランド紛争においては、英軍は揚陸艦8隻[12]を参加させ、その水陸両用作戦を支援している。我が国においては「おおすみ」などの輸送艦に揚陸艦としての機能を一部持たせているのみであり、明らかに欠落機能の一つである。また英国及びアルゼンチンの両国とも、上陸作戦においてはＡＡＶ[13]など、水陸両用車を利用して速やかに橋頭堡を確保している。よって水際での戦力発揮には、これらのさらなる増強が必要なことは自明である。さらに一部上陸を許した敵に対し、上陸時の弱点を急襲、予期せぬ方向から逆襲するために、海上あるいは航空火力と一体化した水陸両用部隊なども有効になると考えられる。それは我に奪回が必要な場合を同様な効果をもたらす。

特に縦深性が乏しい島嶼の特性から、限られた上陸適地に対する水際での戦力転用は、海上または空中機動により行われることが多い。それは敵の守備隊に対し、予期しない地域での戦闘を強要、奇襲効果を追求することであり、外線作戦をとる奪回部隊の強みを活かすことにつながる。海空戦力と一体化し得る水陸両用部隊を目標として、防衛力整備を行うべきである。

またフォークランド諸島の地上機動では、複雑な地形の克服が必要であったにもかかわらず、航空機はほとんど利用できなかった。そのため作戦遂行に大きな支障をきたし、英陸軍・海兵隊は専ら徒歩で移動せざるを得なかった。これは英軍の時間的損失も大きくした。よってヘリコプターなどの空輸手段（予備の手段を含む）及び地上機動手段を保持するための処置を講ずるとともに、装備品を良好な状態に維持する整備能力を保持することが必要であろう。

これは、本土から離隔する島嶼へ必要な増援部隊を派遣するために行われる空中機動にも共通する事項である。

その他、敵との戦闘行為により遭難した友軍の損害を局限するため、コンバット・サーチ・アンド・レスキュー、いわゆる後方地域における捜索救助活動等についても考慮しなくてはならない。こういった意味からも島嶼防衛においては、この活動に適した機動力を持つヘリコプターの増強が不可欠となるであろう。

機動を締め括るに当たり、気象・海象への対応の重要性を指摘しておきたい。

フォークランド諸島は極寒地であり、機動の発揮には強い風雨・ブリザード等の影響を受けることも度々あった。この教訓から、我が国でも作戦環境の変化に適応できる装備を持たせ、部隊を編制し、各種環境下での訓練を重ね、柔軟性があり、困難な天候の条件を克服して、いつでも緊急対応がとれる機動力発揮のための態勢を保持しなくてはならない。

火力（誘導を含む）

フォークランド紛争では、陸上部隊の火力指導による精密な艦砲射撃が敵に対して大きな脅威になった。その一方で、英空軍爆撃機による空爆及び地上からの火力誘導を伴わない艦砲射撃の例を見ても、海空部隊だけでの地上に対する砲爆撃のパフォーマンスにやや疑問を感じる。

我が国ではクラスター弾のような地域制圧が可能な弾薬の使用が条約に基づき禁止されていることを踏まえれば、統合戦力の発揮に不可欠な海上あるいは航空部隊による対地火力の精度を上げる必要があり、そのためには陸上部隊の存在が大きな意義を有する。

英軍は最終的に現地（当時は敵情、地形など）の状況を確認する手段として特殊部隊を多用した。彼らが現地で集めた情報を信頼していたのである。このため我が国も作戦空間を適確に認識し、作戦を先導する特殊部隊の活用に努めるとともに、海空の遠戦火力による対地支援を有効にすることが極めて重要である。

これには、陸上部隊によるＪＤＡＭ（レーザー）[14]誘導・終末誘導が不可欠なことは間違いない。なお、戦場になると見積もられる島嶼に所在する陸上部隊等に対し、長時間独立的に作戦を遂行できる能力を付与することで、作戦空間に精通した潜伏斥候等を育成可能となると考えられる。よって、これも有力な誘導手として必要に応じて活用する着意が必要である。

防護

たった5発のミサイルが抑止の均衡を破る一要因となった。防護、特に技術的奇襲を防止し得る高い技術研究・開発力の必要性を改めて認識させられる事例である。

また、島嶼防衛のように地積が限定され、長距離離隔した地域からの火力の発揮が必要な場合、陸上自衛隊でも自衛権の範囲で有効な長距離ミサイル技術の開発と導入を検討していくことが必要であろう。また英軍が本土より発進するアルゼンチン軍の航空攻撃に悩まされたことを考慮すると、防護という視点から、必要に応じ、反撃に限定せず、敵策源地に対する攻撃なども考慮する必要がある。

さらに陸上部隊を守るために、既存の対戦車ヘリコプターと各種ミサイル、艦艇と地対艦ミサイルあるいは空対地ミサイルなどを柔軟に組み合わせ、島嶼周辺の状況に応じた新たな戦法を案出することも必要ではないだろうか。

英軍は上陸作戦に際し、アルゼンチン軍から有効な地対艦ミサイル等の射撃を受けることなく、上陸は比較的容易に進んだ。

それらに加え、島嶼防衛においては独立的な戦闘が生起するため、軽易な防空手段についても検討が必要である。特に海上戦力が脆弱な場合は重要性が増し、個人携行火器による簡易な防空手段は有効だと思われる。

情報（欺騙を含む）

フォークランド紛争においては、英軍もアルゼンチン軍も初めて上陸した地域で正確な位置の確認ができなかった事例がある。このことから、敵の情報活動を混乱させる、あるいは敵に対する欺騙のため、一部の部隊の配置、偽地雷原の構成、デコイの設置等も、限られた我の戦力を効率的に使用するためには有効だ。

特に、最新のデコイは外面的な形状だけではなく、敵の赤外線レーダーなどによる偵察を欺くような精巧なものもあり、普及している（写真37）。このため、敵の戦闘力の分散又は時間的拘束を強いる目的にも積極的に使用可能である。

これまで見てきたことを総括していく。まず同盟国との関係、特に同盟の強化という観点から考察すれば、共同防衛を基調とするＮＡＴＯ加盟国は、「5条任務」に基づき、英国の「戦争」に加担すべきであった。また英国も国際世論、国際社会の支持に配慮すればＮＡＴＯ加盟国と行動を共にすべきであった。

それにもかかわらず、英国は「島民を侵略者から解放し、英国の統治を回復する」という明確な目的のため、単独でフォークランド紛争を戦ったのである。ただし加盟国の一つ米国は国連決議を境に英国支持の立場を明確に示し、英国の勝利に貢献した。このことから、米国と同盟を結ぶ我が国に対しても、有事、諸事情による単独対処の可能性が示唆されると同時に、平素から同盟の役割を最大限に発揮できる態勢を築けるよう自ら努力することの必要性を認識させられる。この際、我が国の安全保障だけではなくアジア太平洋の安定のために、顕在化する脅威に備える姿勢を見せることが肝要である。それは有事における我の正当性を米国、国連、国際社会に訴えかけ、理解と協力を得るための礎になる。また平時においては、抑止のためのシェーピング（環境醸成）にもつながるものである。

一方、対処のためには島嶼防衛の明確な目的の下、ヘッジとなる有効な防衛力を保持し、継戦基盤を確保する必要がある。

しかし、これも我が国の防衛力だけでは限界がある。よって同盟国あるいは同志国等との共同対処のための緊密な連携はもちろん、水陸両用作戦などに資する各種機能については、不足機能を早急に補完するとともに、我が国自らの防衛力の質的・量的向上を速やかに行う必要があり、このことは本章で縷々述べてきた。

写真37：戦車型とミサイル型のデコイの一例（出典：abcnews.go.com）

抑止は常に見えるものではない。その効果は実際に戦争が起きたか、起こらなかったか、その結果から考えるしかない。また、フォークランド紛争が「誤算の戦争」と呼ばれるように、抑止は決して容易なことではない。抑止にはそれ相当の裏付けが必要であり、口だけではなく相手に耐えがたい出血を強要させるだけの実効性の高い防衛力を保持することが不可欠である。それぞれの機能を密接に統合化させることにより相乗効果が生まれ、防衛力整備に当たり、適切な方向性が確立されると思われる。

特に島嶼防衛においては、たとえ本土と離隔していたとしても、国家のあらゆる力を集中させる必要があり、軍種、省庁、各種団体・個人、あるいは国の壁を越えて統合化を促進することが必要なのである。これは我が国に脅威をもたらすおそれのある国に対してだけ示すものではない。同盟国である米国が、自ら汗を流さず努力しない国に積極的に身を切る、つまり自国の若者に犠牲を強いるとは思えない。同盟国に対する重要なメッセージにもなる。今後は集団的自衛権をめぐる議論が活発化することも予想されるが、決して表層的な議論に陥ることなく、安全保障領域においても国際社会が我が国に期待する責任・役割は大きいことを認識し、我々自身が我々の手で領土を守るという固い決意と行動を国内外に示す必要がある。

たった一人のアルゼンチン実業家が引き起こした行動の結果を考えれば、国民一人ひとりが既に脅威が顕在化しつつあることを理解しなくてはならない時代が来ていると感じる。フォークランド紛争は今でも我が国に多くの示唆を与えているのである。

第3節　戦争形態の変容

戦争の階層

戦争には「戦略」「作戦」「戦術」の三つの階層があり、日露戦争を例にとると、日本は戦争全局では守り

図 4-1　戦争の階層の変化

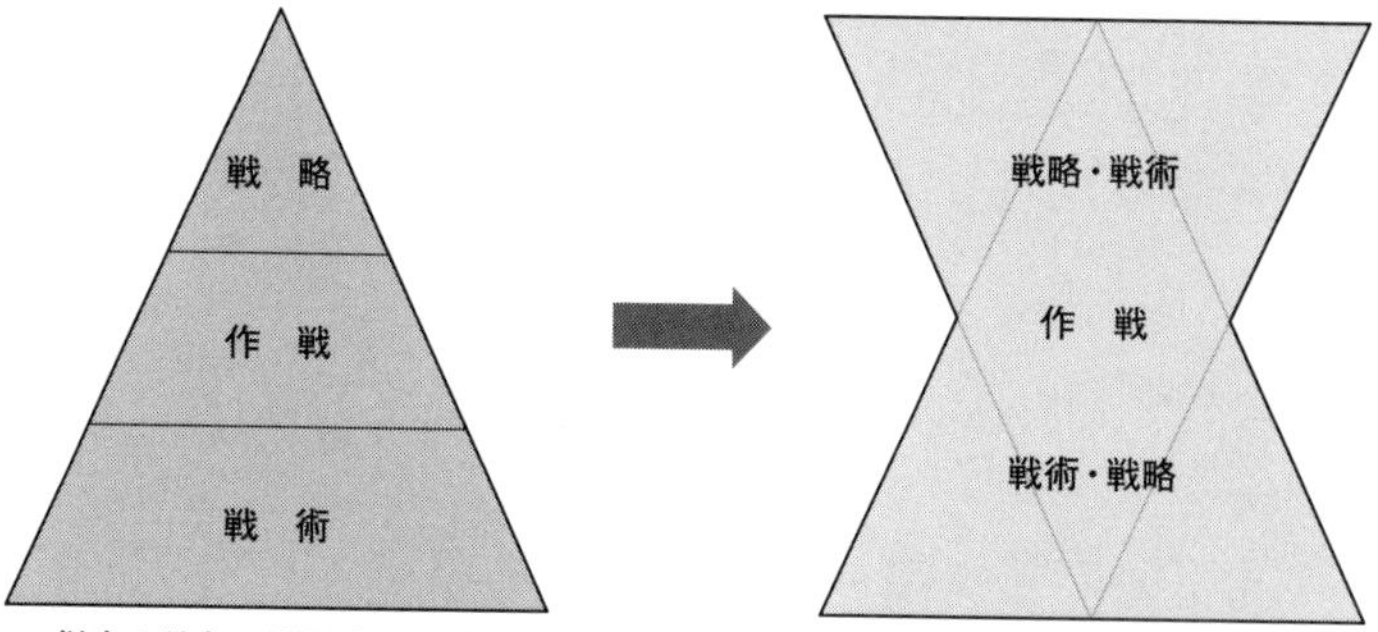

従来の戦争の階層（イメージ）

現代の戦争の階層（イメージ）
（米軍誌に掲載された論文参照）

に徹しようとした。ただし初期作戦では旅順へ乗り出した。このような状態を戦略的守勢、作戦的攻勢などと呼ばれる。またインパール作戦でも当時、ビルマの防衛は少ない戦力でままならないと思われていた。よって主導的に攻勢作戦をとり、日本軍に有利な場所で防衛線を設定する、というのが所期の「作戦」目的だった。多くの人もそれを第15軍に期待したのである。

しかし想定する状況と実態とでは大きな懸隔があり、作戦は中止される事態となった。そして、その後も部隊を立て直すことができず、悲惨な結末をもたらした。この作戦の背景には作戦の階層を超え、一部の高級将校しか知り得ない戦略、あるいは政略的な要因も多く含まれているのだった。

だが、現代では戦争の階層が融合されつつある。戦争の形態によっては階層の境界が消滅しているのだ。もちろん、これには諸説ある。それが戦争の形態が変化するにつれ、また戦略レベルで行動する分隊や作戦レベルに充当される中隊などが出現するに及び、本来なら戦術レベルでの活動が期待される伍長の行動が戦略レベルにまで影響をもたらすようにと変化したとは先に書いた。

また階層の概念が影響を及ぼすところにより変化するようになったと考えることもできる。情報は以前、戦略情報、作戦情報、戦術情報などと、収集する部隊・機関等のサイズにより変えていた。しかし現在の情報区分は使用する部隊により変えることが多い。加えて影響を及ぼす兵器の出現・変化とも密接に関係付けられる。航空機、偵察機や戦略爆撃機、戦略核、戦域核、戦術核、低出力核などと呼ばれるからだ。それらは情報の共有化が益々進めば、その区分すらなくなっていくであろう。

情報と意思決定

情報化時代の戦いにおいては、情報の優越の確保が何よりも大切なことである。またそれを実現するだけではなく、迅速かつ正確な意思決定と状況に最も適した行動をとり、逐次に当初の計画や状況判断を修正していくことが不可欠である。そのために委任・分権を適宜行うことが求められる。迅速かつ正確な意思決定のために、それらは重要な役割を持つ。

そもそも委任と分権の違いを、ここでは次のように考える。まず委任については、持てる権限の全てをある下級部隊指揮官に委任することであり、それが一部の場合、分権とした。情報さえあれば、下級部隊指揮官も迅速かつ正確な意思決定ができることを前提としている。

しかし十分な情報を持たない場合、それができない。よって熟達した技能の平準化の試みや技術の進歩により、誰が意思決定しても成功する、同じ成果を得ることに近づけるのかもしれない。それは、もはやセンサー・トゥー・シューター、つまり人間がセンサーとしての役割のみを期待されているのであり、自らの判断は不要になりつつあることを示している。

意思決定の進化

元来、陸軍の意思決定は効率的かつ合理的だとされた。それは一つのプロセスをたどることで最も状況に適した作戦を策定できたからだ。それを実行に移せば、勝利が得られるといった具合である。陸軍ではそれを軍事意思決定プロセス（MDMP : Military Decision Making Prosess）と呼んだ。

図4-2

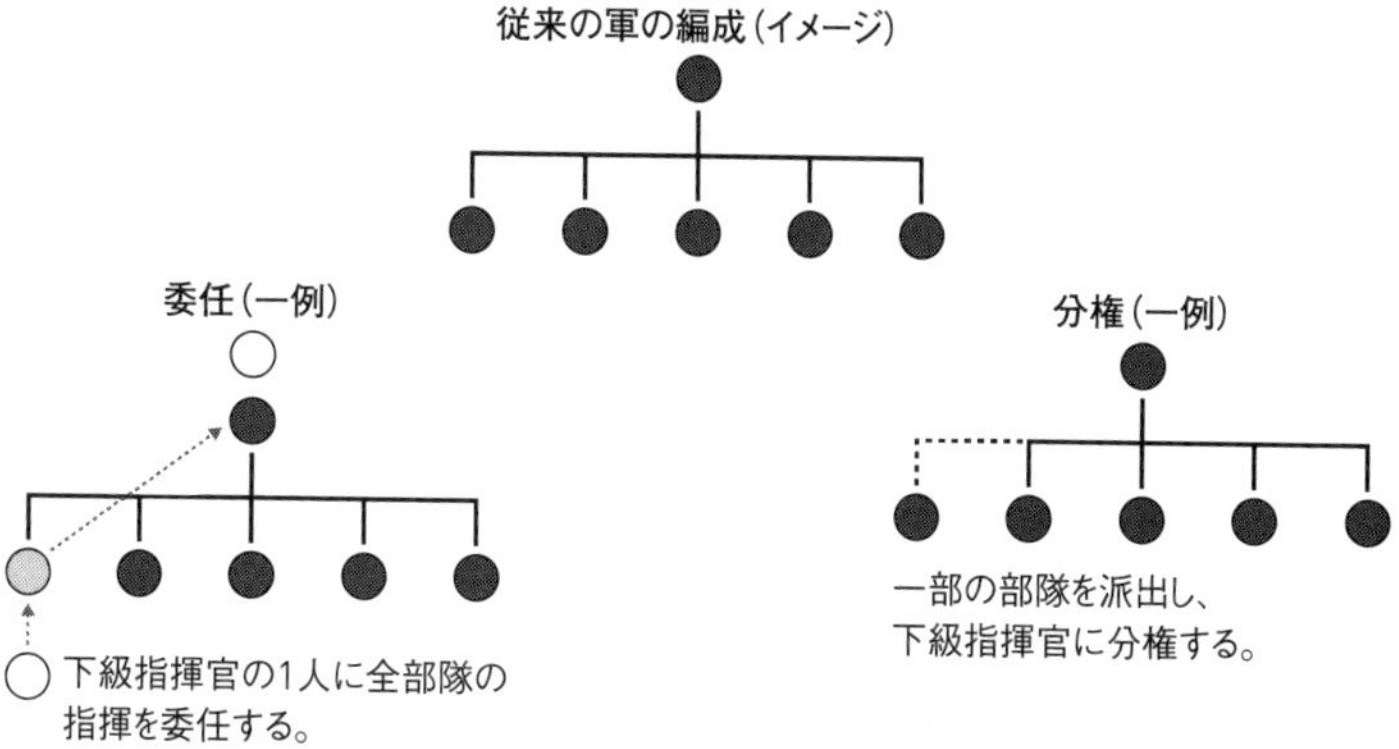
従来の軍の編成（イメージ）
委任（一例）
下級指揮官の1人に全部隊の
指揮を委任する。
分権（一例）
一部の部隊を派出し、
下級指揮官に分権する。

しかし、これは選択肢の優劣に特化したものである。つまりいくつかの特徴ある選択肢を挙げ、その優越を決めるのに他ならない。次に現れた意思決定は影響を重視した作戦（EBO：Effect Based Operation）と呼ばれるものだった。これは選択肢までは人間が選定しなくてはならなかった。作戦がもたらす影響を考慮する選択肢を挙げることに特徴がある。しかしここ十年来、システム的作戦デザイン（SOD：Systematic Operation Design）と呼ばれる意思決定が注目を浴びるようになった。これはプロセスではなく、過去の似たような状況からくる直感的な行動のオプションに基づくデザイン的思考に特徴がある。つまりデータを基礎として、学習効果を身につけたAIなどが多種多様な行動パターンを提示することにより、今、目の前で起きていることにいかに対応すれば、最も成果が得られるかを提示するのである。

指揮階梯のフラット化

情報共有が進み打撃力の下級部隊に対する委任が続けば、指揮階梯のフラット化が進む傾向も強くなる。つまり、かつての軍が大兵力で敵を打撃することを念頭に上級部隊へ報告し、現場を見ることさえできない、指揮官が意思決定するのではなく、現地のことを一番よく知る現地部隊指揮官が委任された大兵力を運用し、勝利を得るのである。これは作戦リズムの迅速化をもたらすこともできるようになるのだ。

情報の多機能化

情報の収集、分析、使用などは今後、益々複雑になっていくと思われる。フォークランド紛争でも、上陸した兵士が電話ボックスから射撃要求をすることで、アルゼンチン軍に多大な損害をもたらした例がある。当時はこれで驚いたものだった。しかしロシアのウクライナ侵攻においては、戦場にいる住民らのSNS（写真提供）による情報収集とフェイク映像が混交し、その仕分けに十分な時間と労力を費やすことになったのである。

ルールづくり

戦争が激烈化することで、憎悪も拡幅されるかもしれない。となれば、さらなる憎悪が戦争を拡大、長期化させ、戦闘対象も広がっていくおそれがある。それを未然に防ぐためには、戦争目的を明確にすることはもちろん、戦争の哲学とも言える大義名分や目的、目標を国民意思と吻合させることが重要である。そのためにも各国は平素から捕虜、非戦闘員の取り扱いの厳格な規程、交戦規程の明確化、地雷、毒ガスなどの人道に反する兵器の使用禁止などについて、話し合っていかなければならないのである。

DXへの示唆

DXは多様化・多次元の視点から情報を共有し、指揮階層にかかわらず、戦力を効率的に発揮する集団の意思決定を行うことへと変化させる。これまでの戦争では得られなかった複雑な課題を克服することや、クラウドを活用した膨大なデータに基づく学習型の意思決定プロセスの導入、あるいは一人の天才の閃きなどからくる状況判断などに注目し、戦争の非合理を客観的に判断することで戦争を未然に防ぐこともできるようになるかもしれない。その際、他省庁、企業、民間団体・個人との協同や多国間セルなどでの他国との連携、異文化の容認、相互運用性などにも着意することができると思われる。

ディープラーニングにより作戦予想地域の地誌や過去の歴史を学ばせることも各級指揮官らの正確な意思決定を促進する要素となるであろう。AIの導入に当たっては、軍事の領域では当初、いくつかの説明可能なオプションを提供し、最終的には指揮官が責任をともなう決心をする、といった新たなプロセスが必要かもしれない。意思決定の迅速化と完全化が同時に求められている現在、情報の共有や意思決定に資する様々なデータを収集・配分するためには5Gなどの技術も有効であろう。さらにデジタルツインで結果を予測し、誤った意思決定のリスクを回避することも必要になるであろう。

次に戦闘力そのものを高める機能については、国是である「専守防衛」、つまり国内戦に備えることに加え、グローバルな規模での戦略機動の必要性に言及しなければならない。そうなれば長距離通信、衛星を活用した航行システムの構築なども必須となるであろう。

また個々の隊員の機動に関しては5Gによるモバイルの効率化、IoT技術による情報と携行火器との連携や、隊員が装備する電池の省電化と軽量化のバランス、南方での熱対策なども検討しなくてはならない。

さらに防護力を高めるためには、サイバーセキュリティの技術を最大限に活用し、サイバー・宇宙・電磁波の分野において有事平時を問わず、カウンターAIと呼ばれる悪意のある手段も含む各種のデジタルリスクから守られ、運用可能な強靭なネットワーク環境の構築は不可欠である。特に尊い犠牲から得られた諸外国の情報提供などのデータ管理に怠りがあってはならない。

作戦環境の変化から作戦を支援する機能については、作戦基盤となる情報、兵站、人事、教育訓練、教訓の活用などにおいて、「外征軍」的な新たなアプローチが期待されることになるであろう。

兵站では、これまで経験したことのない莫大な物資の輸送、調達などが予想される。離隔地での医療体制の確立も不可欠だ。また各種自衛官の召集による煩雑な人事手続の効率化も必要になるかもしれない。

図 4-3

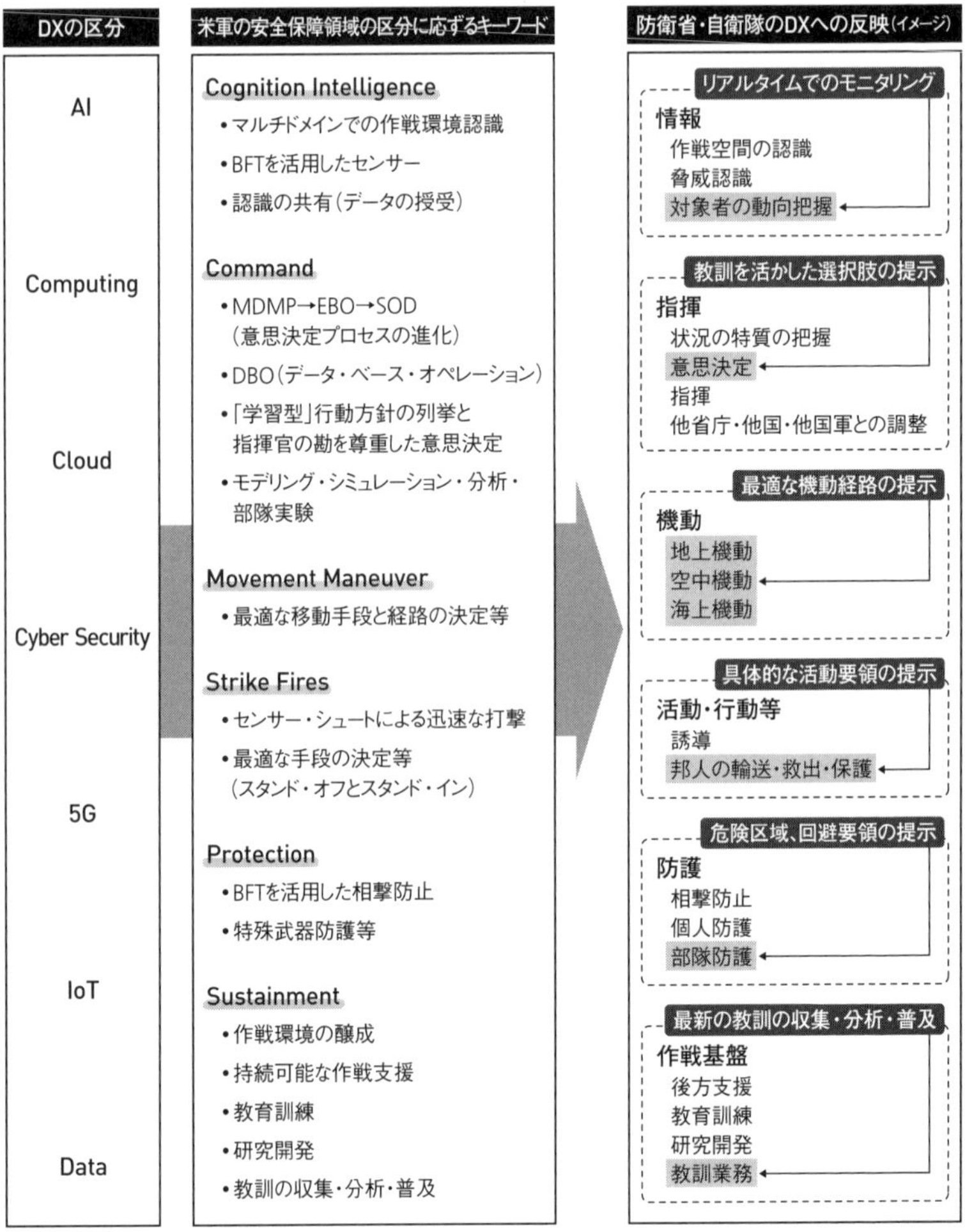

DXの区分
AI
Computing
Cloud
Cyber Security
5G
IoT
Data
米軍の安全保障領域の区分に応ずるキーワード
Cognition Intelligence
•マルチドメインでの作戦環境認識
•BFTを活用したセンサー
•認識の共有（データの授受）
Command
•MDMP→EBO→SOD
（意思決定プロセスの進化）
•DBO（データ・ベース・オペレーション）
•「学習型」行動方針の列挙と
指揮官の勘を尊重した意思決定
•モデリング・シミュレーション・分析・
部隊実験
Movement Maneuver
•最適な移動手段と経路の決定等
Strike Fires
•センサー・シュートによる迅速な打撃
•最適な手段の決定等
（スタンド・オフとスタンド・イン）
Protection
•BFTを活用した相撃防止
•特殊武器防護等
Sustainment
•作戦環境の醸成
•持続可能な作戦支援
•教育訓練
•研究開発
•教訓の収集・分析・普及
防衛省・自衛隊のDXへの反映（イメージ）
リアルタイムでのモニタリング
情報
作戦空間の認識
脅威認識
対象者の動向把握
教訓を活かした選択肢の提示
指揮
状況の特質の把握
意思決定
指揮
他省庁・他国・他国軍との調整
最適な機動経路の提示
機動
地上機動
空中機動
海上機動
具体的な活動要領の提示
活動・行動等
誘導
邦人の輸送・救出・保護
危険区域、回避要領の提示
防護
相撃防止
個人防護
部隊防護
最新の教訓の収集・分析・普及
作戦基盤
後方支援
教育訓練
研究開発
教訓業務

そして教育訓練においては最新の技術に裏付けられた南方での作戦主義・思想を確立し、有事、真に戦力を発揮する作戦部隊の態勢・体制（ビジネスモデル）そのものの変更を促進しなくてはならない。その際、リアリティを追求したシミュレーションなども有意義であろう。教訓のリアルタイムでの普及もリスクマネージメントに不可欠である。日本の安全保障にはＡＩ、５Ｇ、ＩｏＴ、クラウド、サイバーセキュリティ、コンピューティング、データなどの七つの技術を駆使して、これからも克服していかなければならない課題は存在する。ＤＸを活用した防衛省・自衛隊への反映のイメージを紹介する（図４－３）。遥か南の島で起きた事象は小さくてもシーレーンという観点からも我が国には大きな影響を及ぼす。今後も南太平洋の情勢に注目していくべきなのである。

軍事革命という進化　技術的奇襲の防護

第１章で軍事革命について言及した。戦争形態の変容という視点から考察すれば、軍事革命にとっては技術的奇襲を回避することが重要であることに論を俟たない。つまり、戦争の動機あるいは戦争の勝敗の帰結が新技術の登場によって決まることを示唆する。

第一次世界大戦における航空機や戦車、第二次世界大戦における核兵器の出現である。

では現代では、どのようなものがあるか。それは認知領域での優越であり、どんなに性能が優れ、数が勝っていても、認知領域での優越がなければ、十分な成果を期待できない。ただし、それは実験室だけの問題ではなく、一般の国民が生活する戦場で行われているものなのだ。

日本は、オランダが成し遂げた商業基盤から英国が成功した産業基盤へと発展した。したがって江戸時代末期に盛んになった「開物思想」、そして「富国強兵」「殖産興業」に重点を置き、国策を決めていった。そのバランスが崩れた時、日本は軍国主義へと傾いたのだ。ちなみに開物思想では国が富むことを兵の「本」、兵そのものは兵の「末」と位置づけていたのである。

研究開発の優越

元来、軍事は国家の最先端を行く最も効率的な組織であることを求められていた。しかし現在、組織論などの分野、ビジネスモデルでは企業が優越する場合もある。よって戦争遂行には民間力との連携が欠かせない。またデュアル・ユースやビジネスモデルの導入なども、より効率的な組織の構成・運営には不可欠である。すなわち技術力が戦力を左右する重要な鍵になるのと同時に高いコストパフォーマンスを求められているのである。ＤＸなどの軍事への応用も、これから益々期待されていくことになるであろう。

脅威の変化への対応

かつて戦争と言えば国家と国家が正規軍、あるいは傭兵などを用いて行われてきた。しかし、現在の脅威は国家だけとは言えない。地域は当然、準国家やテロ組織、それらから派遣される戦闘員なども含まれるであろう。よってあらゆる脅威に対する安全保障を考え、準備していくことが求められていくのである。もはや国防という自国の安全だけに国力を使う時代は過ぎ去ったのである。

決定的、条件作為、作戦を支援する作戦

陸軍種では「主攻撃」「助攻撃」「予備」などと部隊を区分し、戦力を配分するとともに行動地帯を定め戦っていた。しかし、これは先述の通り、任務によっては逆に行動を制約するおそれがある。しかもＩＴ化が進んだ現代戦においては、同一地域にあっても互いの企図や行動を知り、相撃の危険性も減少した。さらにオールドメイン化が進む中、各部隊の連携を密にするため、地域で区分することを避け、任務別などのヴァーチャルな手段で統制するのが効率的な作戦遂行に寄与できると考える。

ここで言う任務別では、決定的成果を得る部隊は、地域目標の確保・占領、敵部隊の撃滅などの作戦の目的を達成するための作戦を遂行する。また条件を作為する部隊は、文字通り、決定的成果を得る作戦の

条件を作為するため、決定的成果を得る作戦に各部隊が集中できるように、事前の国民保護の実施、他国の非戦闘員退避活動、作戦地域の孤立などを行う。そして作戦を支援する部隊は、兵站や補充、教育訓練、教訓収集など、それぞれの部隊の作戦基盤を付与する作戦を行うのである。

全体として、これまでの戦力集中競争は、「綱引き」のような接近戦を中心とした戦いから「玉入れ」の様相を呈する非接近戦へ変化する。この意味するところは、部隊が所在するところが国境線だった時代から、打撃の実効性が達成できる地線が国境になることを示唆する。また、戦いの条件を作為するためには、ネットワークが重要である。作戦を支援する作戦においては、軍だけではなく、インフラ確保・整備、衛生、特殊武器防護などの民間力、事業継続性、すなわち民主主義下での政治のイニシアティブによる大統合（新総力戦）が不可欠なのである。

このような戦いの特徴は、前方や後方という概念ではなく、支援する部隊の戦力強化（防護）だけでもなく、他国より勝る打撃能力を強化するため、国際情勢に先行した事前の戦略物資の展開や集積であり、「後方支援」という名の最前線が生起するのである。

空間のオールドメイン化（作戦領域の変化）

作戦領域が変化している。それは空間から認知領域を含む全ての領域へと変化しているということだ。つまり地域・海域・空域などで統制していたものが既に非効率となり、新たに任務で各部隊の行動を統制するのである。それは情報の共有ができることで可能となる。よって、ＰＣで戦うこともできるようになる。そうなれば単一任務だけではなく、２つ、あるいは３つの任務、いわゆるダブルキャップ、トリプルキャップも可能であり、同一の人が違った場所や、それぞれの領域での戦いを遂行することも可能となるのである。

専守防衛の定義の見直し

オールドメインとなれば、国内安定はもちろん、必然的に「国境」は意味をなさない。他国あるいはヴァーチャルの領域でも作戦可能な外征軍的性格を保持した部隊の運用機会も増えることになる。となれば、作戦域の拡大や、専守防衛の定義についても、新たに見直しが必要となってくるのではないだろうか。

教義（ドクトリン）開発の必要性

また外征軍的性格を持つ部隊には、外征軍としての国外へ派遣される場合などを考慮して、交戦規程だけではなく、その上位に位置する新たなドクトリンも必要となってくる。それはすぐにできるものではない。平素からじっくりと時間をかけ、国民の意思（議論と合意）としての軍のあり様、戦い方を検討した成果に基づくものであると考える。

少子化への対応

先進国の中には少子高齢化により、戦闘員に適した国民が減少する国もある。そのような国の軍隊では省人化・無人化（UAV、UGV、USSなどの活動・展開の拡大）が推進され、国民の意思も損害許容が少なくなる傾向がある。よって指揮官などにはPCの導入、IT化、DX、ROEの禁忌警告の複雑化を前提とした対応が求められることになる。

ちょうど、それはナポレオン時代の戦闘員の増加、戦場の拡大、戦闘進展の高速化、作戦所要の膨大化へ対応したのにも似ている。ドイツ参謀本部は強大な権力を握り、指揮・幕僚機能の独立と、膨大な所要の計算、計画作成のために参謀を増やした事例を参考としたのである。つまり場合分けではなく、作戦の進展に先行した計画の作成、DXによる革新的変化、下級部隊への分権から集中委任などで新たな対応を実現するものとなったのである。

戦争の激烈化

戦場の主役は戦略兵器（長距離弾道ミサイル、原子力潜水艦、核兵器搭載可能な戦略航空爆撃機）の導入により、プラットフォームと呼ばれたハードな部分から、ノンキネティックと呼ばれる火を使わない兵器、いわゆるソフトへと移行する傾向を見せている。

しかしロシアのウクライナ侵攻、ハマスのイスラエルへの軍事侵攻などにより、ソフトだけではなくハードの戦いも生起することが再確認されたのである。これは1カ国で対応できるものではなく、国際社会が一丸となって悪意ある戦争が生起しないように対応していくことが鍵であり、それが勝敗に影響を与える。

それでは次の第Ⅲ部では、これまで考察してきたことを基に、蓋然性のあるシミュレーションについて考えていく。

第Ⅲ部

蓋然性のあるシミュレーションの考察

第5章　兆候と妥当性から想定する脅威戦略

日本の脅威とは何だろうか。近代日本から冷戦時代にかけて、日本では露国あるいはソ連を主敵として戦略が形成されてきた。ただ最近になり中国が注目を浴びるようになってきた。露国から中国、そして北朝鮮などへと脅威対象が広がってきたとしても、露国に対する警戒を怠ることはできない。しかしここでは、脅威度が高い中台問題、離島作戦というキーワードに焦点を絞り、議論していくことにする。

戦争、特に島嶼防衛はパワーが安定しているところでは生起しにくい。アンバランス、危険・脆弱などの浮動的な状況の中、島の戦略的価値に比べ、守備部隊の戦力が不足しているところで戦いが生起する可能性も高まるのだ。例えば飛行場やレーダーサイトだけがあり、それを守る部隊が少ないなどの不均衡である。本章では、これらのことに注意して、蓋然性のある島嶼防衛についてシミュレーションしていく。

第1節　徹底的に研究された戦略

中国の基本的戦略観――孫子と毛沢東

中国の戦略の歴史は古い。孫子の兵法は中国に残された最古のものであり、混沌としたヘゲモンが不在、あるいはガバナンスの効かない時代の戦略である。そこでは「自助」が最も優先されるのである。「戦わずして勝つ」、全局で勝つ、「強く」なるまで戦わない。これはまた、一か八かの賭け事のような戦争は回避することを意味する。

これをよく表わす出来事がある。中国（中華人民共和国）建国時のことである。中国は、国連は「数の論理」がモノを言う力の組織であることを卓見した。よって中国は建国時、自国を承認する国が少なかったため、中東、アフリカ、そしてアジアなどの独立を進める国との連携を強化し、国連における自らの影響力を拡大させていった。これは米ソ超大国が互いに睨みをきかせる中、国際世論形成に極めて有効な手段になり得るのだった。

このように孫子を生んだ国、中国での毛沢東の戦略が他の戦略と大きく違う所以は、弱者の戦略、ということである。毛沢東はたとえ、個々の戦いで敗北が続いても全局で勝つことの重要性を述べている。また「党が鉄砲を支配する」と中国共産党が軍隊を支配すると明確に謳ったのにも着目すべきである。それ以降の指導者が権力を握る際に重視したのは軍であり、最後まで軍を手放さない指導者もいたからである。

現在の中国は既に弱者から脱皮した。そして、孫子時代の戦略である「戦わずして勝つ」を目指すようになった。これは自らが強者になり、他者に戦う意欲さえ持たさない戦略環境を醸成する、ということに他ならない。もちろんこれは国家の単一の領域でできるものではない。つまり中国は孫子の戦略を超えて、政治・外交、軍事、経済、文化・社会などのあらゆる領域において、大国になるための戦略環境を目指しているのである。

中国のインド・太平洋地域での大戦略

中国は明確に三つの敵を挙げる。つまり独立を企てる勢力、テロ組織、そして中国の発展の妨げや侵攻

図

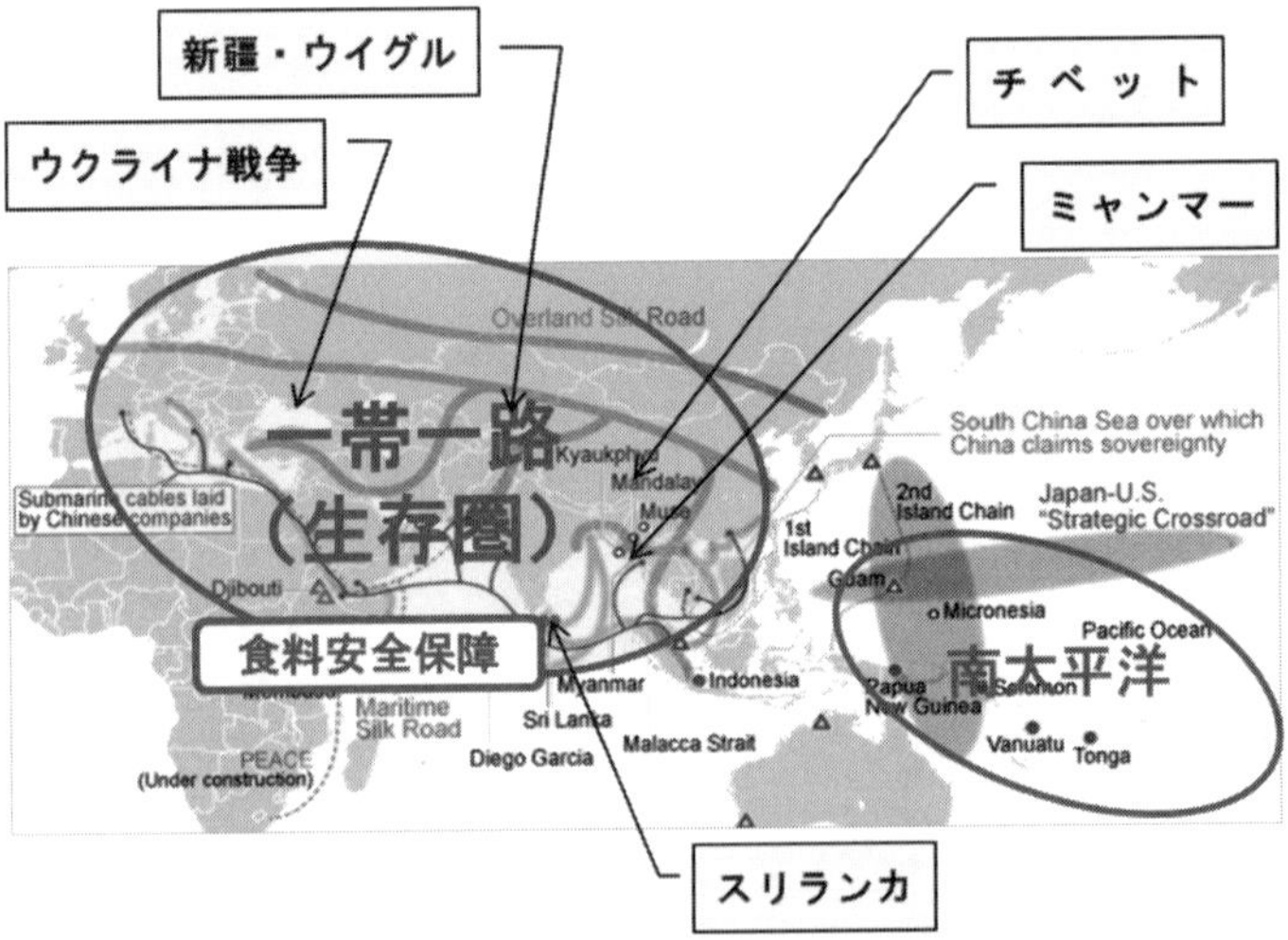

企図を持つ外部の敵である。国内の脅威から地域の脅威、そしてグローバルな脅威へ、と対象が広がりを見せる。その中で中国が重視するのが、長年の念願である台湾併合である。そのためには自らの勢力を拡大し、他国の国内問題へ介入、無人島などの購入、経済支援という債務の罠に続く、軍事領域での従属などを繰り返してきた。これも戦略環境の醸成と呼べる行為である。いわゆる非軍事主体での戦略を中国は実行に移しているのだ。

内需拡大に向けた努力（インターコロニアル政策）

通常、植民地は本国の外にあることが多い。しかし国内に植民地的性格を持つ地域を領有する国がある。例えば産業地帯を形成する沿岸部と資源を拠出する山岳部といった具合である。このような国の状況をインターコロニアルと呼ぶことがある。これは人権問題にも影響を与える。格差の拡大が前提となるからだ。富める者は益々富む。これを鄧小平は「先富論」と結びつけ、先に富む人々が国家を裕福に先導し、最後は国家全体が富める国になると説明していた。しかし現実はどうであったか。農業に従事することを諦め、都市部へ流れ込む若者が増えた。富めるものと貧困者の格差は縮まるどころか大きくなる一方だった。これは健全な内需拡大の阻害にもなった。そして民族問題などにも発展していくのである。

台湾、香港、チベット・新疆ウイグルへの対応

中国は香港返還後、民主化など様々な問題を克服しつつある。それは民主主義国家にとって及第点を与えられるほどの民主化ではないにしても、中国のガバナンスが強化されつつあるのには変わりはない。それに対し、中国にとって台湾は領土問題の最終解決になる。大国にとって領土問題が解消されていないことは、大国としての「面子」に関わるからである。

またチベットのダライ・ラマ、パンチェン・ラマ後継者問題と新疆ウイグル自治区の問題は深刻である。それらは表面的な問題とは別に、中国の中東・アフリカとのシーレーンに欠かせないインド洋への進出経路と重なるからである。烏魯木斉《ウルムチ》の中心部の公園には「人民解放軍駐屯記念碑」が建ち、新疆ウイグル系中国人を睥睨している。また異民族と結婚した場合、「一人っ子政策」を免除され、中華系住民の比率が増加しているのが現状である。その背景には、労働力である若い男性が沿岸部で仕事をしているため、新疆ウイグルの女性は中華系住民と結婚するからだという。それを肯定するように、軍も含め烏魯木斉の公的機関の要職はほとんど中華系住民に占有されている。

民族紛争への介入、経済政策の拡大

中国は「世界の工場」などと言われ、安い労働力を背景に飛躍的な経済発展を遂げてきた。それは国外においても安い労働力を提供し、現地に残る者を中心としてチャイナタウンを形成してきた。それ自体、問題はない。ただしアフリカや南太平洋では違った。他の地域の雁行モデルとは異なり、それらの地域では安い労働力とは言えないからである。そこで中国は国内問題にも干渉し、経済的支援を背景に返済能力

を超えた「債務の罠」にはめ、最終的に軍事目的の達成へと発展するのである。では中国が進める軍事大国への道とはどのようなものだろうか。

軍事大国としての準備

中国は人口が多く徴兵制を採用しているので、軍人、いわゆる将兵の数の確保は比較的容易である。そのため伝統的に量の確保が重視されてきた。それが数十年前からは質の向上も見られるようになり、軍事力の底上げにも貢献している。その理由は軍事先進国からの支援やライセンス生産による効率的な軍事力開発によるものだった。

またそれは、他の分野にも影響を及ぼしている。南太平洋から米本土、政経中枢にまで到達可能な東風41こと、DF－41などの大陸間弾道ミサイル、同じく「唐」級原子力潜水艦に搭載可能な残存報復能力としてやはり米本土にまで届く巨浪3こと、JL－3の実戦配備が想定されている。これらは米国が主張する航行の自由を逆手にとったものであり、先進国による南太平洋での核化、つまり核実験とは無縁ではない。先進国の核実験のしっぺ返しであるからだ。また超極音速ミサイルの装備化は攻撃力と防御力とのバランスの変化を誘引している。

中国は宇宙からの攻撃力についても全力を尽くしている。「宇宙大国」を目指すとしているからである。その上、情報戦や心理戦の領域にも影響を与える認知領域での戦いについても最先端を進んでいると言っても過言ではない。宇宙・サイバー・電磁波の領域での優越を確保しようとしているのである。

それを裏付けるように、中国は米国の裏庭とも呼べるキューバと関係強化を進めている。中国の意図が親善だけとは思えない。米国にとっては、忘れていた「喉元に刃を突きつけられた脅威」を思い出されるのである。いや現実は、その先を行くものかもしれない。

これらは前述の通り、勝つための戦争手段ではなく、戦わずして勝つ、つまり圧倒的優位の獲得による戦争意志の放棄を相手国に迫るものである。これは日本にとって他人事ではない。日本の燃料や食料の確保に重大な影響を与える南太平洋における日本のシーレーンへの防衛をはじめ、日本は台湾と南太平洋が押さえられると致命的危機に立たざるを得ないことも念頭に置くべきなのである。

第2節　南太平洋における米中角逐の実態

2022年2月、ロシアは隣国のウクライナへ侵攻した。その際のロシアの主張は次の通りだ。NATO諸国に後押しされた「ならず者国家」であるウクライナから虐げられているロシア系市民を解放し、彼らの土地を露国に永久併合する、である。米国をはじめとするNATO諸国と露国に挟まれるウクライナ。この構図は現在、南太平洋で起きている米中角逐と、それに翻弄される島嶼国にも見出すことができる。NATO諸国とウクライナはロシアの軍事手段選択の抑止に失敗した。そこには大きな教訓があるように、ここで南太平洋の諸問題について検討していくことは、日本の安全保障へのインプリケーションになると思われる。特に豪・ニュージーランドを結ぶ日本のシーレーンに影響を与えるこの地域の安定は、日本の経済・エネルギーに不可欠である。

よって本節では主として軍事領域から、今まさに起きている南太平洋における最近の米中角逐の状況や、それに影響される南太平洋諸国の動向に焦点を当てる。そして、その上で、この地域での中国のパラダイムチェンジが起きるか、起きるとすれば、どのようなことが起こるのか、という蓋然性のあるシナリオについて考察していく。ここで忘れてはいけないのが、非軍事主体の領域ではもはや米中対立は始まっていることである。

戦争が起きないと考える人に是非、読んでほしい。

図 5-1　南太平洋の島嶼国の概要（出典：2019年世界銀行）

国名	面積（㎢）	排他的経済水域 EEZ（千㎢）	2019年 人口（千人）	2019年 GNI／人（米ドル）
メラネシア				
パプアニューギニア独立国	462,840	2,402	8,776	2,780
ソロモン諸島	28,900	1,553	670	2,050
フィジー共和国	18,270	1,283	890	5,860
バヌアツ共和国	12,190	663	300	3,170
ミクロネシア				
キリバス共和国	810	3,442	118	3,350
ミクロネシア連邦	700	2,996	114	3,400
パラオ共和国	460	604	18	16,490
マーシャル諸島共和国	180	1,991	59	4,860
ナウル共和国	20	308	13	14,230
ポリネシア				
サモア独立国	2,840	128	197	4,180
トンガ王国	750	660	104	4,300
ニウエ	259	450	2019年 1.5	GDP 18,757
クック諸島	237	1,830	2019年 1.5	18,538
ツバル	30	750	12	5,620
その他				
ニューカレドニア	18,580	1,423	288	37,448
仏領ポリネシア	4,000	4,767	279	22,308
参考				
オーストラリア連邦	7,741,220	8,200	25,364	54,910
ニュージーランド	267,710	4,000	4,917	42,670

南太平洋の概要

そもそも南太平洋とは、どこを指すのだろうか。まず、この地域の国々を概観したい。外務省のホームページによると、太平洋の島国として、パプアニューギニア独立国、ソロモン諸島、フィジー共和国、バヌアツ共和国、キリバス共和国、ミクロネシア連邦、パラオ共和国、マーシャル諸島共和国、ナウル共和国、サモア独立国、トンガ王国、クック諸島、ツバル、ニウエ、そしてオーストラリアとニュージーランドの16の国と地域とする。▼1

また南太平洋の島嶼国はメラネシア、ミクロネシア、そしてポリネシアの三つの部族に大別される。ちなみにメラネシアは黒い島々、ミクロネシアは小さな島々、ポリネシアは

図5-2　島国の現状（出典：外務省HP「島国の現状」に加筆）

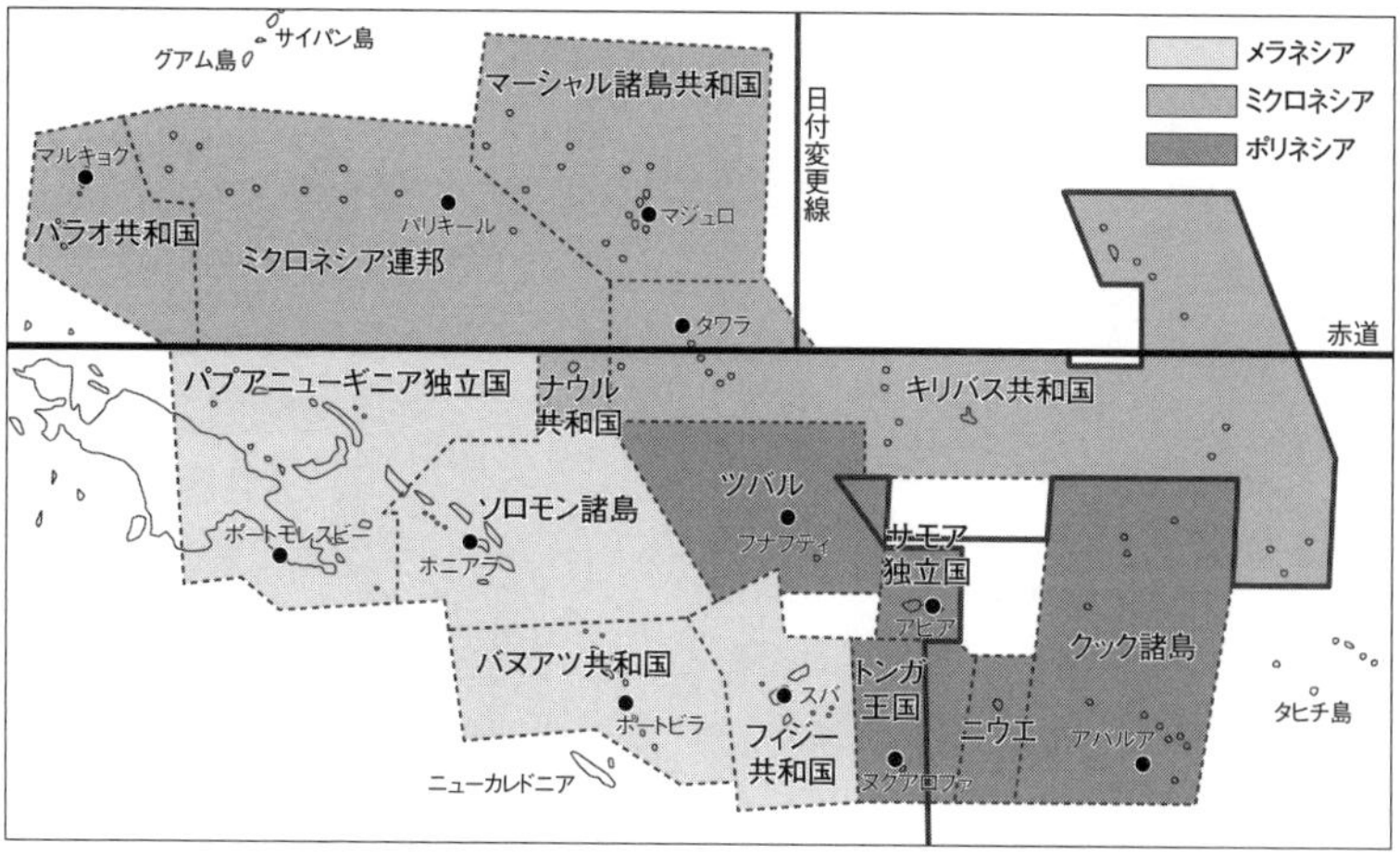

多くの島々を意味する。[2]

この地域（オーストラリアとニュージーランドを除く）の人口は合わせても1000万人前後である。[3]国土面積の合計は約53万平方キロ、日本の約1・4倍に相当する。一方、排他的経済水域は1978万平方キロとなり、日本の約4・4倍相当の広大な海域となる。

それに加え、国際社会で貧困のカテゴリーに入る国として、[4]ソロモン諸島やバヌアツなどがあり、ライフ・インフラが十分に整備されていない国もある。[5]

その他に、南太平洋の島嶼国が抱える三つの脆弱性についてもクローズアップされている。三つの脆弱性とは1，国土が狭く分散していること、2，国際市場から離隔していること、3，自然災害・気候変動などの環境変化に対応が比較的困難であること、である。[6]これも南太平洋の現状を分析する際、重要な鍵になると考えられる。では次に南太平洋の重要性について考察していく。

南太平洋の重要性

空間、時間、機能からの考察

とりわけこの地域の重要性を雄弁に語るものとして日

図5-3　日本とオーストラリア・ニュージーランドを結ぶシーレーン

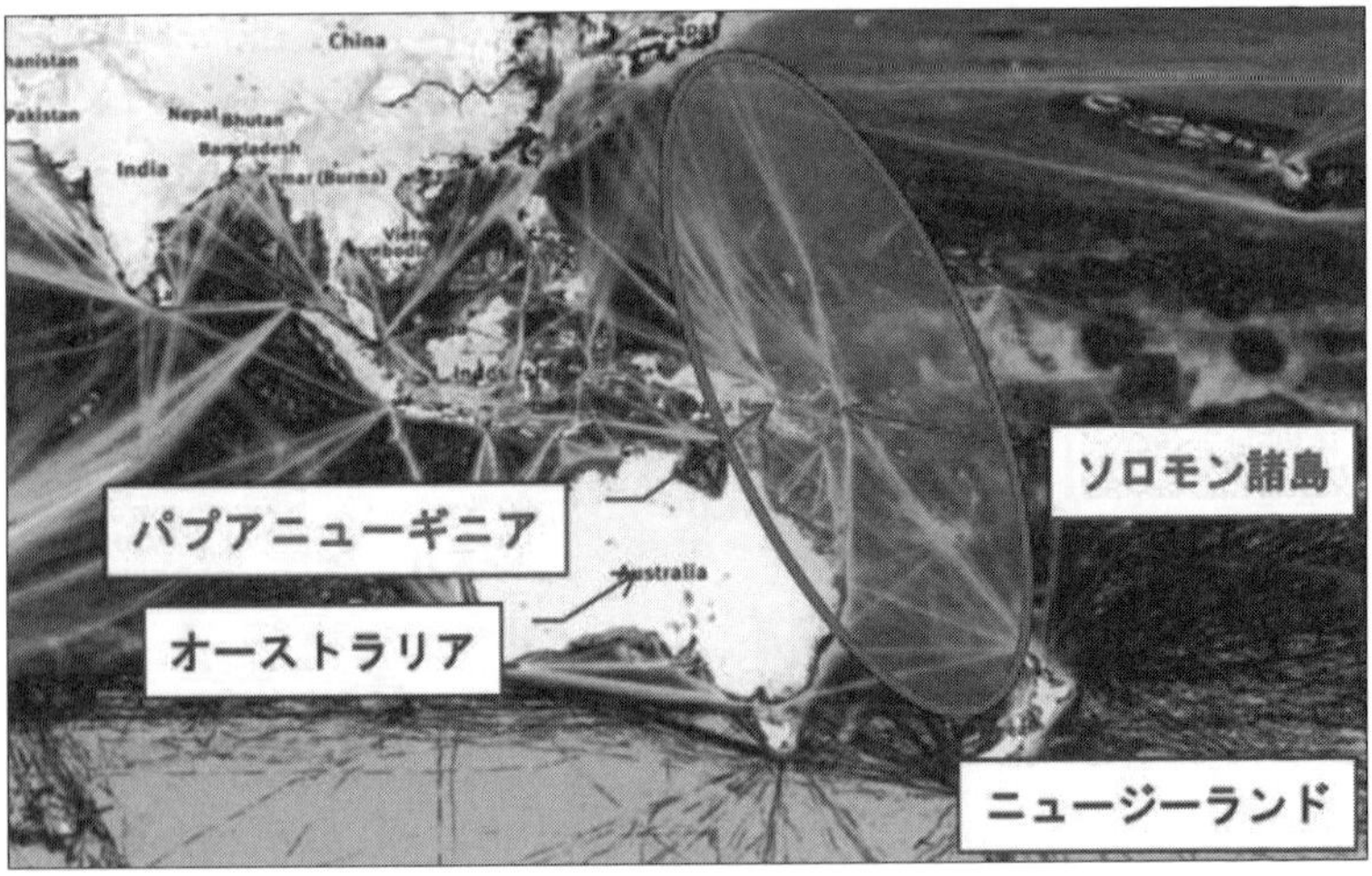

出典：Worldwide Maritime Traffic Density（Marine Traffic）　光線は船の航跡を表わしたもの

本のシーレーンとの関係性がある。オーストラリアやニュージーランドと日本を結ぶ重要な航路の存在であり、パプアニューギニアとソロモン諸島の間が地政学的要衝になるエリアといえる。[7] また日本は現在、エネルギーの多くを外国に頼っているが、石炭及び液化天然ガスの約20％をオーストラリアから輸入している。つまり、最も依存していることになる。ロシアのウクライナ侵攻を受け、エネルギーに対する認識も見直される中、重要な意義を持つと思われる。さらに牛肉、酪農品、大麦などの約7％を日本はオーストラリアから輸入している。太平洋島嶼国地域は、まさに日本とオーストラリアを結ぶシーレーンに位置している。日本経済を支えるオーストラリアからの原料を安定して輸入するためにも、太平洋島嶼国地域の平和と安定は欠かせない。[8]

そして、そのオーストラリアは自国防衛の緩衝地帯としてインドネシア、パプアニューギニア、ソロモン諸島を想定している。その上で南太平洋に位置するパプアニューギニアとソロモン諸島がオーストラリアの敵性国家に色付けされることを懸念する。加えてリージョナルからグローバルへ視点を変え

図5-4　ソロモン諸島との離隔距離（著者作成）

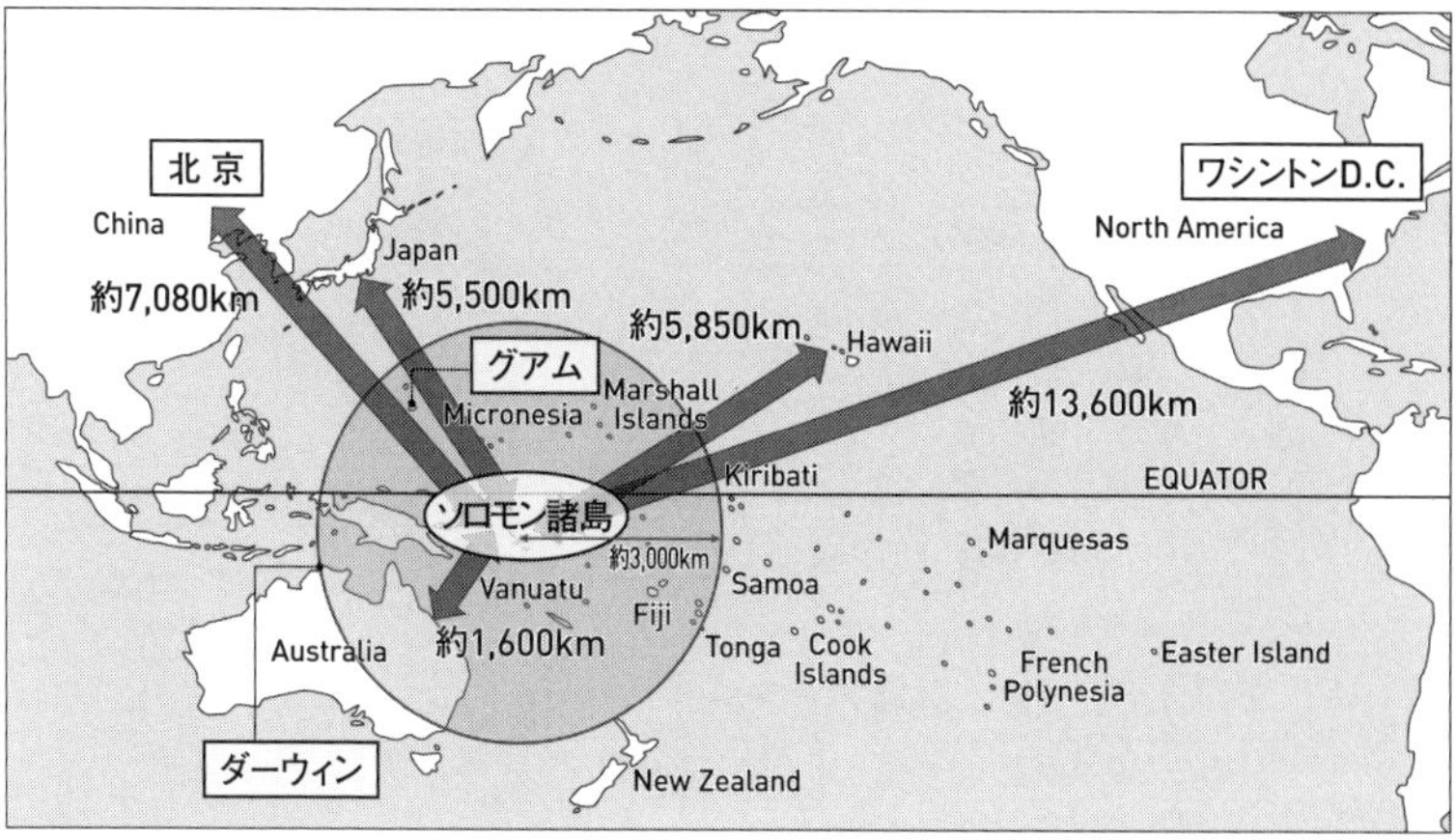

ると、南太平洋の地理的特徴から、中国が進める「一帯一路」のような中国にとってバイタルな地域とはやや異なり、南太平洋は中国と離隔しているように思われる。しかし最近中国は、食料自給率が70％台に落ち込む事態を受け、[9]食の安全保障についても関心を高めている。中国は建国当時から長期かつ戦略的な視野で中東・アフリカの資源に注目し、友好な関係を構築してきた歴史を持つ。ただし現在は、それらを結ぶ経路に係争地と重なるところも多く、そういった意味で、中国は南太平洋にも新たな役割、戦略的意義を与えようとしていても不思議はない。

さて南太平洋、特にソロモン諸島の距離感とは、どのようなものであろうか。図5－4は南太平洋ソロモン諸島との離隔距離を表したものである。オーストラリア本島との離隔距離は約1600キロ、日本とは約5500キロ、ハワイとは約5850キロ、そしてワシントンDCとの離隔距離は約1万3600キロである。それに対し、北京は約半分の7000キロに相当する。また米軍が台湾有事などで攻撃発起の拠点として挙げたグアムやダーウィンともソロモン諸島は近く、約3000キロほどしか離れていない。

また地政学的に南太平洋は、米国にとってはオーストラリアとの連絡の死命を制する緊要な地域に該当する。南太

図5-5　南太平洋の重要性（執筆者作成）

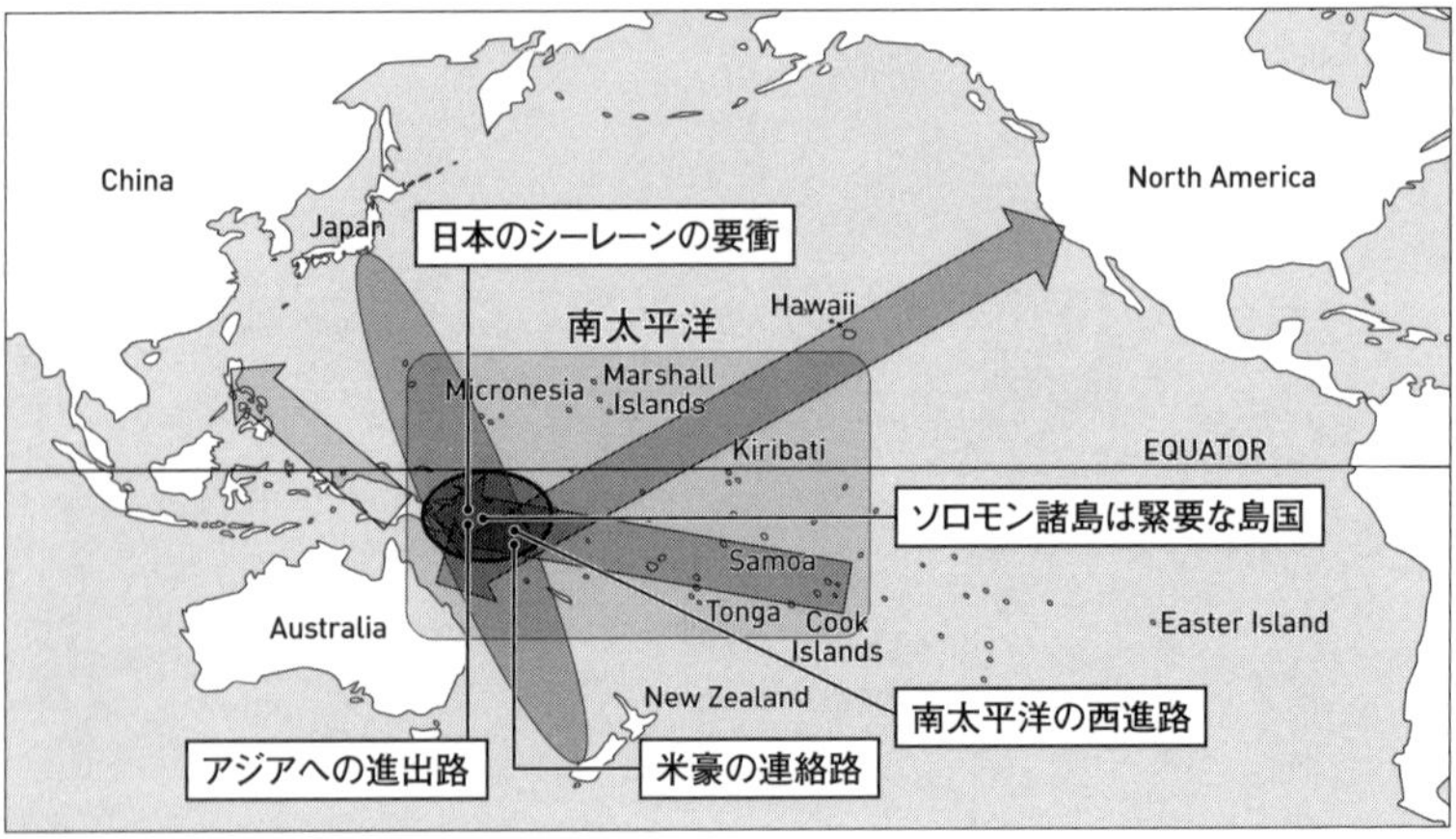

平洋を東から西進する場合の重要経路にもなる。さらに南太平洋からアジアへ進出する際の入り口となるのである。そして何よりも日本にとって重要な意味を持つのは、オーストラリアやニュージーランドを結ぶシーレーンの要衝になることである。その中でもソロモン諸島は、その全てに重大な影響を与える緊要な島国と言えるのだ。

加えて、この地域の時代背景を考察する際、まず頭に浮かぶのがガダルカナルの戦いである。太平洋戦争において、海のミッドウェー作戦とともに、陸戦のターニングポイントになった重要な戦いである。日本軍は当初、この地域を米豪遮断という戦略目的のために進攻した。それに対し、米軍は南太平洋を日本軍への戦略的反攻拠点として捉え、戦いに勝利した。歴史的考察からも南太平洋がアジアへの進出経路の入り口であり、米国とオーストラリアとを結ぶ重要な地域であることを我々に示唆する。また米軍が南太平洋を西進する場合、島嶼の有機的なネットワークの必要性と陸海空戦力の統合が不可欠であることも認識させる。つまり作戦と作戦基盤、陸上部隊と海空部隊との連携に加え、水陸両用作戦の主役という新たな存在意義を与えられた海兵隊と「コーストウォッチャー」と呼ばれる現地住民で編成された情報機関の重要性を我々に語りかけるのである。

さて太平洋戦争が終わると、1960年から90年代にかけて南太平洋の多くの島国は独立した。独立後、メラネシア系の国家は低い社会指数に苦しみながらオーストラリアの支援を受けることになった。またミクロネシア系の国家は戦前の経緯もあり、日系人や米国の財政支援を受けた。そしてポリネシア系の国家はニュージーランドの支援を受けるようになった。[10] それからしばらくした後、南太平洋の国々はオーストラリアと各国が異なる意見を尊重しつつ、コンセンサスを得て問題を解決していく、いわゆる「パシフィックウェイ」と呼ばれる合意を地域の意思決定の基本としてきた。[11] その昔、この地域には「大きな魚を捕った時、それを独り占めにしてはならない」という掟があり、小さな島々が国際社会に否応なく組み込まれた歴史があった。[12]

この地域の基本的な問題あるいは取り組まなくてはならない課題は次の通りである。まず歴史的犯罪として、不発弾の放置、核保有国の核実験を原因とする放射能汚染の残存、そして砂糖製造がもたらした悲劇、砂糖奴隷の問題も未解決だ。その一方で、今日的課題として「米国のモンロー主義」「AUKUS・QUAD」「中国からの協力」「米国のインド太平洋戦略」へどのように対処すべきか、などが挙げられる。[13] いわば具体的な問題と、域外勢力へどのように接していくか、という大きな区分ができる。次に国家の主要領域から南太平洋の重要性について考察していく。

国家の主要領域からの考察

まず政治・外交の領域では中国の影響力拡大を受け、台湾の孤立が進んでいることを挙げるべきだろう。この地域の他にも台湾と国交を断絶する国の増加が2016年以降、世界規模で加速している。[14] 台湾が外交関係を持つ国は、太平洋の島国ではマーシャル諸島、パラオ共和国、ナウル共和国、そしてツバルの4カ国のみである。その流れを裏付けるのが経済領域での大規模な中国の支援だ。中国の島嶼国全体への支援額は2005年には400万ドルに過ぎなかった。しかし2007年には1億3700万ドルにまで拡

図5-6　グローバルな視点から見た各地域の役割（著者作成）

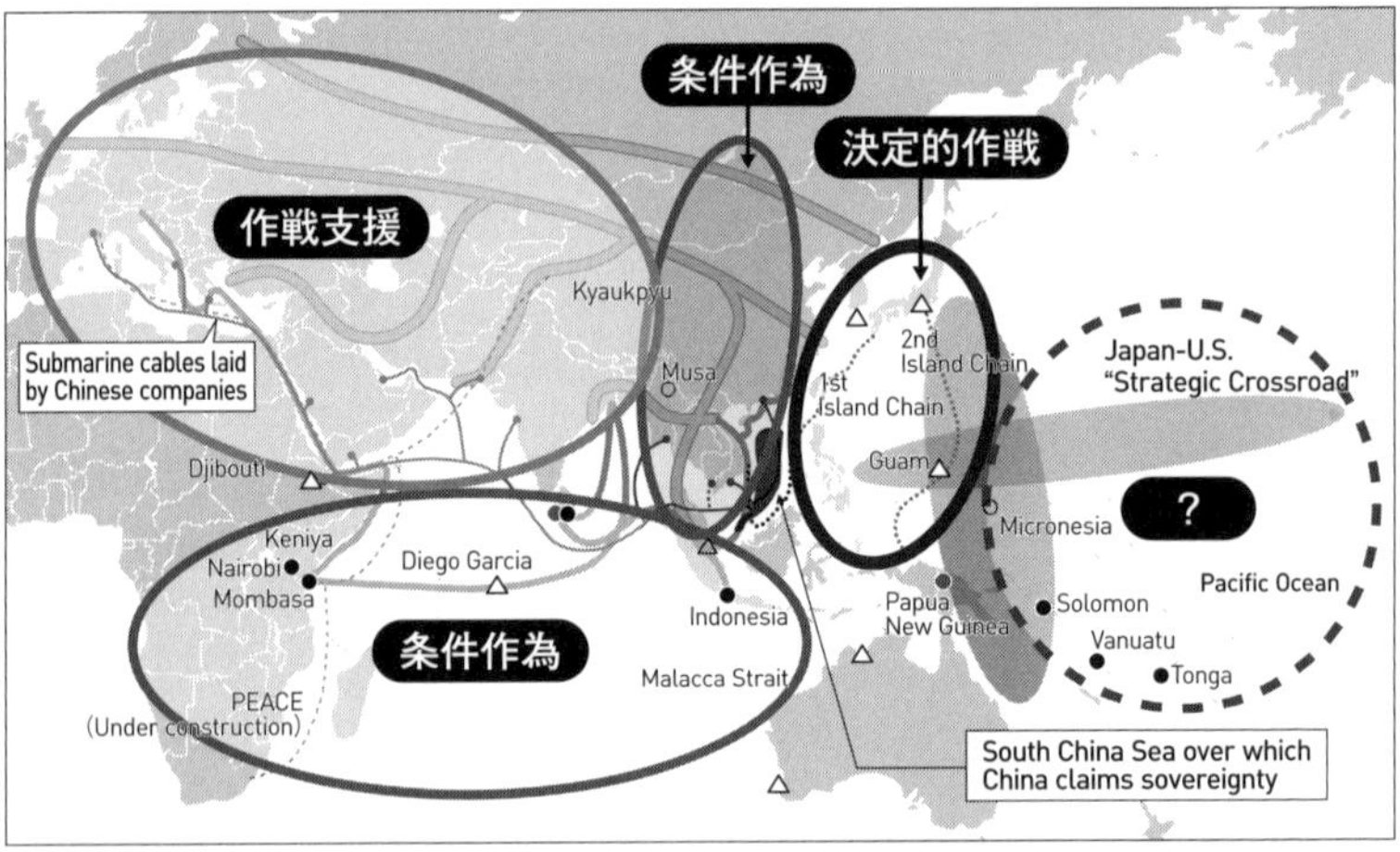

大し、２００９年には1億５６００万ドルと、５年足らずで40倍近くになっているのだ。[15] オーストラリアのシンクタンク、ローウィー研究所によると、中国は南太平洋諸国に２０１１年以降も総額12億ドルを超える経済支援を行ってきたとされる。[16] その後も２０１２年には中国の援助額は1億２６００万ドルに倍増し、援助総額では全体の5位に、２０１６年には2億８７００万ドルとなり、太平洋地域向け開発援助全体の13％を占め、オーストラリアに次いで2位となった。

中国が太平洋島嶼国を支援するのは水産業や鉱物資源開発、そして観光事業などである。それは資金、技術の両面で中国は優勢に立っており、「走出法（輸出）」投資戦略は島嶼国家へ支援を進める上で原動力になっている。特に島嶼国が必要とする生活用品や食糧、エネルギー資源などについては、中国と農業、エコロジー、インフラ、通信、ツーリズム、教育文化などの分野で協力することで双方の利益になっているとされる。[17]

また島嶼国の領海における海洋開発（深海探査・海底資源の利用）が、中国の海洋開発能力を高めつつあるのも事実だ。これらは中国が今後、海洋戦略を推進する上で大きな意味を持つことになる。それと同時に、中国はこれらの島嶼国とともに宇宙開発及び南極での極地観測事業を強化することも期待できるのだ。そして中国がこれらの島嶼国家とともに、「南南協力」[18]を進めることで、一層大きな国際的影響力を及ぼすメリットもある。

このように中国はあくまで経済の領域で島嶼国との関係強化を訴えている。もともと中国は従来の雁行形態モデルとして、安い労働力を提供し、経済発展を成し遂げてきた。

しかし先にも触れたように、それは南太平洋では通じない。なぜなら、南太平洋での雁行形態モデルは次の通りであるからだ。中国は経済力が乏しい島嶼国に対して徹底した投資を行い債権者となり、自己の経済力、返済能力を超えた「債務の罠」に陥れる。そして最終的には軍事的要求に応えさせるのだ。[19]

ただしオーストラリアの2011年の援助実績は12億ドル超を記録し、対太平洋島嶼国援助全体の50％以上を占めた。2013年に労働党政権から保守連合政権に代わってからは援助額が若干減少したが、それでも8億ドルから10億ドルの間で推移してきた。オーストラリアやニュージーランド、米国や日本などの援助も加えれば、「民主主義陣営」が引き続き最大の援助国であることには変わりない。[20]

そのため結果的に見れば、中国の対太平洋島嶼国援助は最近では減少傾向にあると言える。援助を通じた中国の影響力は限定的になりつつあるようにも見える。そのため中国は域内外の国々を刺激しないように、文化・社会の領域では赤道近くの利点を活かした宇宙開発や深海探査などに専念し、肝心の軍事の領域では軍事利用を抑制する動きを見せてきた。ただし南太平洋は米軍の戦力投射、その拒否を左右する重要な地域であり、中国も無関心ではいられないことを我々に教えてくれるのも事実である。

これまで見てきた通り、南太平洋の島国は米豪の支援の下、パシフィックウェイに則り、安定を維持してきた。よって米豪も現状維持を望んでいるのに対し、中国は変革を期待しているのが分かる。仮に中国が台湾との武力行使を選択すれば、決定的作戦を行う地域、その条件を作為するための地域、そして作戦を支援する地域と区分し、作戦が遂行されると考えられる。では中国は、地政学的状況から南太平洋に対しては、どのような役割を期待しているのか。それを明らかにするためには南太平洋の最新の状況について分析する必要があると思われる（図5－6参照）。

最新の状況

ソロモン諸島とキリバス共和国の台湾との国交断絶

南太平洋では今、何が起きているのか。まず目につくのが域内・外、新旧あるいは線的・面的構造が複雑に絡み合う国家・地域の関係性である。

ここでは南太平洋で起きていることを分析する第一歩として、時系列で見ていく。初めにソロモン諸島とキリバスの台湾との国交断絶から述べる。２０１９年に両国は突然、台湾との国交断絶を表明した。[21]もちろん、その要因に中国との関係を深める、それは取りも直さず、経済支援強化の狙いがあったことは間違いない。

これまで太平洋の島国はコンセンサスを得て、地域としての意思を域外へ表明してきた。しかし両国は、域外、つまり中国へ直接訴えかけた。

米国はオーストラリアのスコット・ジョン・モリソン首相と連携し、ソロモン諸島首相マナセ・ダムカナ・ソガバレ首相にこれまでにない好条件で経済援助を申し出た。[22]また米国はマイケル・リチャード・マイク・ポンペオ国務長官をパラオ共和国やミクロネシア連邦にまで派遣し、台湾との国交断絶を翻意させるよう説得を試みるのだった。[23]

しかしソガバレ首相が意を翻すことはなかった。これは後述するようにソロモン諸島が抱える民族間の対立を超え、それだけ利益が享受できると考えた首相の判断なのかもしれない。しかし問題なのは南太平洋の要点の一角、ソロモン諸島が中国の影響下に置かれたことである。なぜ中国はソロモン諸島への勢力拡大を望んだのか。習近平主席は「貿易・投資やインフラ建設、農林漁業などを重点分野として連携しよう」と表明した上で「ソロモンは観光分野で巨大な潜在力がある」と発言している。[24]

中国とソロモン諸島における安全保障協定の締結

　それから約3年が経った。２０２２年4月、今度は中国とソロモン諸島が安全保障協定を結んだのだ。[25]安保協定の文書は非公開であったが、流出した。それによると、「ソロモン諸島は社会秩序の維持や人々の生命、財産の保護のため、中国に軍や警察の派遣を要請できる。また中国はソロモン諸島の同意を得て船舶を寄港させて補給でき、中国の人員やプロジェクトを保護するために関連する権限を行使することができる。そして、協力に関する情報は、書面をもって互いの同意が得られなければ、第三者に公開することはできない」とされる。[26]

ソロモン諸島の警察への中国の警察の指導の様子（出典：NHK）

　このように今、中国が太平洋で力を入れているのが軍事分野から包括的に形を変えた安全保障分野なのである。ソロモン諸島は２０１９年に台湾と断交して中国と国交を樹立したが、２０２１年12月には大規模な暴動が起きた。そのきっかけの一つは中国寄りの政策を進めるソガバレ政権への反発だった。この事態を受け、中国はソロモン諸島の警察に盾などの装備を供与したほか、警察官を定期的に派遣し、暴動鎮圧訓練を実施している。[27]

　以前からもソロモン諸島では、民族対立に乗じた台湾を推す勢力と中国を推す勢力との間で衝突が続いていた。国連が仲裁に乗り出すこともあった。[28]ソガバレ首相自身、台湾を推す勢力からの不信任で首相を3回辞め、２０１９年以降、4回目の首相就任となったが、それを後押ししたのも中国だと言われている。[29] ちなみにソガバレ首相は、「経済支援の獲得こそが外交の最大の目的」と豪語する。[30]

これら中国の動きに米国は警戒感を強めている。米国は、中国とソロモン諸島の安保協定の締結発表からわずか3日後、アジア政策を統括する2人の政府高官をソロモン諸島に派遣した。中国軍の部隊の常駐化に向けた措置がとられた場合、しかるべき対応をとるとも警告している。是が非でもソロモン諸島に中国軍の拠点をつくらせるのを防ぎたいという思惑が見え隠れする。

米議会下院アジア太平洋統括小委員会アミ・ベラ委員長（出典：本人HP）

米議会下院アジア太平洋統括小委員会のトップである、アミ・ベラ委員長は、中国政府やソガバレ首相が「軍の基地をつくるつもりはない」と公言しても、中国がこれまでやってきたことを見れば、今後の展開は明らかだ。アフリカ東部のジブチでは、中国は「軍事基地ではなく、輸送拠点を設置するだけだ」と言っていたが、いまやそれは軍事基地となっている。南シナ海でも同じようなことが起きている。中国政府の言っていることは信用できない、と激しい口調で非難する。

加えて米国は2021年、海洋進出を強める中国への抑止力を高めようと、ソロモン諸島に近い、同盟国オーストラリアへの原子力潜水艦の配備支援を打ち出した。米戦略政策研究所のピーター・ジェニングス氏は、この計画にも中国とソロモン諸島との関係が影響を及ぼすと指摘しているのである。[31]

オーストラリア新政権の動き

次に注目すべき大きな出来事は、5月に発足したオーストラリア新政権の動きである。総選挙で勝利した労働党党首であり、首相に就任したアルバニージー氏は「焦点の一つはこの地域で、現在進行形で起きている戦略的な競争だ」と述べた。

またペニー・ウォン外相は就任直後、中国の安保協定締結を全力で阻止した。その趣旨は中国の影響力拡大は南太平洋島嶼国の団結を妨害し、安定と繁栄を脅かすというものだった。そして中国の代わりにオーストラリアが今後4年間、パンデミック回復のために5億2500万豪ドル（約480億円）を太平洋国家に支援し、オーストラリアでの就労ビザ発行基準も大幅に緩和すると明らかにしたのである。[32]

中国外相の南太平洋諸国歴訪と島嶼国外相会議

中国は、これらの動きに対し、王毅外相による南太平洋歴訪を表明、フィジーでの南太平洋島嶼国10カ国による外相会議を開いた。[33] 東京でQUAD首脳会談が行われた直後のタイミングであり、米国とその同盟国の結束強化に対抗する狙いは明白だった。

王毅外相の最初の訪問国は、やはりソロモン諸島だった。ソロモン諸島では「歴史的な訪問だ」として歓迎し、経済や保健分野などで協力を拡大する方針が確認された。その際も、中国はソロモン諸島に軍事基地をつくるのか、という周辺国の懸念に対し、否定する態度を見せた。

続いて王毅外相は、他の国に対しても経済支援を提示し、安全保障や貿易、データ通信など幅広い分野での協力を盛り込んだ協定の締結を呼びかけた。しかし一部の国が安保協力に反対し、合意は見送られたのだった。[34]

島嶼国の警戒は当然だ。中国がソロモン諸島と結んだ安保協定は、先述の通り、中国の軍や治安部隊の派遣、艦艇寄港を可能にすると見られたからである。また島嶼国は現在、強大な軍事的脅威にさらされているわけではない。安保協力は、中国にとっては米国に対する軍事的アドバンテージをとるという利点があるとしても、地域の国々にとっては米中対立に巻き込まれる危険性の方が高いと考えられたのだ。

また中国の島嶼国協定が不発に終わった要因には、ミクロネシア連邦とパラオの反対が作用したことも挙げられる。米国との関係が深いミクロネシア連邦は会合に先立ち、中国との安保協力は「地域の安定を脅かす」として、提案を受け入れないよう各国に働きかけたとされる。またパラオのウィップス大統領は、周辺国の指導者に「北京との協定は域内の平和と安全保障に危険を招く」として「注意」を促すほどだった。

フィジーのインド太平洋経済枠組みへの参加

次の動きは米国が主導する新たな経済圏構想「インド太平洋経済枠組み」にフィジーの参加が決まったことだ。米国の太平洋の経済協力拡大は中国への有効な対抗策になると考えられているのだ。

フィジーなどのように、地域内での政治交渉力が比較的に高い国は適度なバランスを取りながら、中国と「民主主義陣営」の両方から利益を引き出す等距離外交を展開している。フィジーのバイニマラマ首相は「太平洋島嶼国が必要としているのは本物のパートナーであり、パワーを追求する大国ではない」と中国を牽制し、中国との外交成果を紹介している。またオーストラリアには「太平洋島嶼国はどこかの裏庭ではなく、自分たちのことは自分たちで決める。太平洋島嶼国の関心は地政学ではなく、環境問題である」と語っている。

外交上の実利も考えれば、フィジーなどの太平洋島嶼国はうまく立ち回っている。[35] つまり、リデルハートの「間接アプローチ」よろしく、大国間の競争に巻き込まれないように、離れないように、という微妙な舵取りを行っているのだ。ちなみに「裏庭」とはしばしば太平洋島嶼国をオーストラリアが従属的に見ていることを示す言葉として否定的な意味で使われることが多い。

キリバス共和国の太平洋諸島フォーラムからの脱退表明

そのような情勢の中、２０２２年7月、キリバスは太平洋諸島フォーラムからの脱退を表明する。太平洋が米中角逐の最前線の一つとして認識される次なる出来事だった。

これは多くの国に、パシフィックウェイの限界を示すものの一つとして認識された。太平洋の島嶼国やオーストラリアなど18の国と地域で作る「太平洋諸島フォーラム」の会合は非公開であり、近年、地域で影響力を拡大する中国との経済や安全保障分野での関わり方などが議論されるようになった。しかし、その歪みも生じていたのである。総会にはマーシャル諸島やクック諸島などの首脳も地元の選挙などを理由に欠席した。[36]

太平洋諸島フォーラムは、広大な地域に位置する島々が地域の課題に連携して取り組むための枠組みと位置づけられてきた。ただし各国の足並みの乱れも懸念される中、中国のさらなる進出を招きかねないとの見方も出ている。

ちなみに2021年の太平洋諸島フォーラムには、カマラ・ハリス副大統領がオンラインで参加し、キリバスとトンガに大使館を開設する計画や、太平洋島嶼国の経済開発や違法漁業対策等への支援を拡大させる方針を表明した。また「法の支配に基づく秩序を破壊しようとする悪質な国々を目の当たりにしている今、私たちは団結しなければならない」と述べ、バイデン政権としてこの地域への関与を深めていく方針を加盟国に伝達したのである。[37]

米国の巻き返し

そして次に起きたことがソロモン諸島による米・太平洋島嶼国首脳会議での首脳宣言への署名見送りの表明だった。ソロモン諸島の主張は、太平洋島嶼国によるマーシャル諸島の核問題についての合意を米側が削除するように求めたことへの反発だったとされる。[38]

その他にも足並みが乱れる島嶼国は政治・外交、経済、軍事などの各領域における利害を検討している最中である。これまで地球温暖化への対応がバイタルな課題と考えられていたのとは異なり、それぞれの島嶼国の要望がさらに複雑化したことになる。

次に2022年9月末に行われた「ブルーパシフィック」におけるパートナー」会議と米国が主導する

「米・太平洋島嶼国首脳会議」にも注目していく。米国は太平洋島嶼国などの代表を招き、相次いで重要会議を開催した。9月22日、ニューヨークでは「ブルーパシフィックにおけるパートナー」の外相会議を開催した。当初のメンバーは米国、日本、英国、オーストラリア、ニュージーランドの5カ国だったが、今回は、それにドイツ、フランス、カナダ、インド、韓国、欧州連合、太平洋諸島フォーラムを加え、さらにソロモン諸島、フィジーなど、太平洋島嶼国12カ国の代表がオブザーバーとして参加した。28日、29日にはワシントンで太平洋島嶼国14カ国の代表を招き、「米・太平洋島嶼国首脳会議」を開いた。そして最終日の29日には「米・太平洋のパートナーシップ宣言」と題する共同宣言を発表したのである。また、それとは別にバイデン政権は同日、初めて「太平洋パートナーシップ戦略」を発表した。[39]

「ブルーパシフィックにおけるパートナー」外相会議（出典：外務省HP）

「ブルーパシフィックにおけるパートナー」は日本、米国、オーストラリア、インドのQUAD、米国、英国、豪国のAUKUSと並んで、太平洋における第3の「中国包囲網」を構築し、島国を利用した中国の軍事基地化を阻止しようとしている、との声も聞かれる。

対する中国の反応と言えば、中国共産党系の「環球時報（英語版「グローバルタイムズ」）」で「米国は中国封じ込めにPBP（ブルーパシフィックにおけるパートナー）一派を集めて、太平洋島嶼国の利害を無視している」と報道し、9月30日の社説で「米国は誠実に太平洋島嶼国を迎えるのだろうか」と疑問を呈することぐらいだった。さらに「変わっていないのは、米国が地域を自分の裏庭として扱う根性であり、その覇権主義的ロジックが継続している」と非難したのである。[40]

首脳会議後に共同で発表された「米・太平洋パートナーシップ宣

言」では、米国と島嶼国間のパートナーシップの強化、島嶼国の地域主義の強化、気候変動対策の協力、島嶼国の経済成長と持続可能な開発を前進させる協力の強化など、11項目の関係強化に取り組むと謳われていた。また米国側の関与強化策をまとめた「太平洋パートナーシップ戦略」では、それらを後押しするために、前述の島嶼国における米国の公館を増やすことの他に、米国際開発庁代表部をフィジーに再設置すること、QUADやASEANなどの地域枠組みとの連携強化、「ブルーパシフィックにおけるパートナー」を通じた支援強化などが盛り込まれていた。

バイデン大統領自身も首脳会合で「今日、太平洋島嶼国とその人々の安全は、われわれにとってかつてないほど重要になっている。米国と世界の安全は太平洋島嶼国の安全にかかっている」と強調したのである。[▼41]

ここで南太平洋の現状分析を小括すると、政治・外交を比較的得意とする島嶼国は米中角逐の中、より実りのある利益を引き出すことに専念し、従来からある軍事基盤に満足する国は米豪をさらに頼り、新たな経済的利権を欲する国は中国との連携を望んでいることになる。よって今後は太平洋島嶼国が意見の相違を乗り越えて、地域として一貫した対応をとることができるのか、それとも地域のコンセンサスが目指されることなく、各国が独自の判断で中国や「民主主義陣営」との関係を追求していくのか、それに注目が集まることになるであろう。

蓋然性のある有事シナリオと第3列島線

これまで見てきた南太平洋の現状から考察される蓋然性のある有事シナリオについて述べていく。

まず米国は中国の何を危惧しているか。ドナルド・トランプ前政権が2021会計年度の予算教書を発表した際、特筆すべきは中国やロシアの脅威を見据えて国防費の増額を確保したことである。具体的には核兵器の近代化に充てる費用を18％も増額、核弾頭や運搬手段の開発を進める中国やロシアに対抗すると

図5-7　第3列島線

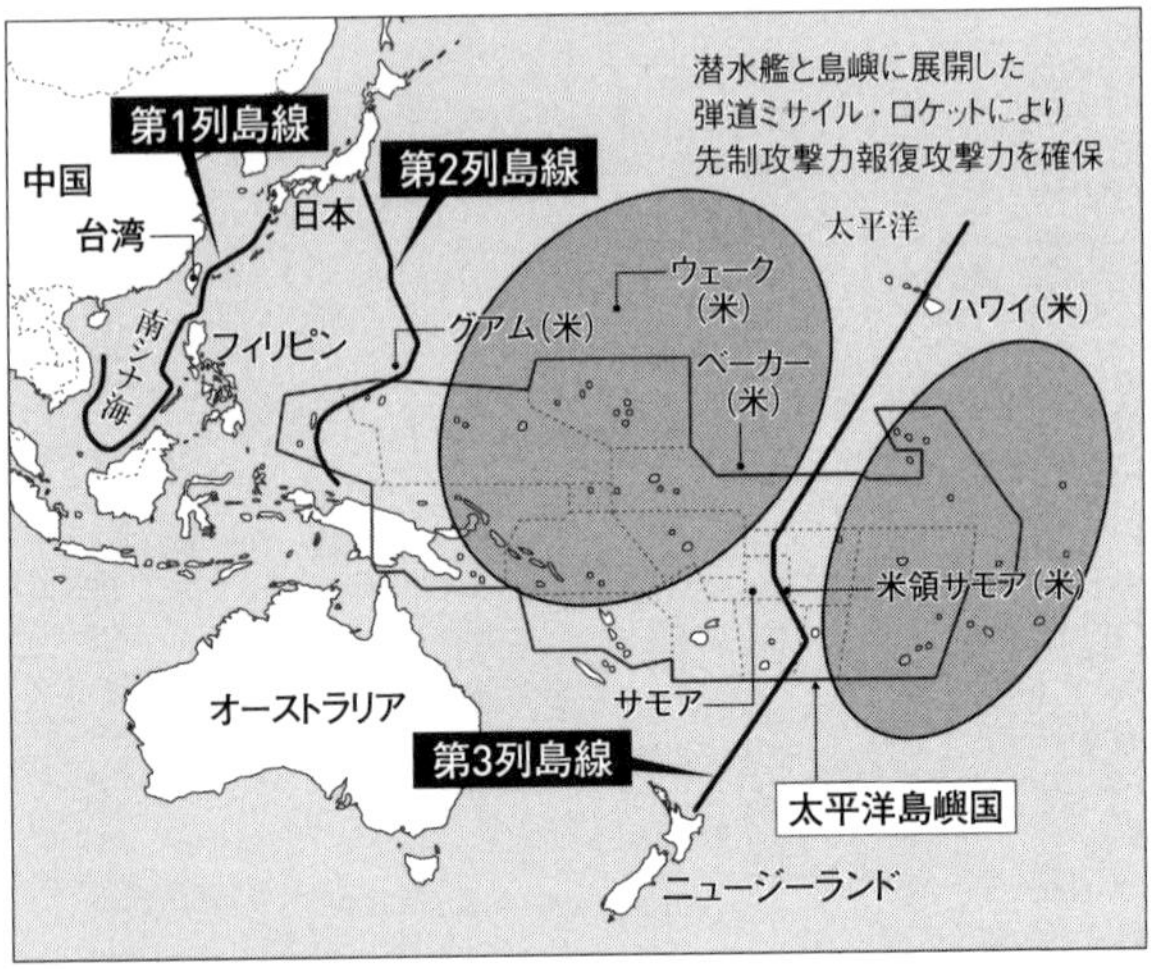

出典：産経新聞、執筆者加筆

し、国防費は0・3％増の7045億ドルを要求したのである。その際、トランプ大統領は「とても強力な軍事予算だ。そうするほか選択肢はなかった」と語り、軍事的優位を維持する姿勢を強調した。[42] また、それを裏付けるように米国防総省の高官は、米軍の核戦力の近代化について記者会見し、潜水艦や艦艇から発射可能な核巡航ミサイルについて、今後7年から10年で配備を目指す考えを明らかにした。

一方、中国のインド南太平洋地域における勢力拡大と米中角逐の流れから、専門家は「第3列島線」の出現を指摘してきた。[43] これは中国の南太平洋における勢力拡大を顕著に表すものと言える。この第3列島線の鍵を握るのも南太平洋島嶼国だ。これを中国が実現すれば、米国に対するオフショア戦略、つまり「AA（Anti-Access）／AD（Area Denial）」だけではなく、南太平洋の「マジノライン」となるかもしれない。マジノラインとは、フランスが第一次世界大戦での教訓を活かし、ドイツ軍からの侵攻を防ぐために造られた長大な要塞である。いや南太平洋のそれは、むしろ、それまでの守勢的な意味合いから一転して、攻勢的な意欲の表れとして捉えるべきかもしれない。そのような意図を持つ中国は今後、この地域にどのような変化をもたらすであろうか。

これまで中国は国家の各領域で表面では平和的な手法をとり、太平洋諸国に接し、影響力の拡大を図ってきた。しかし、それを「戦略環境の醸成」という視点から考察すると、違ったものが見えてくる。まず政治・外交の領域で影響力を拡大するということは、台湾の孤立を進めることになる。実際、太平洋諸国は「債務の罠」と言われる国力に見合わない債務超過に陥ることで親中政策を認めざるを得なくなるなど、中国はあらゆる手段を講じ、合法的に台湾の影響力を排除してきた。

2019年9月、ソロモン諸島だけではなく、キリバスも台湾との国交を断絶した。キリバスや南太平洋の島嶼諸国と中国は次々と手を結び、さらに影響力を拡大させていくことは間違いない。それは台湾より中国を承認する諸国が2016年以降に加速したことからも分かる。2018年にはドミニカ共和国、エルサルバドル、ブルキナファソが続き[44]、2021年にはニカラグアそして2023年にはホンジュラスが台湾と国交を断絶する。その一方で台湾が外交関係を持つ国は13カ国に減った。また米軍等の接近・拒否を企図するための軍事に流用できる施設の構築、文化・社会の名目で行われる宇宙利用や海底開発などは、長距離ミサイル・ロケット、潜水艦の航行のための重要なデータを中国へ提供することになる。

ここで戦略の抑止・対処のコンセプトに関するキーワードを機能ごとに挙げていく。

まず「認識」では宇宙・電磁波・サイバー領域での優越などを、「指揮」では太平洋における同盟国との共同、また「機動」では戦力投射力の確保、「打撃」については核兵器持ち込みという「第2のキューバ危機」やグアム、ダーウィン、ハワイ諸島への攻撃などがある。「防護」は各列島線を活用したＡＡ／ＡＤ、先ほど述べた守勢だけではなく、攻勢も含めた「マジノライン」、そして「持続」については「一帯一路」、南太平洋諸国との連携などがあると思われる。特に「第2のキューバ危機」と各列島線を活用したＡＡ／ＡＤについては、さらに詳しく述べていく必要があるだろう。

まず注目すべきはソロモン諸島が台湾と国交を断絶した後、中国が最初に行った大きなリアクションだ。中国はガダルカナル島の主要空港であるホニアラ国際空港近傍の離着陸を制する土地を購入した[45]。そこは本書でも言及した、太平洋戦争当時、日本陸軍の一木支隊約900名が飛行場を護る米海兵隊第1師団1

万数千名を相手に果敢な突撃を繰り返し、全滅したところだ▼46。その上、中国はホニアラ飛行場周辺だけではなく、ツラギの借用まで要求したのだった▼47。ツラギはもともと英国領時代、ソロモン諸島の政治中枢を担う政庁が置かれていた島である。その後、事態はさらに悪化する。ツラギの地方自治政府が中国の申し出に同意したのである。オーストラリア戦略政策研究所のピーター・ジェニングス所長は「今回の動きを純粋に商業的な開発と見るのは間違いだ」と述べ、「(中国による)軍事的な関与につながる可能性がある」

キューバへ向かうソ連の軍用船を監視する米軍の航空機（出典：米海軍HP）

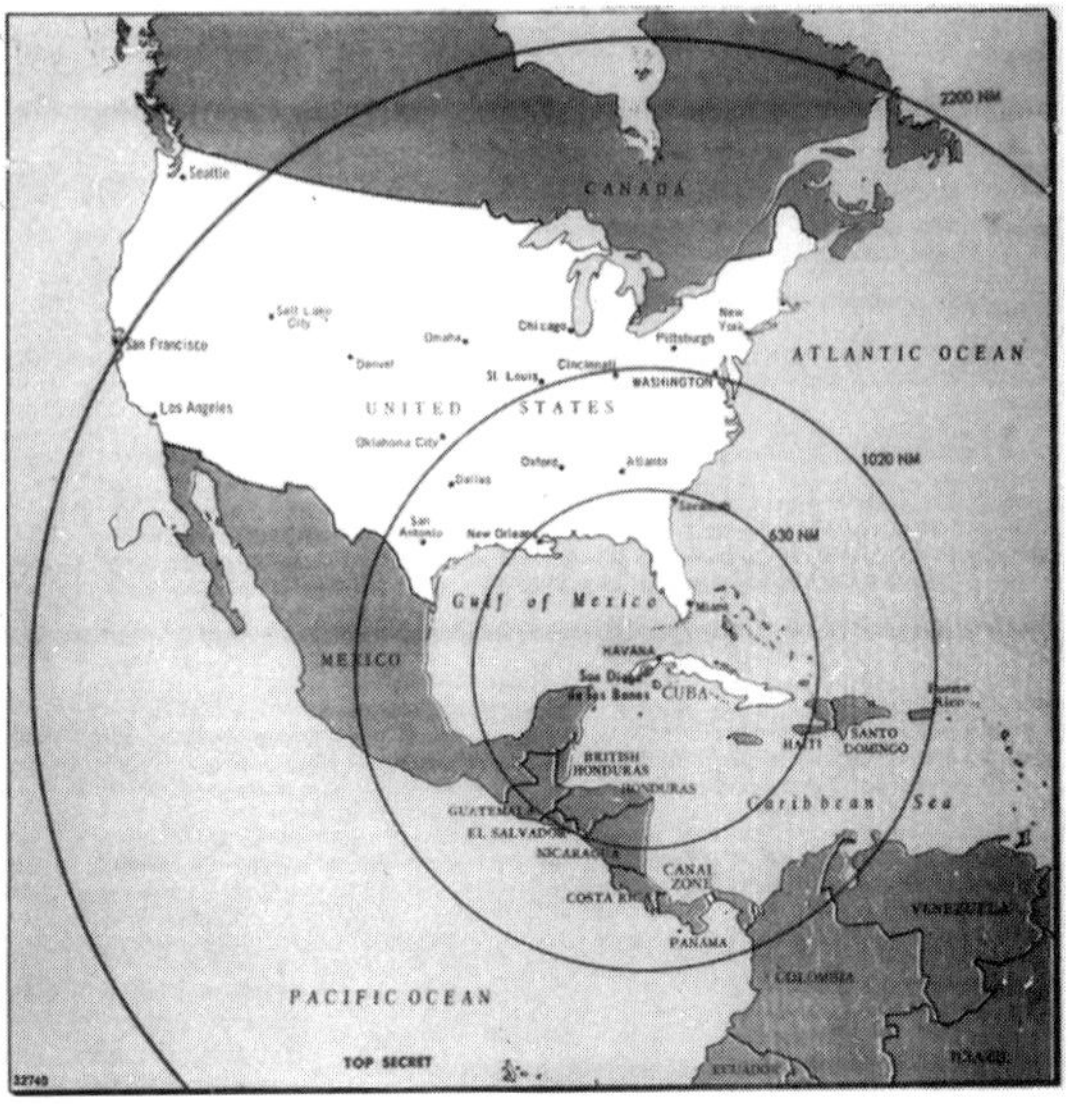

CIA が作成したキューバからのミサイル射程地図（出典：JFK Presidential Library and Museum）

と警鐘を鳴らした。[48] ただし地方自治政府は、最終的には断念せざるを得ない状況になる。米国からの圧力によるものだった。[49]

問題は中国がツラギを借用しようとし、米国がそれを阻止した、これは何を意味するか、である。まずツラギには飛行場を置くことはできない。しかし、それはホニアラ国際空港の離着陸を制する要点

図 5-8　ソロモン諸島から米国本土への核攻撃

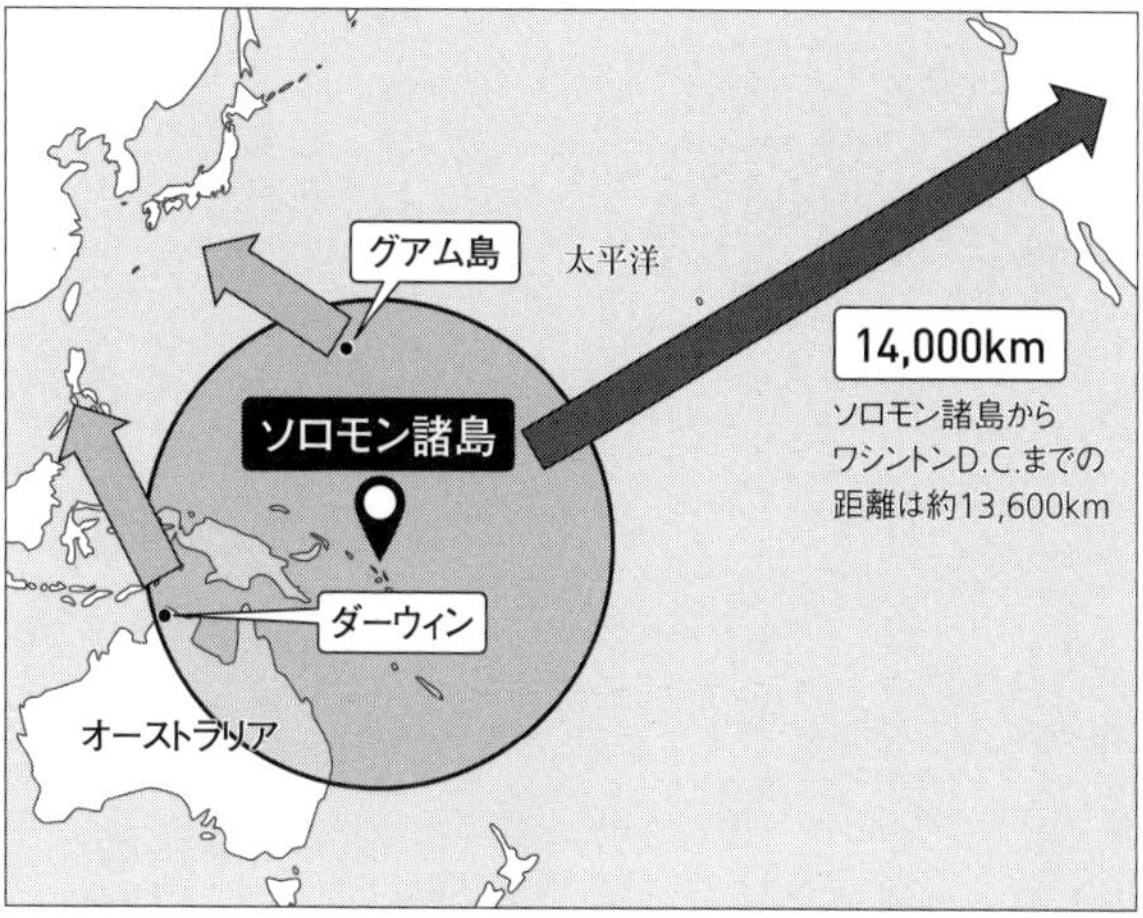

図 5-9　キリバス（外務省 HP）

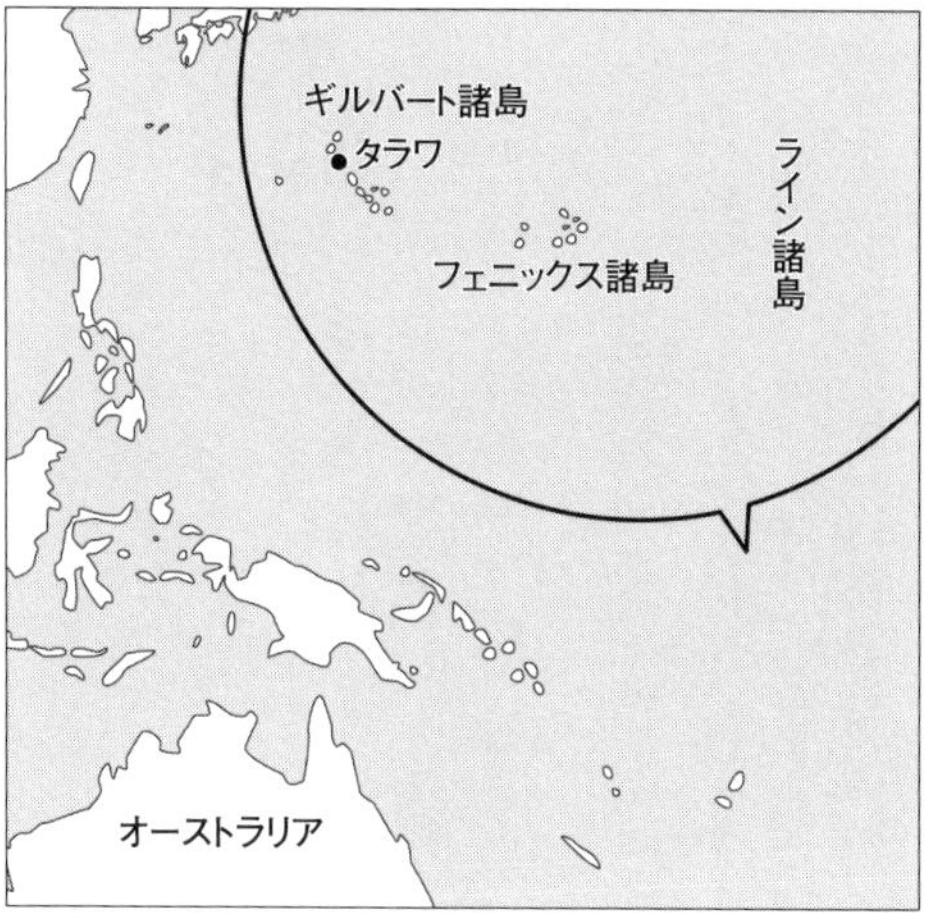

と連携することで存在意義を一気に増す。ツラギあるいはガダルカナル島は米国の対中攻勢の策源地としての役割を担うグアム島とダーウィンを海空からの各種攻撃手段をもって直接瞰制下に置くこともできる。それは米軍と、その同盟国の作戦準備や集結を阻害できるようになるということである。

それも魅力の一つであろう。しかしツラギあるいはガダルカナル島の借用を許すことは、すなわち大陸間弾道ミサイルで米国本土を脅かすことを中国に許すという意味になる。つまり中国は現在、米国の政経中枢を人質にとる、その一つのオプションを握ろうとしていると考えられるのだ。これこそ正に「第二のキューバ危機」になりかねない話である。中国は赤道近くにある島嶼が宇宙への人工衛星発射基地に適しているという名目でロケットの主要部品等をツラギやガダルカナル島をはじめ南太平洋の島嶼へ配置することが可能な立場になりつつあるという見方もできる。これは米国の主張する「航行の自由」を逆手に取ったものだ。

この脅威を裏付けるものが2019年10月1日、中華人民共和国建国70周年記念の軍事パレードにおいて初めて公開された「東風41（DF-41）」である。[50] 中国は北米に到達する新たな大陸間弾道ミサイルを手に入れたのである。射程距離は実に1万4000キロを超え、米国の「ミニットマン（LGM-30）」の1万3000キロを上回り、世界最長と言われる。また10個の弾頭を搭載する個別誘導複数目標弾頭であり、3段式の固体燃料ロケットである。しかも単なるスタンド・オフ攻撃だけではなく、迎撃に対応する貫通能力の増強により、米国に対する核先制攻撃能力の強化につながる、と見られている。[51]

中国の軍事専門家も「東風41」の対応速度などを強調し、「米国のミサイル防衛システムを素早く破るチャンスがある」と指摘するほどだ。これまで米国防総省は中国の軍事行動に関する年次報告書の中で、開発動向を強く警戒視してきたのも頷ける。これは米国に対して中国の十分な攻撃力を示したことに他ならない。なぜならソロモン諸島とワシントンDCの距離は約1万3600キロであり、「東風41」の射程距離はほぼそれに相当するからである。

中国の弾道ロケット「東風41(DF-41)」
（出典：毎日新聞、人民網日本版）

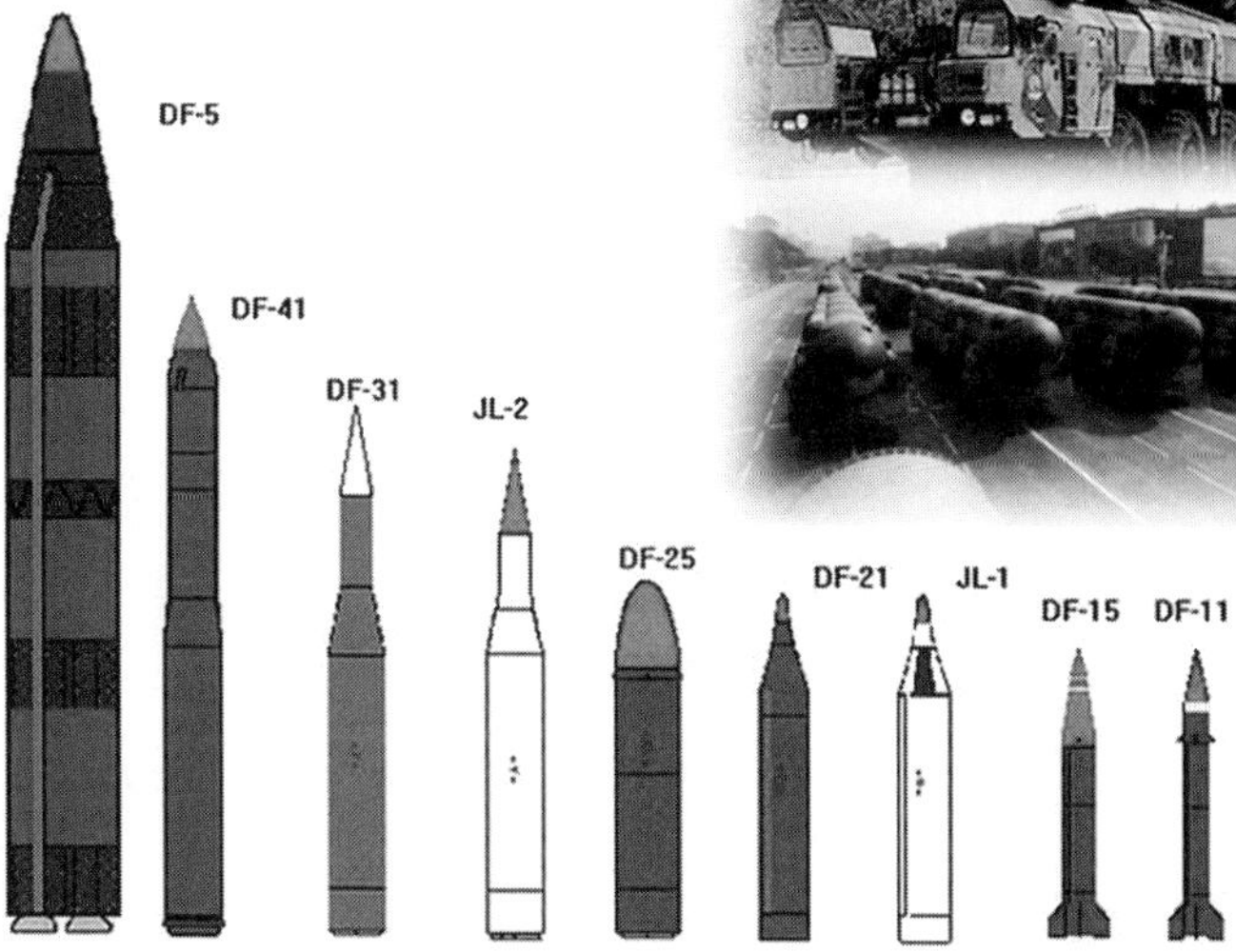

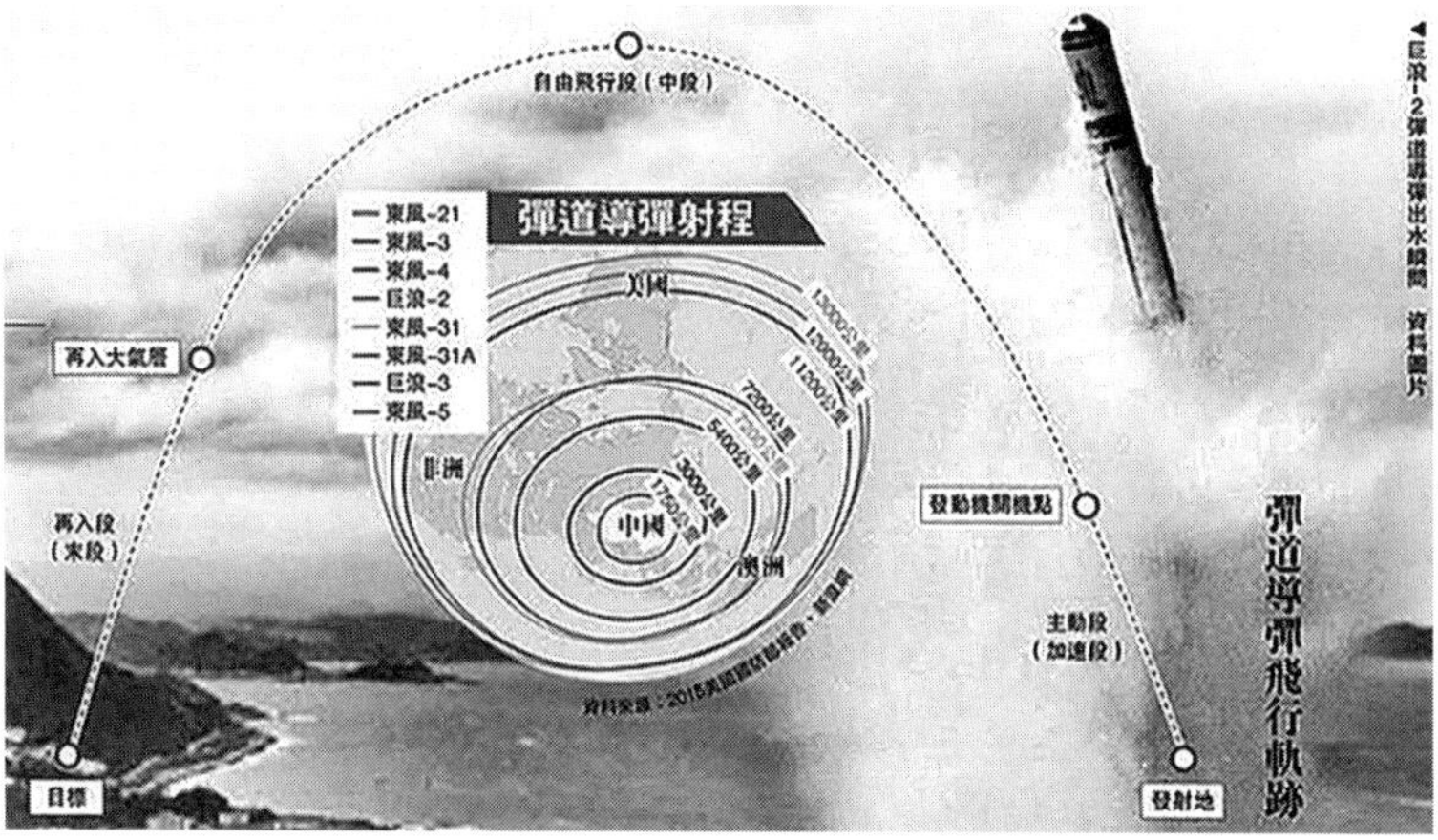

中国の保有するロケット・ミサイルの射程距離

（「大国重器　巨浪3携10核弾 射程1.2万公里」（大公網HP、http://www.takungpao.com/news/232108/2019/0624/308727.html））

図 5-10　想定した米軍の対中戦争指導図（著者作成）

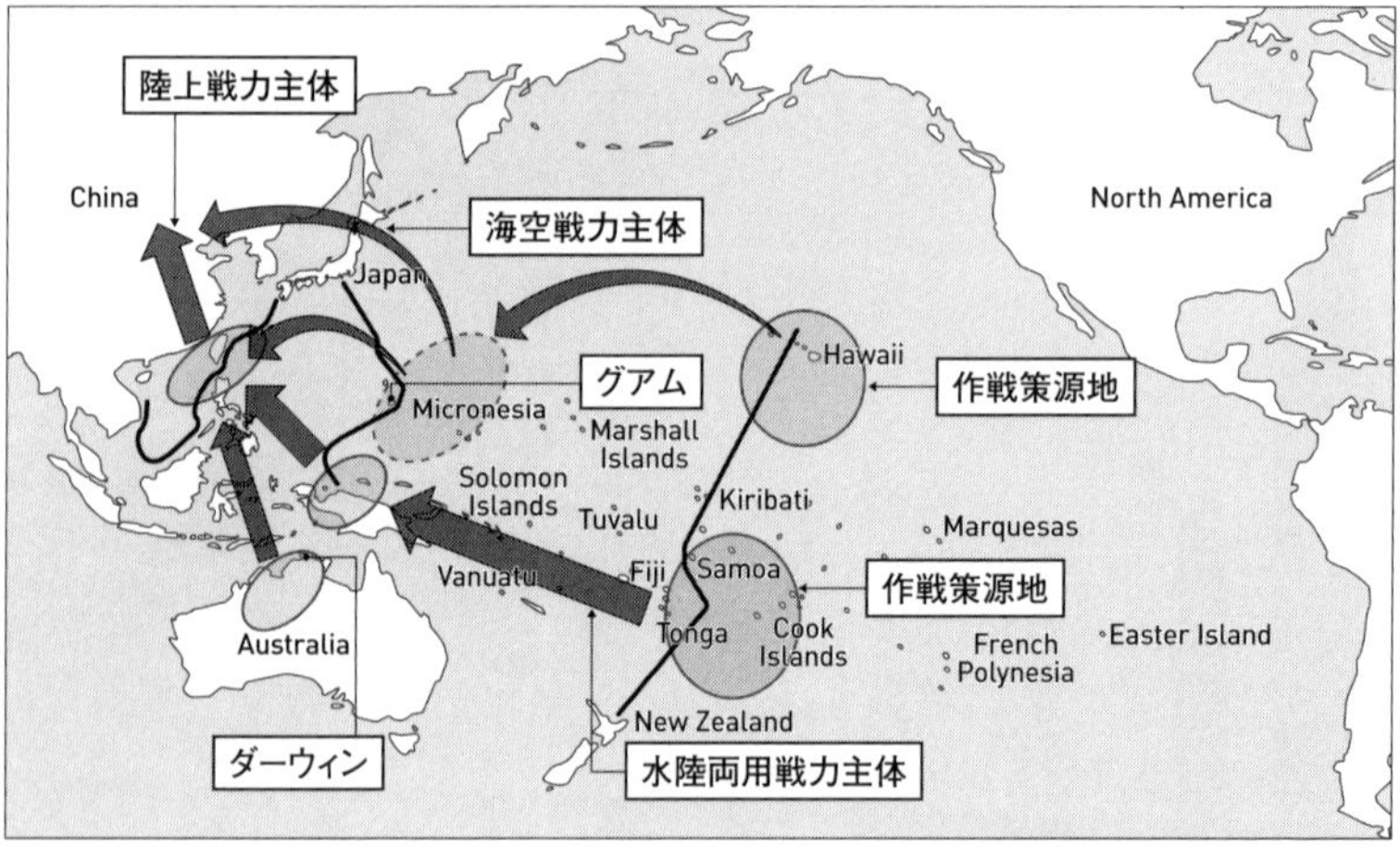

巨浪３（JL-3）（出典：中時新聞網）

その一方でキリバスも約350万平方キロと世界第3位に相当する排他的経済水域を有する海洋国家だ。オーストラリアの原子力潜水艦基地を東岸部に建築しようと考えている米国の安全保障戦略に大きな影響を与えることになる。特に「唐級」原子力潜水艦とそれに搭載する「巨浪3（JL－3）」はキリバスの領海からなら東風41と同様に米本土、政経中枢に弾道ミサイルを撃ち込むことも可能だ。ちなみにキリバスにあるタラワは日米激戦地というだけではなく、中国の宇宙開発基地があった場所でもある。これらのことを「矛」とすると、一方、「盾」とはどのようなものがあるか。

図5－10は米国の対日戦争指導計画「オレンジプラン」と実際に行われた太平洋戦争の作戦経過を基に、蓋然性のある有事シナリオをシミュレートしたものである。

米国が近年、検討を進める戦力投射とそれに続く戦力発揮、戦略基盤の確保を念頭に置いて作成した。ハワイ諸島、南太平洋西部を策源地とし、海空主体の戦い、水陸両用の戦い、強行上陸を含む海岸堡設定の戦い、そして陸上作戦と支援作戦により、決定的勝利を得るというコンセプトである。これを見ると、中国から考察した場合、南太平洋は台湾有事などの決定的作戦において勝利を得るため、列島線を活用したＡＡ／ＡＤの実現など、「条件を作為する」地域になると考えられる。よって今後も中国からの熱烈なアプローチも必至と思われる。

過去の教訓だが、ローマ帝国の盛衰に大きく影響した第二次ポエニ戦争において、ハンニバル・バルカはローマへ進撃するためには象を引き連れ、アルプスを越え、地中海を大きく回らなくてはならなかった。この理由として、カルタゴには地中海の制海権がなかったため、船での進出ができなかったことが挙げられる。ここから海洋と海岸の連携の重要性が理解できる。そのため米軍は太平洋と南太平洋の島々とを同時に進攻する戦いを選択したのである。これは現代への教訓でもある。

では、今まで述べてきたことから日本は何をすべきであろうか。

第3節　日本へのインプリケーション

考察の前提

日本へのインプリケーションについて考察する前に、その前提について述べていく。まず中国は台湾に対し、今後も圧力を高めていくことは間違いないであろう。異例の政権3期目に突入した習近平は「台湾

元米海兵隊総司令官デビット・バーガー大将（出典：U.S. Marine Corps HP）

のためなら武力の行使も辞さない」と公言している。[52] 次に中国はソロモン諸島のように民族対立などの内政問題にまで干渉し、自らの勢力を伸ばすことを忘れてはいけない。[53] また地政学的要因から見た場合、装備開発と連携したグローバルでの軍事的手段に可能性を与える環境醸成により攻撃力の増強を試みている。このまま南太平洋における中国の台頭が続けば、変革国家の現状維持国家とのパワーシフトが生起し、この地域における安全保障のパラダイムチェンジを目の当たりにすることになるであろう。中国は台湾とソロモン諸島が不可分ではないと判断して行動に出た。同様に米国と可分できる国があるならば、あらゆる手段を尽くして勢力を拡大させてくるであろう。

トランプ前大統領は「米国第一主義」をテーゼに掲げ、明確なメッセージを発信していた。バイデン大統領は対中戦略の抑制による危機感が感じられないとの批判を受けることもある。もし大統領が南太平洋に対するコミットメントの低下を選択した場合、このパラダイムチェンジを助長させると予想される。軍事の領域では実効性のない打撃力こそ影響されるのである。

幸い元米海兵隊総司令官バーガー大将などは、海兵隊の存在意義を再強調し、「スタンド・オフだけでは敵を倒すことができない。スタンド・イン、つまり敵に接近して戦うことで敵を倒すことができる」と長距離ロケット・ミサイル以外の戦力の必要性を訴える。[54]

中国が同時に「剣」と「盾」の両方を手に入れようとしている中、米国のメッセージは、通常のＩＣＢＭとＳＬＢＭに加え、低出力核弾頭を実用化し、展開させることだった。低出力核弾頭は対露核戦略の一環と見る向きもある。[55]

しかし、島嶼に対する攻撃にも極めて有効だ。バーガー元総司令官は情報戦、サイバー戦などの分野では中国の発展に目を光らせていたが、核を使用した攻撃については、米国のライバルが存在しないため、「あくびをかいていた」[56]と述懐する。バーガー元総司令官の思いは、ウクライナ戦争での教訓を受けて益々強く引き継がれていくと確信する。そういった意味で米国は情報戦、サイバー戦、電磁波戦をともなうハイブリッドな戦いから核攻撃、非対称戦などのあらゆる軍事行動の手段で中国に対抗する意思を強固にしていることを確認できる。

ただし、その分、米国から見た場合、米国にとってコア（核心）な戦争に重点を絞らなければ、益々拮抗してくる中国の軍事力に対抗できない。よって米国にとってリム（周辺）の戦争やグレーゾーンの戦い、平時における「戦い」は同盟国・同志国など、各国の努力を促す、ということへ変化していくことになるだろう。

また南太平洋への関与を深める欧州は、この地域での既得権益の喪失を懸念している。それはフォークランド紛争におけるアセンション島やリビア空爆におけるマルタ島のように、作戦に大きな役割を果たす、条件を作為する、あるいは作戦を支援する地域になると想定しているからである。

彼らは囲碁の定石のように、地を制する位置に自分の石を置くことの重要性を知っている。これこそ地政学に基づく論理だと思われる。

南太平洋における安全保障環境の変化は、日本にとっても他人事ではない。台湾有事だけではなく、これまでオーストラリアやニュージーランドに次ぐ経済支援を行い、ソロモン諸島とも良好な関係を築いてきた日本が南太平洋島嶼国の団結を助長するキーアクターになるかもしれないからである。これらのことを前提に日本へのインプリケーションについて言及していく。

戦略環境の醸成

まず環境醸成は、日本の安全保障政策の具体的な検討とともに行われるべきものであることは論を俟た

太平洋・島サミット（出典：外務省HP）

ない。また政治・外交の領域では島嶼国に対するコミットメントの継続が求められる。それは台湾との関係を含め、良好な国際社会との関係を維持することだ。

次に経済の領域では太平洋の島嶼国の特性を考慮、バイタルな課題、地球温暖化への対応を軸として、それぞれの国が持つ志向を理解し、きめ細かい支援、つまりテーラードのディーリングをする必要があると思われる。特にエネルギー・食料の安定供給は日本にとって最も基本的な課題だ。

軍事の領域では民族対立、南太平洋の国家間対立、中国の影響力拡大を抑止する必要があり、地域の安定を第一に、米中対立激化に備えた国家としての心構えと準備が必要になると思われる。

特に新たな勢力の進出により、複雑な民族対立が再燃することも予想される。その場合、人道上の支援を一方的に中国に任せるのは危険である。なぜなら中国自体が国内に様々な人権問題を抱えているのであり、国外での人道上の問題を円滑に解消するとは思えない。

加えて国連あるいは太平洋諸国による治安安定部隊の

派遣を準備する必要もあるかもしれない。そうなれば自衛隊の派遣や現地の邦人保護・救出などに備え、軽快かつ強靱なシステムを準備すべきなのは論を俟たない。

そして文化・社会の領域では、宇宙開発、海底資源開発への積極的な関与などが求められていくことになるであろう。またSNSなどによる情報発信に基づく、情報戦や心理戦にも備える必要がある。

これらはパシフィックウェイが島嶼国だけではなく、関係を持つ国も認識すべきことを示唆している。我が国でも首相が参加する「太平洋・島サミット」[▼57]などの場を通じ、関係国との連携を深めていくことが重要である。島嶼国の結びつきを高めるためのインフラ整備を支援していくことや、海洋という特性から密猟、密輸の温床になっている海域では、海賊退治などの新たな対応も必要になるかもしれない。

戦略の基本コンセプト（抑止・対処）

次に抑止・対処に当たっては、安全保障関連3文書以上の防衛力整備の指向転換の必要性について強調しなくてはならない。

まずグローバルな米中角逐は自衛隊の作戦域が拡大することを意味する。そのため、防衛戦略の具体的な策定が必要である。また、これまで述べてきた宇宙・サイバー・電磁波を活用した情報機能の強化、「大統合（新・総力戦）」や新たな意思決定デザイン、データベース作戦導入が必要である。その際、日本が米国と、あるいは単独で対処しなければならない空間、時間、機能が拡大することは必至である。日本の国是は「専守防衛」だ。これを遵守し、日本国内において戦うことを想定しているため、日米同盟を基軸として米国との共同対処により、敵の侵攻を排除することは基本中の基本である。ただし作戦域の拡大による編成・装備を導入させるとともに、関係国と列島線を活かした防衛作戦を準備しなくてはならない。その際、「外征軍」的性格を持った後方支援部隊、ドクトリンの策定と、それに基づく教育訓練なども必要となってくるだろう。

図5-11　日本の防衛指向の変化（イメージ）（著者作成）

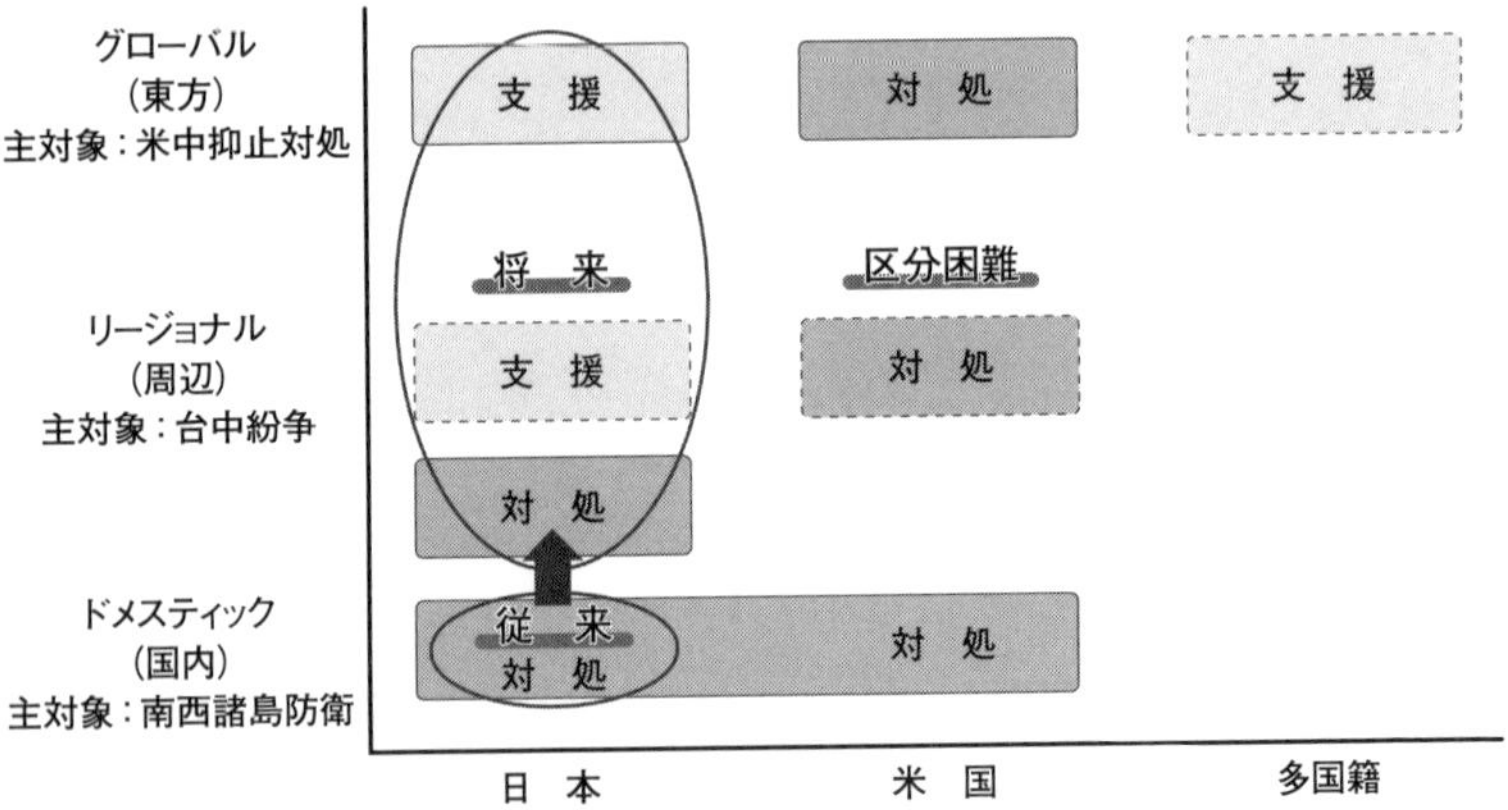

支援：戦争当事国、作戦の主体とはならず、情報、兵站（補給・衛生等）などで他国の作戦に寄与すること
対処：戦争当事国、作戦の主体となり、積極的に他国の直接・間接侵略を排除し、地域の安定に寄与すること

これらは当然、我が国の主権者たる国民からのコンセンサスの形成を得て行うべきものである。よって時間をかけて十分な議論を行わなければならない。あたり前のことであるが、そもそも自国の安全を全て他国の善意に任せること自体、危険である。日本の作戦環境に特化した国産装備品等の技術開発を怠ることも許されない状況にある。

このように現行の防衛政策では理想と現実の間で様々な歪みが生じているのも事実である。これまでは米国の核の傘の下にあるにもかかわらず、外交は「全方位」を追求してきた。そして肝心の防衛は米国に依存してきた。これにより平時と有事の防衛力整備に乖離が生じてきたのだ。このため防衛力の指向が十分にできず、その分、マージンも多く必要とした。これは脅威が顕在化してから防衛力を整備するのに莫大な時間とコストがかかることを説いている。

そう言った意味で今まさに脅威が明確になっているのであり、対象を絞った防衛力を整備していかなければならない。現代戦のトレンドが本格的侵攻対処から非正規戦、そしてサイバー・宇宙・電磁波などの戦いへと変化してきた。しかし米国は既に、島嶼での抑止・対処にも真面目に取り組むと宣言したのである。このことからも日米同盟の在り方、単独オプションへの対応、脅威の顕在化にともなう核兵器を含む防衛力整備、反撃能力、あるいは敵基地・策源地攻撃力の保持をはじめとする憲法改正の議論など、重複するが、国民のコンセンサスの形成を行うべきだと考えられるのである。

改めて言うことではないが、ロシアのウクライナ侵攻は、戦争を忘れかけていた人々に現実の厳しさと平和の大切さを教えた。その戦争を見て戦いのトレンドが変化した、あるいは変化していない、と分かるように、防衛力整備の指向も防衛省・自衛隊だけではなく、他省庁、民間企業、団体、個人、外国の軍官民などとの協力を密にすることで適正にできるのではないだろうか。

プーチンの戦争による軍事以外の領域の無力感は強かったと思われる。安全保障に関する議論において、一人ひとりが戦争のことを考えずに議論するとしたら、それは「不毛」と言わざるを得ない。

本章の最後に孫子の言葉を挙げる。誰もが知る「中国軍」の大原則「戦わずして勝つ」だ。環境重視型軍隊も脅威の顕在化に従い形を変えるように、日本も脅威に応じた防衛力を整備する必要があり、国際社会のスタンダードに則った防衛と安全保障政策の在り方を目指す時期が来たと考える。

第6章　戦略的思考に基づく離島作戦

第1節　戦略環境の認識

本章では、これまで考察してきた戦争の本質などを基に離島防衛へ焦点を当て具体的にイメージしていく。いよいよ核心と言うべき戦略的思考に基づく離島作戦について、シミュレーションしていくのである。

また、ここで言う戦略的思考とは何だろうか。これまでの離島作戦の考察とは何が違うのか。

それは一言で言うなら、戦略環境の認識からはじまる、非軍事と軍事のあらゆる手段を尽くしての作戦について分析していく、ということになるであろう。では、まず戦略環境の認識から考察していく。

戦略環境と戦略の形成

戦略環境の定義は難しい。しかしその一例として、国家の人口世代に注目した戦略環境を挙げる。国家の人口世代の階層上の話である。ある国で若い人が増加し、既存の社会に対する不満も増え、意思決定者の積極・攻勢的な主張が増えれば、その国では多くの人に現状打破は受け入れられやすい傾向になるのではないだろうか。つまり単純・固定化し、許容される選択も戦争などの軍事領域に偏りやすくなるということだ。

逆に、高齢者が多い国になると、消極・保守的な主張が多くなり、平和的、現状維持あるいは温和な対話などによる解決手段が多くなりやすい。許容される限界も高低するだろう。それは損耗の限界点についても同様であり、予想以上の戦果を獲得したため、高揚感が増幅されていくのにも関連するだろう。よって、それぞれの国と地域特有の戦略形成のプロセスにおいては、意思に能力をかけた上、戦略文化という非合理的な要素が影響していくことになる。また、それに大きな影響を与えるのが、軍隊の在り様だ。ここでは「任務重視型」軍隊と「環境重視型」軍隊という二つの対比可能な軍隊について記述していく。

「任務重視型」軍隊と「環境重視型」軍隊

まず任務重視型軍隊とは、どのようなものか。それは与えられた、または自ら選んだ任務の遂行を第一に考え、例えば作戦環境が変化しても、当初の任務に突き進む軍隊のことを言う。これは脅威の存在が前提となるため、効率的に戦力を整備できる反面、視野が狭くなり、実現の可能性を度外視した任務遂行を求められる傾向にある。その結果、可能性は客観的、あるいは受身的なものではなく、自らの努力で高めるものへと変化する。そのため、最も効率的な紛争解決の方法も軍事手段となりやすい。

その対局に位置するのが環境重視型軍隊である。この軍隊は環境の認識と、それへの適用を第一と捉え、当初の認識と異なる事態が生起すれば、必要に応じて任務を修正し、時々の最善の任務を遂行する。よって脅威が顕在化するまで軍事力整備の方向性が決められず、予備の手段も多く必要とする。そのため情報が重視され、また戦力の整備に莫大な時間とコストがかかり、任務もできることから対応しようとする傾向が見られる。それは一見すると、非軍事手段で紛争の解決へ進んでいるように見えることもある。次に戦略的思考から考察する島の価値について検討していく。

島の価値

戦略的思考に基づけば島の価値は機能、時間、空間の視点から考察することで変化する。地政学的認識による他、シーレーンやミサイル基地、策源地、中継点など、様々な要因により変化するものであり、絶えず変わる情勢の中、島の価値を適正に見定めるのは容易なことではない。よって戦略環境の認識をより良くするためにこれから述べていくことを参考にしてほしい。

目　的

戦略環境に基づく戦争目的は、戦争の大義（講和条件［達成目標］）の明確化を実現し、目指す戦争終結の共通認識となって現れるものである。戦略環境が「正しく」認識されなければ、実行可能な戦略も立てられない。もちろん、交戦国が納得できるような講和条件も導き出すことはできない。戦いが続けば損害も大きくなり、ますます戦争は長期化する。この時、戦争目的に基づく出口戦略がなければ、我に対する過剰な期待と過少の敵の見積もりが戦争を継続させてしまうのである。

脅　威

意思×能力で示される脅威認識は、我の行動の自由への敵性国の対応とも言える。つまりエスカレーション、「囚人のジレンマ」と呼ばれる懐疑心による脅威の拡大を生起させる。これを防ぐための一つの手段として、お互いのことをよく知る機会を増やすこと、あるいは、公平な他者を加えること、つまり透明性を確保することにより、安全保障の破綻を回避できる。ただし、両者が合理的な判断ができる、というのが前提となる。また、これを阻止するのも戦略文化なのである。戦略文化は民族あるいは国民としての共通の体験から、合理的な判断ができない「何か」である。よって脅威認識も戦略文化という非合理的なフィルターによってかすんでしまうのである。それを理解した上での脅威の評価が戦略環境を認識する上では重要である。では日本では、どのような戦略環境の認識と戦略形成がなされてきたのか。

日本の防衛戦略の変遷◆

日本は戦後、現行憲法に基づく平和希求の信念の下、情勢に適応した防衛政策、同盟関係、国民の意思の反映を忠実に行ってきた。戦略においても冷戦構造を意識した北方重視論があった。またＧＮＰ１％の壁がなくなった時、当時の防衛庁久保卓也防衛局長の個人論文に準拠するような形で基盤的防衛力が案出された。これは多くのプロセスを経て具体化に至った。この基盤的防衛力には第一次世界大戦、太平洋戦争前の日本軍の南方進出の教訓が影響しているように感じられる。力の真空地帯が侵略を招来するというものだ[▼1]。

その後は基盤的防衛力から脱却し、統合機動打撃防衛、統合機動戦略、そして新たな防衛戦略などを策定してきた。その結果、日本の平和が維持されてきたのである。

しかし、日本の国力に見合った防衛努力を考慮すれば、今後は米国のアジアでのコミットメントを前提とした戦い方に加え、単独オプションでの戦い方を策定する必要があるのではないだろうか。そのような視点から同盟国との共同、潜在的同盟国との協力などを考えるのも意義があることだと思われる。そう言った意味で能力構築、共同訓練、思いやり予算などの共同対処の基礎は重要である。

◆政軍関係：政軍関係についても見直しをする必要があるかもしれない。戦前は、軍人が他の領域へ介入し、多領域への対応を迫られ、視野が狭くなった。高度な軍事領域に主要な役割を果たす軍人は専門分野に制限すべきである。環境重視型軍隊では戦力環境の変化に先行的に対応しなくてはならない。情報の獲得が重要であり、陸海空だけではなく、宇宙・サイバー・電磁波を含めた全空間（オールドメイン）での対応が求められるであろう。日本の教訓：明治維新直後、非情の国際情勢で日本が生き残るためには、軍事力の整備が急務だった。他国の善意に自国を任せるほど危険なことはなかった。

また冷戦時代、ソ連の海洋戦略（ゴルシコフ戦略・オフショア戦略）や米国の戦力投射という概念があった。日本は、この拒否能力に重きを置く北方重視論（オホーツクの聖域化を狙うソ連（ロシア）の動きに対抗するための戦略）などがあった。これを理解するためには、まず欧州に目を向ける必要がある。欧州ではソ連海軍のバルチック艦隊の脅威があった。ノルウェーをはじめ、NATO諸国は有事、バルチック艦隊の自由を奪うため、ノルウェーなどによる海域封鎖を重視する戦略を形成した。それに対し、ソ連は、先制あるいは努めて緒戦において、バルチック艦隊の行動の自由を確保することが重要だと考えた。そのため西欧、北欧への侵略を正当化した。つまり、戦略的に守勢を確保するため、作戦的に攻撃を行う、というものだった。

よって、米ソ両国の戦いに巻き込まれないため、北欧諸国が中立化を目指したのも当然であった。

一方、それを極東に当てはめた場合、どのようなことが想定されるのか。まずウラジオストク（「行け、東方へ」という意味）に配備されたソ連太平洋艦隊は、オホーツク海での封鎖を拒むためには、北海道を支配下に置くことが必須だと考えた。有事の際、ソ連は米軍の来援に先んじて、北海道を占領することで太平洋艦隊の行動の自由を確保する、つまり、米国に対する先制攻撃、報復攻撃を実施する、と考えた。このため日本では、北方重視論が叫ばれ、13個師団のうち4個が北海道に配備されていたのである。その上、有事はその3倍近くにまで増強されることも検討されていた。

この発想はソ連崩壊後まで続いた。ただし日本は、作戦あるいは戦術的には根拠の弱いGNP1％を墨守したが、それを超越することが予想されると、先述した通り新たな根拠（制約）の一つとして基盤的防衛力を挙げた。

それは脅威を明確にしない、いわゆる全方位外交を目指し、専守防衛を国是とする日本は、周りの国と比べ、防衛力の欠如による真空地帯とならないように防衛力を整備する、つまり日本は、全周に隙を見せないように、均等に防衛力を配備し、均等に戦えるように準備したのだった。

図 6-1　冷戦時代のソ連の初期戦略（イメージ）

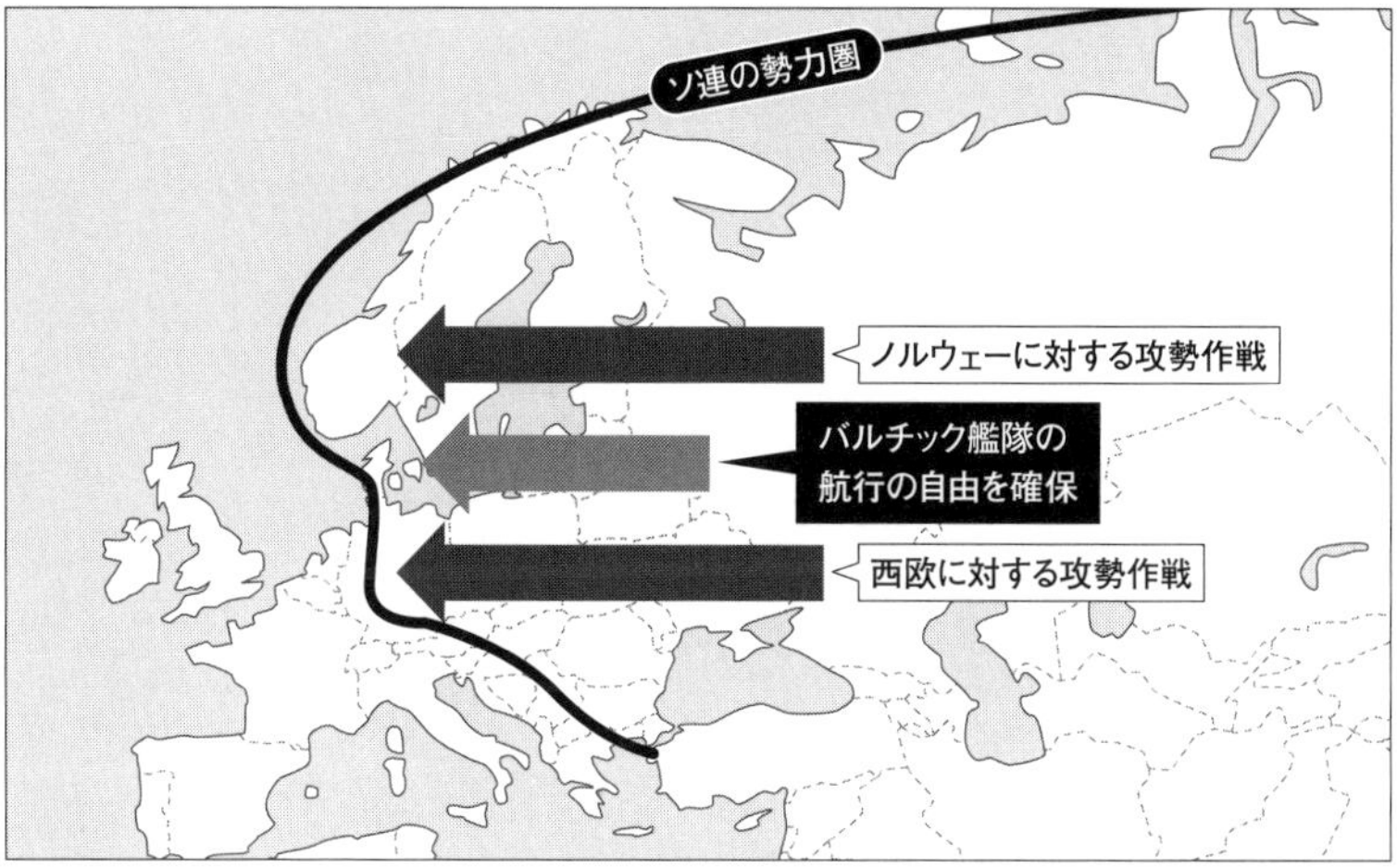

図 6-2　バルチック艦隊の航行の自由（イメージ）

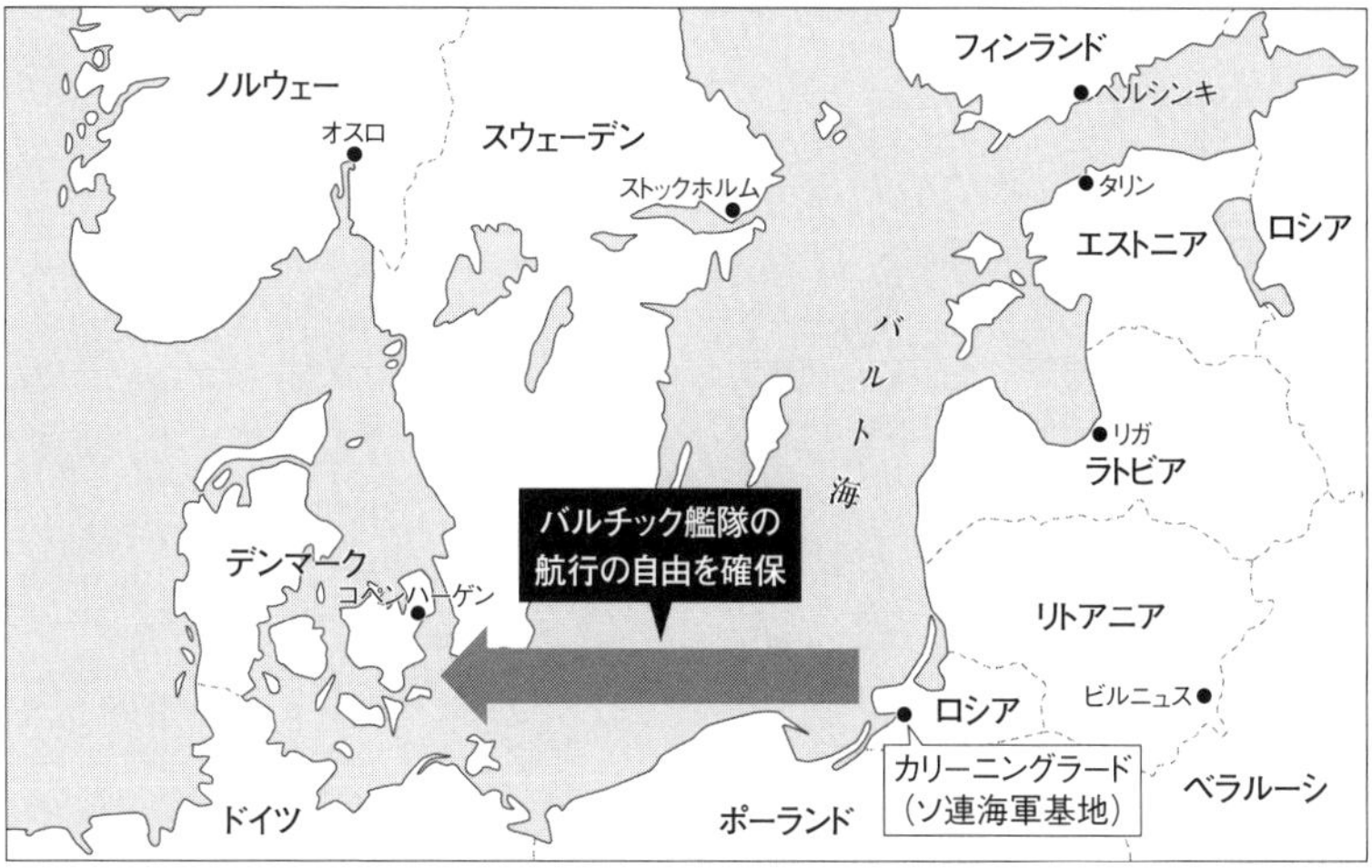

その一方で、ソ連は、太平洋に進出するのと同時に、米国の戦力投射を妨害しなくてはならない。そのため、太平洋に存在する列島線等を利用した米海軍の航行を拒否するためのオフショア戦略を考えた。これにより、アジア諸国はもちろん、太平洋諸国の貧しい国に物資を送り、提携をすすめ、軍事戦略を有効にしようとしたのである。このような考えから行くと、平時、ソ連の艦隊が日本海を南下、あるいは北上すると、当時の日本人には大きな反響となるのも当然であった。では戦略環境の認識に続き、戦略環境の醸成について考察していく。

第2節　戦略環境の醸成

国連での票田獲得

戦争に勝つためには、もはや交戦国同士の問題だけではすまされなくなった。平時から戦略環境を醸成していくこと、つまり関係国はもちろんアフリカ・中東・南太平洋・南米などの国と良好な関係を築き、多くの国からの支持を得ることや、国連の〝票田獲得〟（国際世論の獲得）を図るのも重要な施策の一つとなったのである。これは言わば非軍事主体の外交、経済、文化・社会の領域による火を使わない戦争である。

7つの戦略的アプローチ

日本の国家安全保障戦略では戦略的アプローチ（防衛省「国家防衛戦略」2022年）として、次の7つのアプローチを挙げている。

①　危機を未然に防ぎ、平和で安定した国際環境を能動的に創出し、自由で開かれた国際秩序を強化

するための外交を中心とした取り組みの展開
② 我が国の防衛体制の強化
③ 米国との安全保障面における協力の深化
④ 我が国を全方位でシームレスに守るための取り組みの強化
⑤ 経済安全保障政策の促進
⑥ 自由・公正・公平なルールに基づく国際経済秩序の維持・強化
⑦ 国際社会が共存共栄するためのグローバルな取り組み

その中で防衛省が強調するのは、②我が国の防衛体制の強化である。国家安全保障の最終的な担保である防衛力の抜本的な強化の必要性を挙げているのだ。その結果、２０２７年度の予算水準が現在のＧＤＰ２％に達する所要の措置が求められている。

また、ここでは研究開発、公共インフラ、サイバー安全保障（能動的なサイバー防御）、同志国等との国際協力、防衛装備移転三原則・運用指針をはじめとする制度の見直しにも力を入れている。

そして、⑤経済安全保障政策の促進ではグローバルなサプライチェーンの強靭化が挙げられており、国内基盤、経済財政基盤の強化が重要だと考えられている。

長い同盟国の米国では、ベトナム戦争以降、戦争が起きるたびに、なぜ、我々の息子たちが他国のために死んでいかなくてはならないのか、という素朴な疑問が巻き起こってきた。それは、米国のアイデンティティが確立できていないことを意味する。米国が受入国の要請がなくても、他国へ堂々と軍隊を派遣できたのは、正義、民主主義、経済などのためであり、その大前提は移民の人々の出身国の民族性の尊重、そして危機に共に戦うことであった。もはや多くの政治家は移民ではなく、米国で生まれ米国で育った者たちである。すでにコンセンサスの形成は困難を伴うものになっていると感じられる。そして戦略環境の醸成だけでは効果が期待できない時に注目を集めるのが抑止・対処である。

第3節　抑止・対処

無力は抑止にならない

抑止・対処のためには、安全保障領域における実効性のある手段、すなわち実行力が不可欠である。警察力・強制力とも呼ぶべきものか。インド・アジア、太平洋に共通の利害を持つ国はもちろん、それ以外の国でも国際社会・同盟国との関係を強化することで、日本も地域の安定に寄与できるようになる。特に、欧州諸国との新たな関係強化は、米国との二国間関係を基調としてきた日本にとっては、バイラテラルな線的関係から面的関係への転換であり、紛争対処の脆弱性を克服する機会となりやすい。

これにも過去の教訓がある。それは第一次世界大戦後のワシントン体制の失敗である。ワシントン体制では条約を遵守しない国があったとしても、それを修正する強制力がなかった。よって羊皮紙の条約と呼ばれ、破られた時の担保もなかった。このため再び武力がものを言う時代に遡った。

現代で必要とされる強制力と言えば、西太平洋地域におけるＩＣＢＭ・ＳＬＢＭイニシアティブの拒否であろうか。日本周辺においては沖縄と宮古島の間、台湾の領域ではバシー海峡の航行自由の確保と封鎖が焦点になってくるであろう。そのことを国民と交えて議論することはもはや避けられないと考える。例えば国民保護は正しい情報を国民に付与し、不安の除去とともに、しっかりと予想戦場から退避できれば、有形・無形の戦闘力になる。官民軍の連携、学校、教育委員会、ＰＴＡなどのコンセンサスの必要性は太平洋戦争における「対馬丸」の悲劇からも理解できる。対馬丸の悲劇とは、急に戦略的拠点になった沖縄において、既に周辺海域には連合軍の潜水艦が跋扈していたにもかかわらず、子供たちの疎開を進めたために起きた悲劇のことを言う。軍と行政と教育現場のコンセンサスが得られず、結局は弱者である子供たちに災いが集中するのである。

図 6-3

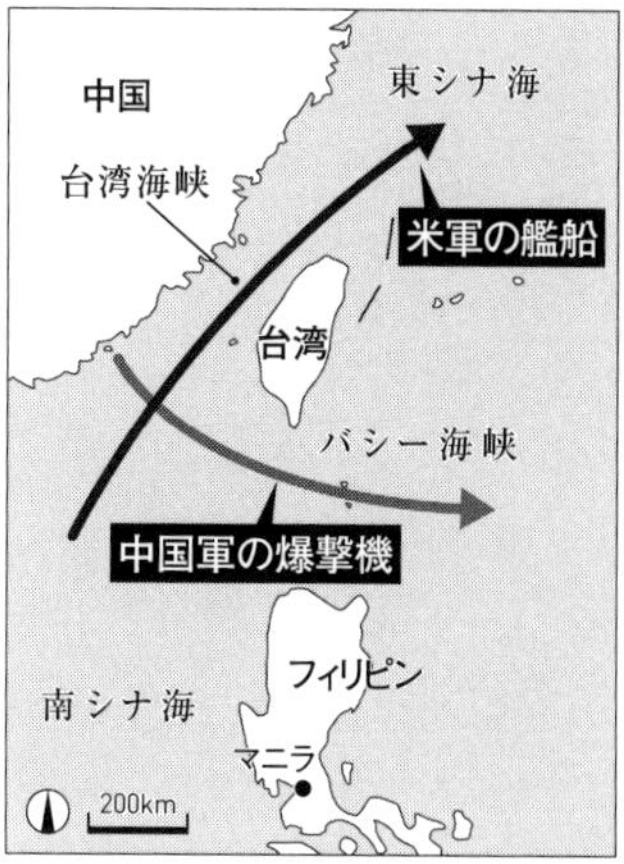

米中角逐を代表する出来事の一例

図 6-4

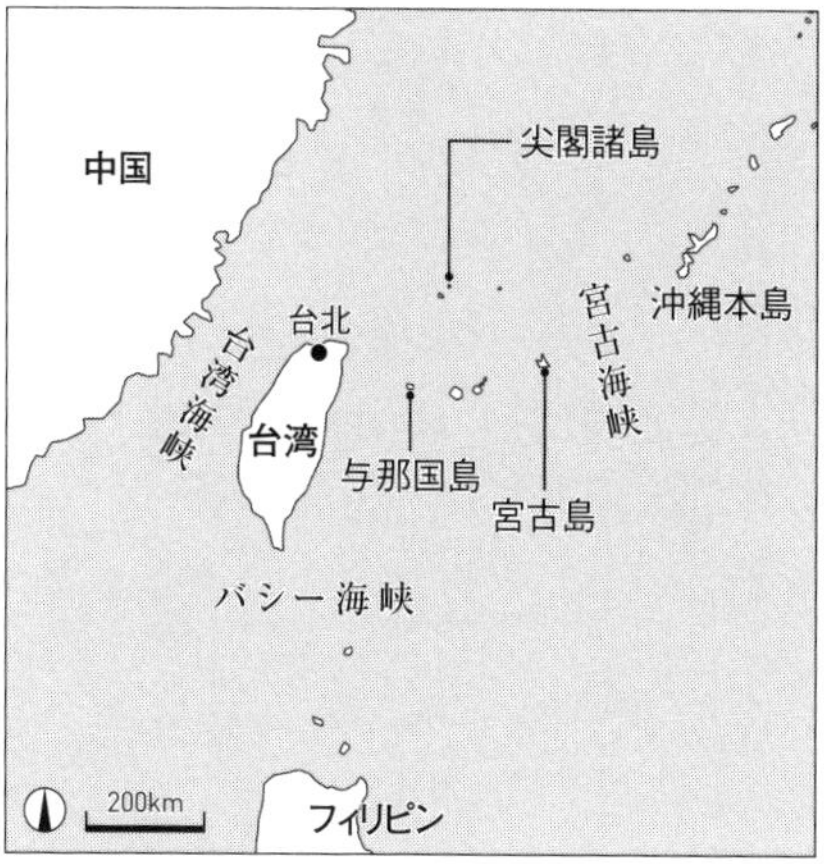

益々注目を集める沖縄本島～宮古島間とバシー海峡

なお、日本の国家防衛戦略では三つの目標と包括的なアプローチを挙げている。「安全保障環境の創出」「抑止・対処による早期の事態収拾」「阻止・排除」である。それらの防衛目標を実現するための包括的なアプローチとして「防衛体制の強化」「日米同盟の抑止力と対処力」「同志国等との連携」があるのだ。しかし脅威となる対象国への態度については具体的に書かれていない。ここにも過去の教訓がある。

宥和、あるいは降伏という選択肢

第二次世界大戦が勃発する前、欧州各国はヒトラーが率いるナチス・ドイツに宥和政策をとった。しかし結果はドイツを増長させ、エスカレーションを招くだけだった。

また大戦勃発後、フランスはドイツに降伏した。ペタン元帥が率いるヴィシー政権が実質的なフランス政府となった。一方、シャルル・ドゴールは英国ロンドンに亡命し、自由フランス政府を樹立した。当時のドゴールは敵前逃亡と見做され、死刑判決を受けていた。そしてヴィシー政権は国民の保護を第一に考え、対独協力に努めたのである。

結果的に自由フランスは、国民主権の下、ヴィシー政権の失敗を弾劾し、新政権を樹立した。日本にもこのような選択肢がないわけではない。当初は侵攻国に宥和し、状況によっては、来援国が来るまでの間、持ち堪えた後に、形勢を見て反攻作戦を実施するといった具合である。ただし主権者たる国民が、それを望むか、望まないかの話は別である。日本を取り巻く戦略環境の変化から、このような議論も必要になってくるかもしれないのである。

防衛力の強化

防衛省は、新しい戦い方へ対応するために必要な機能・能力として、次の点を挙げている。正に抑止・対処能力の具体化である。

まず我が国への侵攻そのものを抑止するために、遠距離から侵攻戦力を阻止・排除するものとして、

① スタンド・オフ防衛能力

② 統合防空ミサイル防衛能力

次に抑止が破られた場合、①と②の能力に加え、領域を横断して優越を獲得し、非対称的な優勢を確保するものとして、

③ 無人アセット防衛能力

④ 領域横断作戦能力

⑤ 指揮統制・情報関連機能

さらに迅速かつ粘り強く活動を続けることで相手の侵攻意図を断念させるものとして、

⑥ 機動展開能力・国民保護

⑦ 持続性・強靱性

これらは、対応が必要な相手の行動と我が国の防衛力について、核以外のあらゆる行動へ対応することを念頭に明らかにされたものであり、七つの柱で防衛力を抜本的に強化するとともに、核の脅威について

今後５年間で整備する装備品などの一例（イメージ）

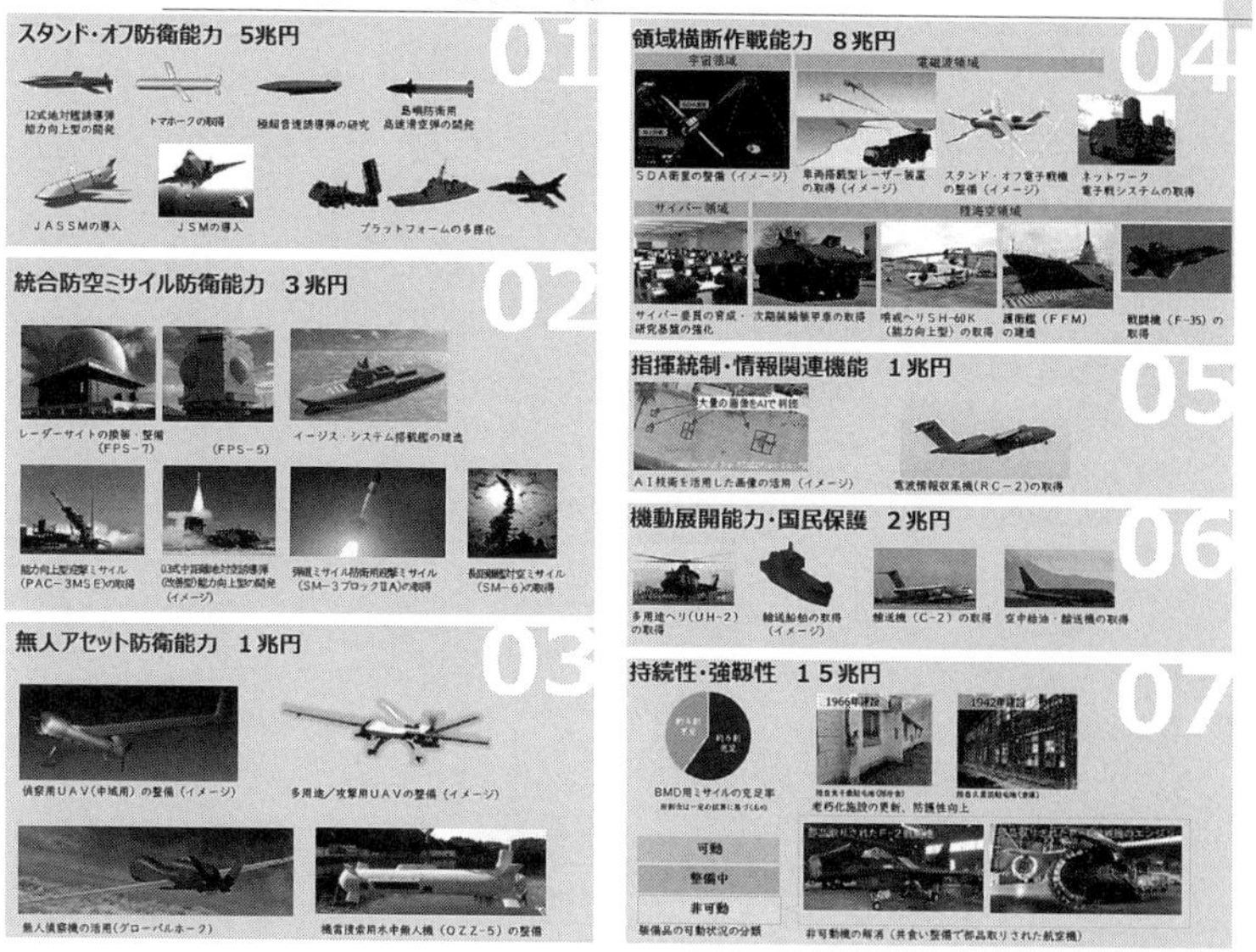

（防衛省の説明資料より）

◎スタンド・オフ防衛能力

攻撃されない安全な距離から相手部隊に対処する能力を強化

◎統合防空ミサイル防衛能力

ミサイルなどの多用化・複雑化する空からの脅威に対応するための能力の強化

◎無人アセット防衛能力

無人装備による情報収集や戦闘支援等の能力を強化

◎領域横断作戦能力

全ての能力を融合させて戦うために必要となる宇宙・サイバー・電磁波、陸・海・空の能力を強化

◎指揮統制・情報関連機能

迅速かつ的確に意思決定を行うため、指揮統制・情報関連機能を強化

◎機動展開能力・国民保護

必要な部隊を迅速に機動・展開するため、海上・航空輸送力を強化。これらの能力を活用し、国民保護を実施

◎持続性・強靱性

必要十分な弾薬・誘導弾・燃料を早期に整備、また、装備品の部品取得や修理、施設の強靱化に係る経費を確保（現有装備品を最大限有効に活用するため、可動率向上や弾薬・燃料の確保、必要な防衛施設の強靱化への投資の加速）

は、米国の拡大抑止をもって対応し、信頼性を向上させることが肝要である。
大規模な正規戦とは異なり、戦力に格差がある場合、相手に比べ少ない戦力でも、迅速な集合離散を行えば、局所において対等、あるいは、それ以上の戦果を期待することができる。そのためには権限を相対する個別の指揮官に委任するのが良いと考えられる。引き続き、これまで述べてきた戦略的思考を基に離島作戦のモデルケースについて検討していく。

第4節　離島作戦のモデル・ケース

前提

近未来におこりうる離島作戦の形はいつも同じではない。離島作戦の目的、目標、作戦様相などで場合分けする必要がある。例えば、政治・外交目的のための離島作戦としては、尖閣列島などの無人島の争奪戦などが予想される。経済目的なら主要資源を狙った領土獲得を目指す離島作戦になるであろう。加えて軍事目的なら戦略的価値の高い飛行場や長射程火力の基地の奪取、あるいは作戦基盤、策源地を構築するためなどの離島作戦になるであろう。

しかし、ここでは台湾併合を企図する中国が、南西諸島以東の空間において、離島作戦を行う場合について、焦点を絞って検討していく。すなわち、戦勢を支配する要点、敵が必ず攻撃してくると予想される離島の争奪戦である。なお、その中でも同盟国の戦力投射に注目すれば、敵の接近を妨害を含む集結掩護のための離島作戦、障害処理なども含む進出擁護を伴う離島作戦なども蓋然性が高くなる。

さらに作戦が発動されるのは、台湾国内で他国に先導された不安定な要因が渦巻く中だけではない。米国が拮抗する大統領選挙の結果、納得しない陣営が暴動を作為し、米国政府が戦争などの対外政策に消極的になる好機を狙うのは当然のことである。
台湾有事まで、あと数年と、予想する研究者もいるが、米中の戦力比を考えれば、中国が冒険的な戦いを挑む可能性は低いとも考えられる。しかし中台に影響を及ぼす重大な国際情勢の変化があれば、その限りではない。また米国と台湾、それに対する中国の戦力比が近づいているのは事実である。いつか逆転するならば、決定的な変革国家と現状維持国家との対立の構図となり、脅威の顕在化を経て実戦へと進むかもしれない。

図 6-5　作戦域の拡大が予想される空間（図 5-7と同じ）

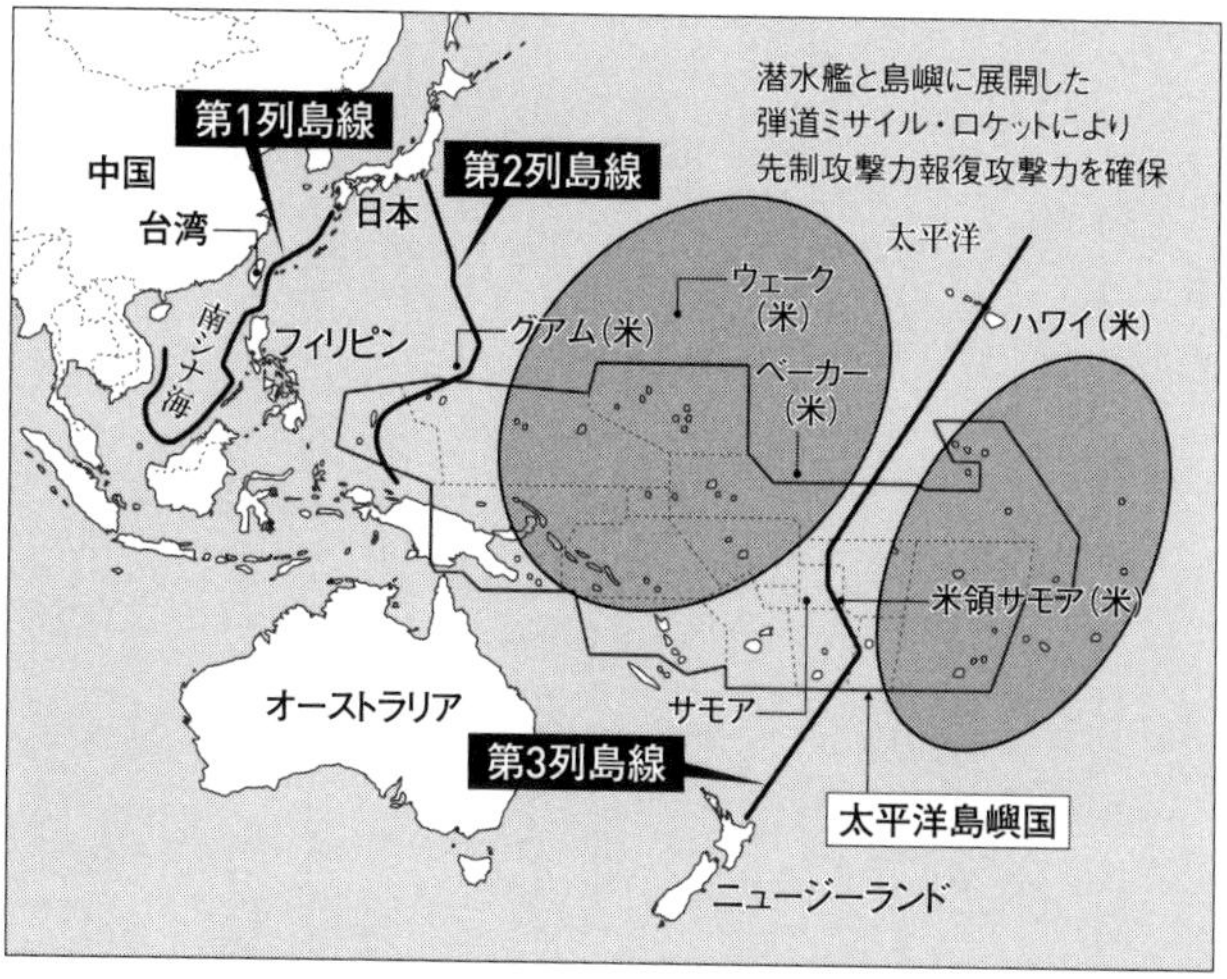

さて、ここで前提として考えたのは、離島での作戦を作戦レベルから考察することである。離島作戦の目的には、進出掩護、集結掩護などがあり、それぞれ日本の同盟国である米国の動きと関係する。つまり米国の行動の自由を守るために自衛隊の作戦も行われるのだ。そして作戦レベルの下に、攻撃、防御などの戦術行動を複数組み合わせ、日本の作戦が成り立つとシュミレートした。

平素（脅威顕在前）

これからの戦争では、平素の活動は作戦準備とほとんど同義語となる。しかし、ことが起きた時に、あらゆる努力を迅速に集中できる態勢の整備は不可欠だ。

そのためには体制変換（平素の体制から作戦遂行に最も適した態勢へ）を効率的に行う準備をしておかなければならない。いわゆる「グレーゾーン」と呼ばれる期間のことだ。この際、最も重要となるのは正しい認識の共有である。

また有事には、条件を作為する部隊、決定的作戦を遂行する部隊、作戦を支援する部隊の戦闘・行動が予想される。最初に行動するのは作戦を支援する部隊と条件を作為する部隊である。作戦を支援する部隊は、決定的作戦を遂行する部隊だけではなく、条件を作為する部隊の作戦基盤を醸成する部隊である。具体的には宇宙・サイバー・電磁波領域も含む全ての領域において、情報・心理戦などの認知領域での優越を獲得し、作戦に必要な人的・物的資源を整備することである。そのためには、策源地の推進なども必要とする。離島作戦は、これまで見てきた通り、戦力集中競争の様相を呈する。よって作戦を支援する部隊の作戦の成否が実戦前に戦争の結果を予測させるのである。

次に、条件を作為する部隊である。これは戦場になると予想される離島に人的・物的資源を輸送したアセットをもって現地に所在する国民の保護などを行い、戦闘部隊に戦いへ集中させる作戦環境の整備などから始まるであろう。また陽動・欺騙や真実を隠すためにはノイズが必要であり、戦術的妥当性と兆候から敵を欺くための作戦なども担任する。加えて作戦が開始されるや、決定的作戦を遂行する部隊の戦闘へ寄与するために、全力を尽くすのである。そして決定的作戦を遂行する部隊は、与えられた、あるいは自ら定めた目標を達成に集中するのである。目標は、それを奪取することにより目的に寄与できるものを選定し、戦力は「大統合」の視点から集中する必要がある。

この際、同盟、同志国、あるいは国連などの国際機関との連携も必要である。いざとなったら使用可能な他国の領土もネットワークを構築するためには不可欠である。フォークランド紛争のアセンション島であり、囲碁の定石のようなものである。そのためには平素より関係国や地域住民との信頼関係を築くことが不可欠である。

図6-6　各列島線を活用した進出掩護と集結掩護（イメージ）

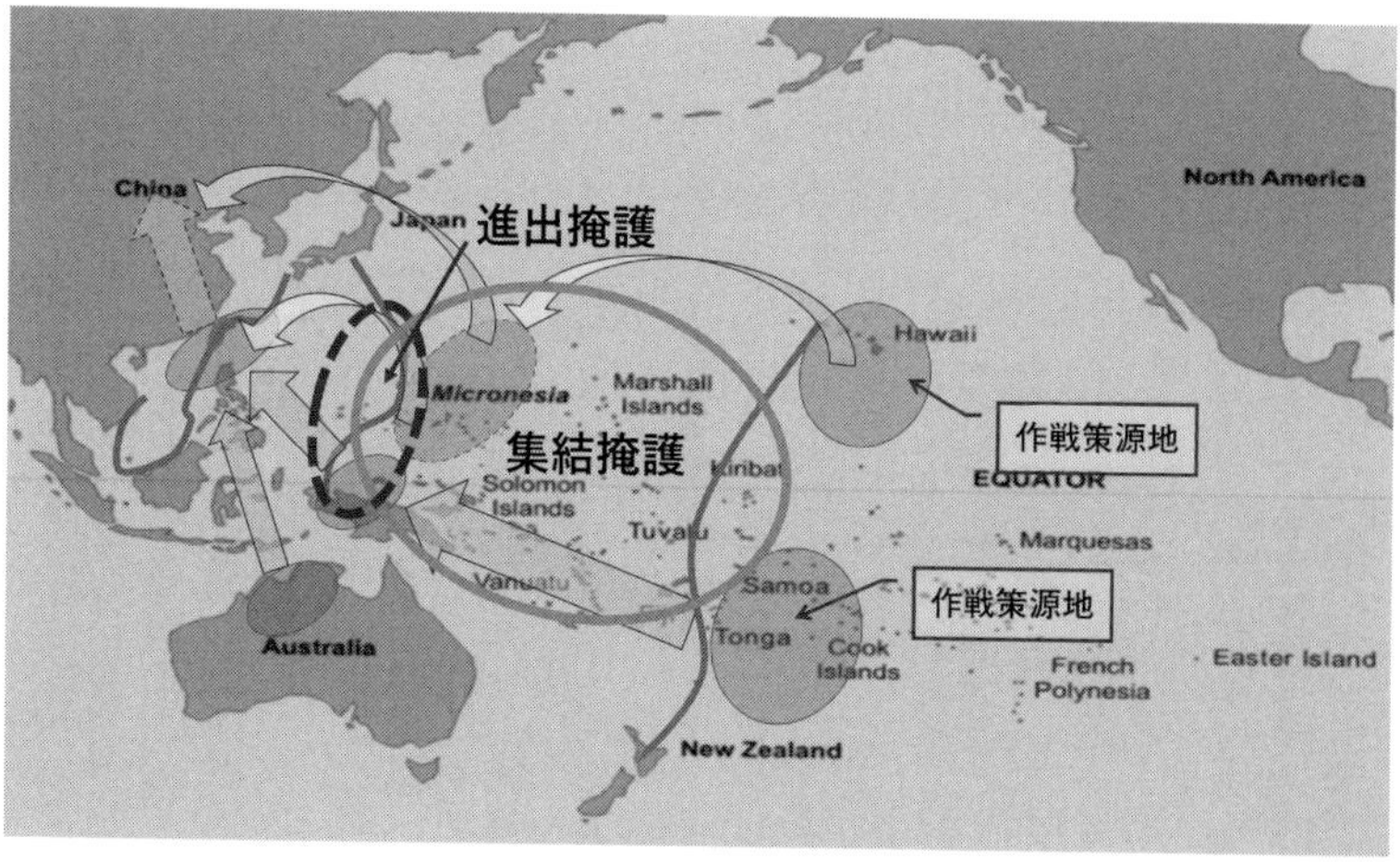

その他にも認知領域での優越、土地の有力者との良好な関係構築による情報入手などにも着意することが大切である。外交に加え、軍事コミュニティ、経済コミュニティ、文化コミュニティなどの全領域にわたり良好な関係を築いておくと有利である。

また離島作戦における思考過程については、従来のプロセスから新たなデザイン型へ変換し、意思決定の広範・迅速化を図らなくてはならない。それはDX等を活用することにより、従来の選択肢の優先順位を決定するだけではなく、オプションの提示・対応、問題点・課題と解決策などの提示や将来の作戦推移を予測することで実効性の高い意思決定、すなわち最良の選択を可能とするものでなければならない。

そのためにも今後創設される常設統合司令部（PJHQ）や一部の部隊がアジア版NATOやASEANFORUMのミリタリー版に対して、これまでのようなオブザーバー参加に加え、もっと積極的な役割を担っていくことが大切であろう。

また持続の機能からも戦略物資の蓄積に当たっては作戦予定地域に対する先行的な対応が求められる。さらに同盟国の弾薬庫を使用した弾薬・食糧の確保や認知の領域からセカンド・プラットフォーム、例えば予備役の経験、GPS、PCを駆使した情報共有、相互運用性と日本の作戦地域の特性の節調、島のネットワークが最初からできるとよい。この際、作戦領域が広がるため、他国の文化や価値観を尊重しつつ協力への理解を求めていくことは不可欠である。特に情報提供、フェイクの蔓延防止、官民自衛隊の信頼関係の構築などが重要である。

国民からの理解（協力）も大切であることは論を俟たない。国民保護、責任ある企業の事業継続性、例えば生活インフラ・通信技術等の継続は作戦遂行の基盤となる。そのためには法的根拠の整備や作戦地域の設定、誘導や物資の準備、他国が行う自国民保護、非戦闘員退避などと連携し、飛行機・船舶による輸送、疎開のコンセンサスを形成していくことが大事である。この際、周到な計画作成など、作戦地域の拡大によるデータ入手、事態別教育訓練に対する物心両面での準備が大切である。

認知領域での優越による作戦基盤の確保

作戦基盤の確保に当たっては、部隊の島嶼への接近、海岸堡の設定、水際での作戦、上陸部隊の攻撃、内陸部の戦い、特殊部隊等の進入による情報組織の確立、周辺島嶼を活用した戦力発揮が焦点となる。そのためには長距離打撃による精密、スタンド・オフ攻撃、敵の防御火力への対応、敵特殊武器からの防護、宇宙・サイバー・電磁波領域での優越（領域横断作戦能力）と戦闘力の迅速な集中、国民保護（不可能な場合、シェルター）などが不可欠である。

また「持てる国」との連携にも着意しなくてはならない。ここで言う「持てる国」とは情報の優越、防御的電子戦に加え攻撃的電子戦、対フェイク、敵の情報操作の克服ができる国である。総じて情報戦などと呼ばれる分野で先進国と呼ばれている国である。

加えて作戦地域における全領域での機動手段と機動路を確保し、敵の戦力分散の作為による各個撃破の追求、海岸堡設定の阻止を企図する敵の火力打撃からの防護、持久作戦、増援部隊との連携が不可欠であろう。

戦闘様相

作戦が開始されると、統合火力に裏付けられた戦力投射（戦力集中競争、長距離機動、中継点の確保）、作戦予想に最適な部隊の編成（陸海空・水陸両用部隊の連携）、国民保護等（人員輸送の復路、他正面との折衷、米軍弾薬庫、自衛隊覆土射場・弾薬庫等の活用、改修によるシェルターの利用）、そして策源地攻撃が鍵となる。

条件の作為に当たっては、島嶼の孤立（宇宙・サイバー・電磁波での優越の確保、敵の増援、人員・物資の推進阻止）、兵站活動（救急なども含む）の準備（エアーベイシング、シーベイシング）、当初のネットワークの構築の追求が優先されていくであろう。戦訓の収集・分析・反映・普及、部隊交代（戦力推進、衝撃力の持続）などが行われる。これらを概ね時系列に従い記述していく。

有形・無形のネットワークの破壊

作戦基盤を構築した後、最初の行動として敵の有形・無形のネットワークの破壊がある。その狙いは、作戦空間での敵の相互支援の拒否、敵の戦闘力集中を困難にすることである。そのため攻撃目標だけではなく、他の島嶼に対するSNSやスマートフォンを駆使した、あらゆる手段を尽くしての情報戦、陽動や欺騙の併用も行う。この際、真作戦の目標は戦勢を支配する作戦地域の焦点の島、戦略的価値の高い島（High Valuable Targets）になるであろう。陽動には空挺部隊、水陸両用部隊、航空部隊などの運用が有効である。加えて作戦空間の全ての領域の最新かつ詳細な状況を把握するため、UAV、UGV及びUSSなどの無人アセットが利用できることが望ましい。

一方、ネットワークの破壊にはスタンド・オフの長射程火力、精密誘導火力を用い、有形・無形のネットワークを破壊し、敵戦闘力の集中を困難にした後、それを持続するための領域横断能力のアセットも準

シミュレーション（作戦の焦点）

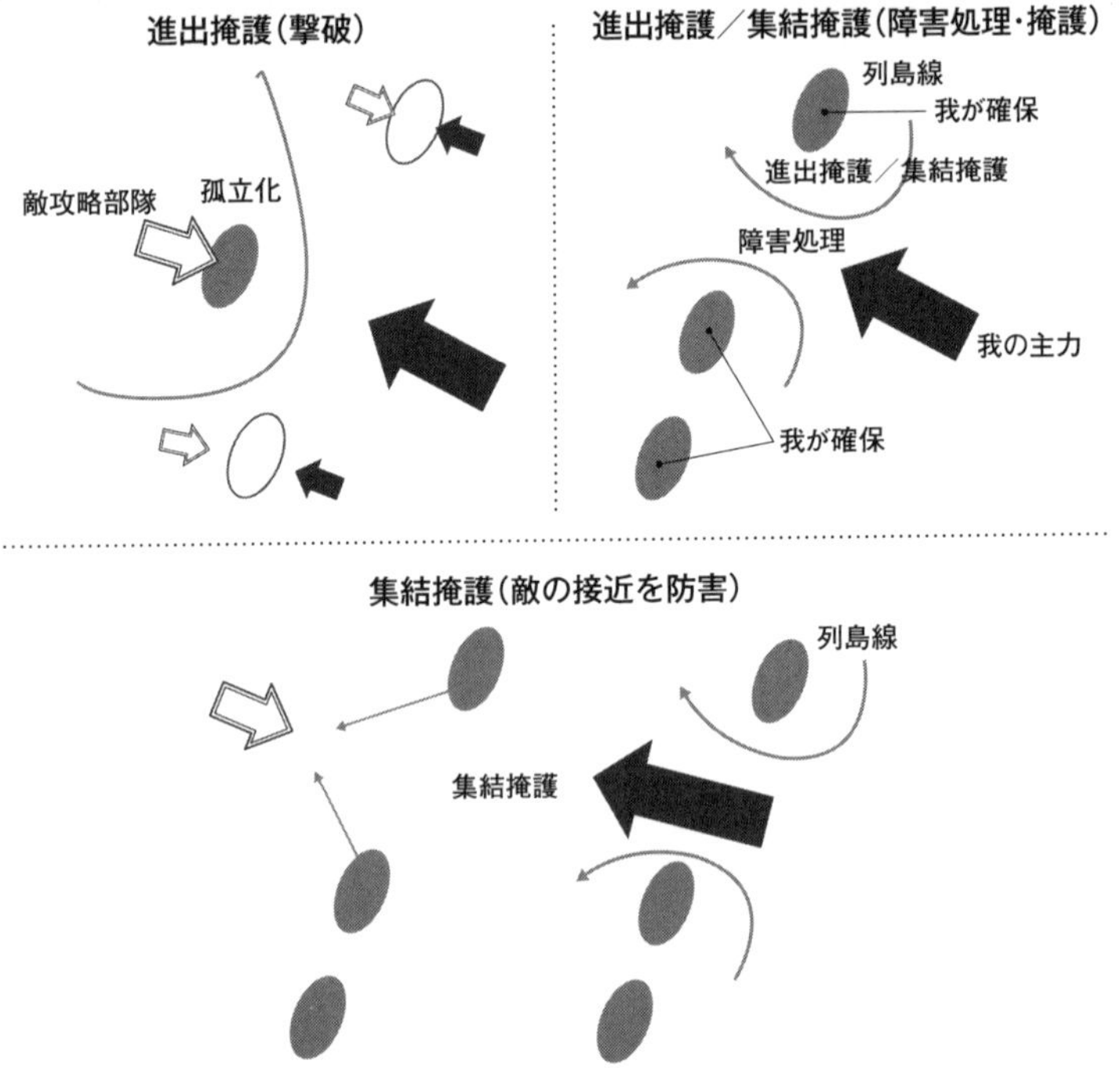

有形・無形のネットワークの破壊

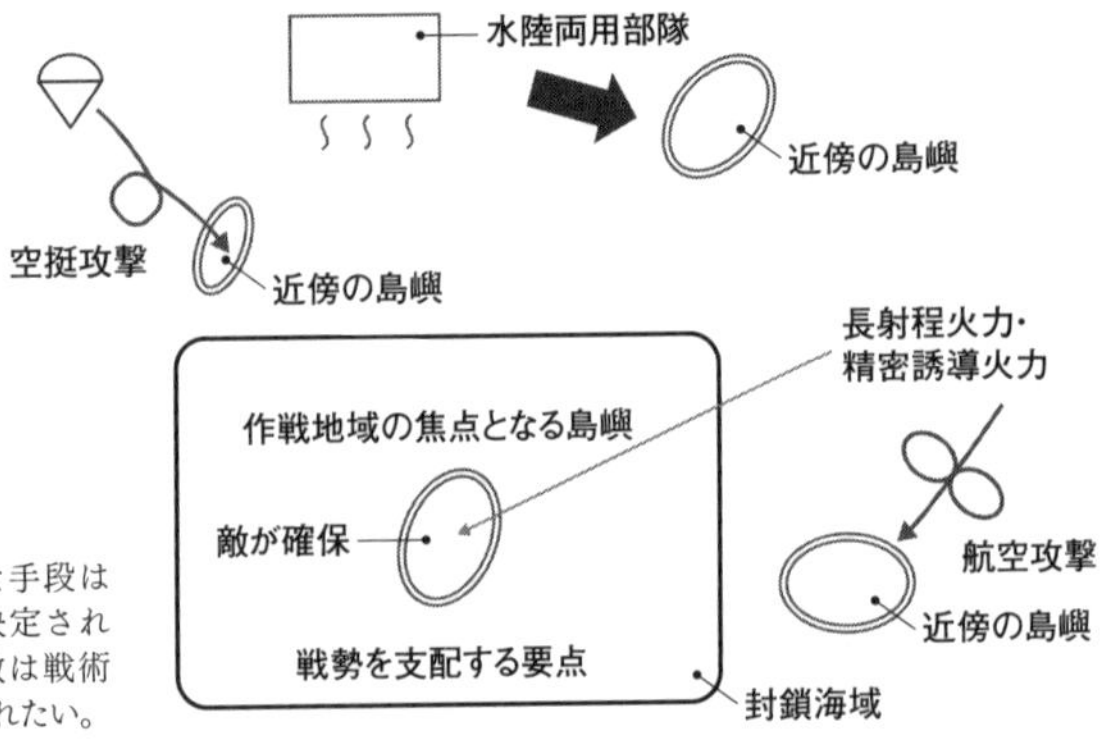

注：具体的な手段は状況により決定される。装備と数は戦術書を参考にされたい。

備しなくてはならない。その次は作戦目標、焦点に対する作戦であり、島の孤立化を狙いとした行動へ移行する。

島の孤立化

有形・無形のネットワークを破壊した後、作戦目標、作戦の焦点に対する行動、すなわち島の孤立化を実施する。具体的には周辺の島嶼、あるいは本土とのネットワークの破壊に乗じ、陸海空、宇宙・サイバー・電磁波など全ての領域において敵の接近・アクセスなどを拒否することである。陸上における敵航空機やミサイルなどの脅威から部隊・個人の損害を回避し、行動の自由を確保する防空などである。

また、それに続き海域における敵部隊の水上艦や潜水艦の攻撃から我の部隊の安全を確保、長射程火力による部隊・輸送手段に対する攻撃の拒否、認知領域での戦力発揮などを行う。ここでも無人アセットなどを適宜活用して、作戦開始後の戦力発揮に支障が出ないように着意することが重要である。

次に行うのは、条件作為、あるいは作戦を支援するための作戦基盤の確保などの外線作戦の準備である。

外線作戦準備（条件作為・作戦支援基盤の確保）

外線作戦の準備に当たっては、離島に対する戦力集中競争の様

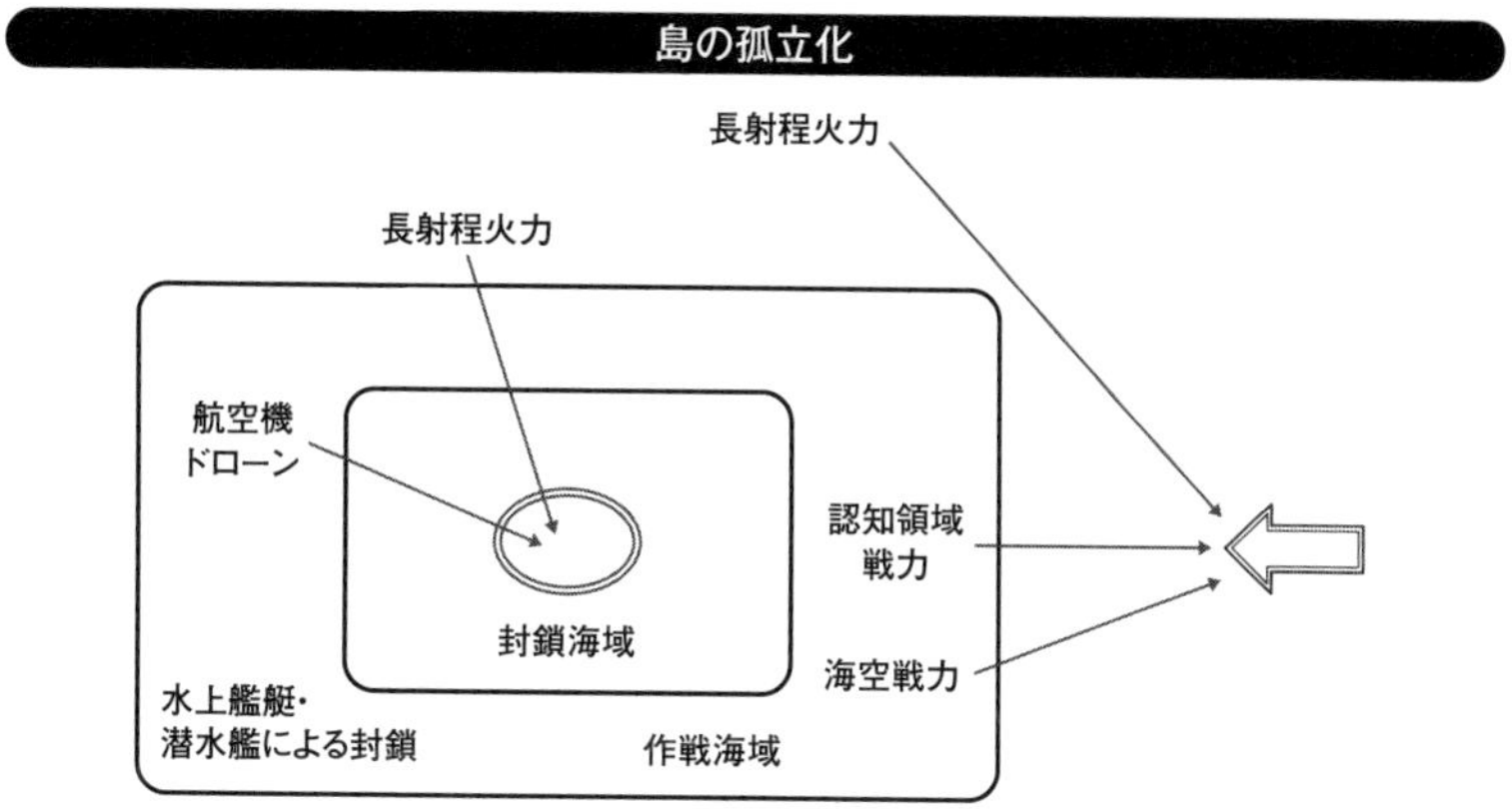

外線作戦準備

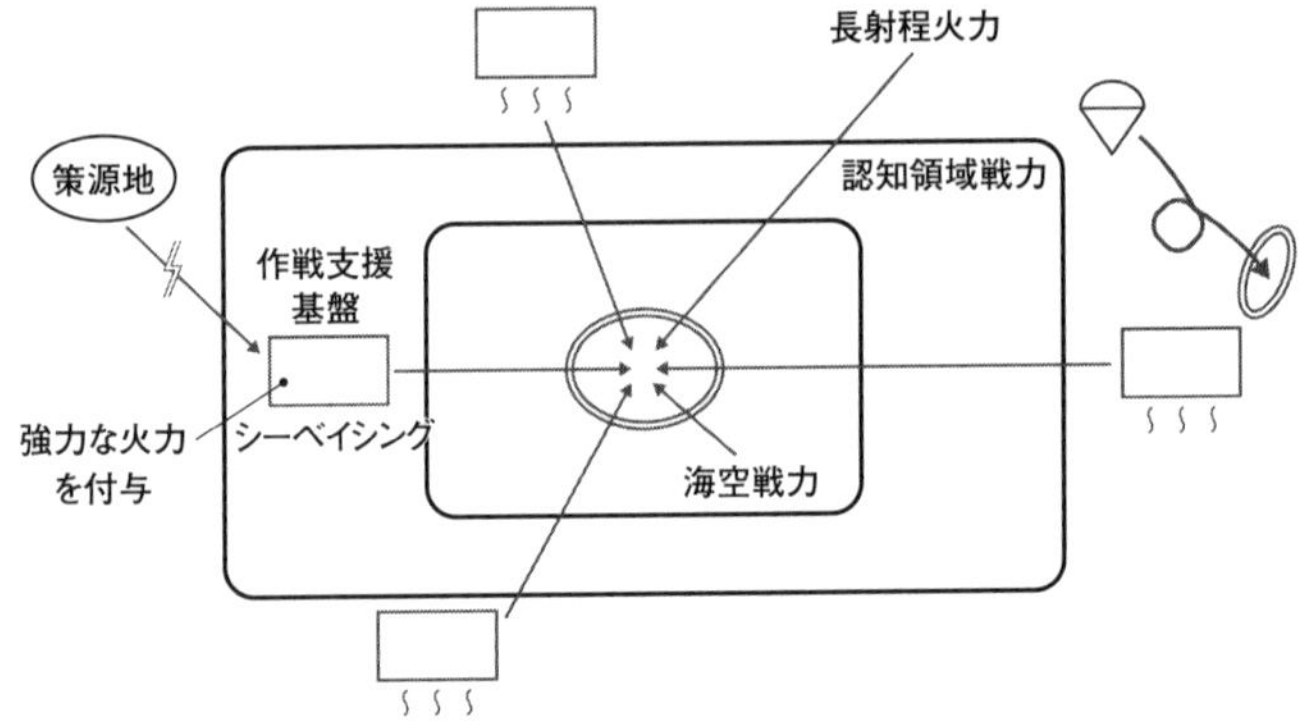

相が呈される中、時機を優先し逐次に戦力を発揮するか、後続部隊等の集結を待ってから一挙に戦力を発揮するか、決めなくてはならない。この際、重要な判断要素は情報能力と機動展開能力である。情報能力は、全領域の認知能力の優越の獲得のためにも必須である。また機動展開能力は作戦空間に取り残された非戦闘員を退避させる方策にも重要な役割を担う。

概して島嶼防衛では、逐次投入になることが多い。その一方で、内線作戦をとる敵は我の攻撃を各個に撃破し、戦力の優越を図る。よって我は攻撃時期・方向などの統制を確実に行い、敵に乗じられないことが大事である。

作戦支援基盤の確保に当たっては、敵の接近に対する長射程、精密誘導火力などのスタンド・オフでの攻撃が望ましい。また作戦支援基盤については、離島作戦の場合、策源地との密接な兵站・人事を実現するシーベイシング、あるいはエアーベイシングの設定を考察する必要がある。外線作戦準備が整った後は、決定的成果を獲得するための作戦遂行である。

決定的作戦の遂行
（陸海空戦力＋宇宙・サイバー・電磁波領域などの大統合）

決定的成果を得る作戦においては、全領域での緊密な連携による、各部隊の効果的な作戦が求められる。特に全領域に影響を与

決定的作戦の遂行

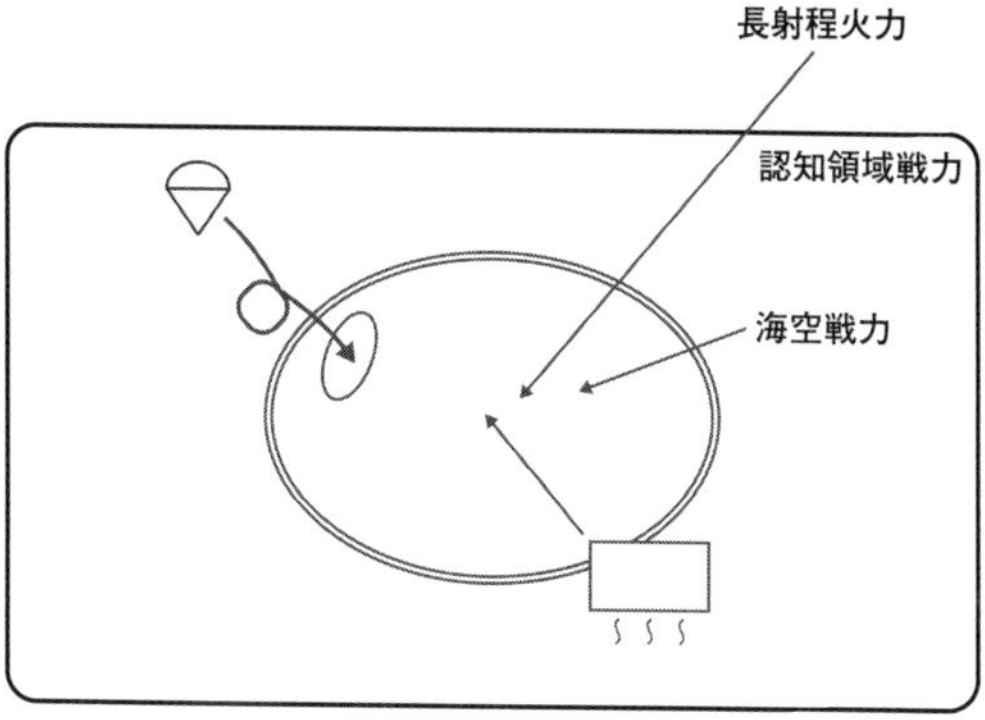

える認知領域の優越により、敵に戦闘力集中の機会を与えてはならない。また我の意思に反して、島嶼への上陸を企図する海空戦力と連携する水陸両用部隊を拒否することである。この際、上陸に当たっては長射程火力の掩護下、空挺部隊などの一部の部隊をもって一正面から攻撃、敵を拘束する。それとほぼ同時に主力をもって他の正面から攻撃し、敵の戦力を分散、上陸作戦を容易にすることができれば有利である。

その後、非接触下、あるいは接触下での火力の発揚により敵を撃破する。またネットワークの破壊後も引き続き敵の増援を阻止するように、全領域横断戦力で防止するなどの着意が必要である。

上陸作戦が終了し、橋頭堡を確立した後は直ちに全領域の戦力が発揮できるように準備しなくてはならない。そのためには細密な情報を獲得し、所期の目標を確保する決定的な作戦を開始する。目標の奪取後は敵部隊の逆襲に備えるほか、直ちに再編成を行い、占領と持続に移行できる態勢をとることが大事である。

占領と持続

所期の目標を達成した後の占領と持続に当たっては、占領を確実にするため、周辺からの長射程火力を準備し、脅威が出現した際、直ちに打撃ができるように準備する。また持続のためには速やかな再編成、弾薬・燃料などの再補給と新たな人員補充などを

占領と持続

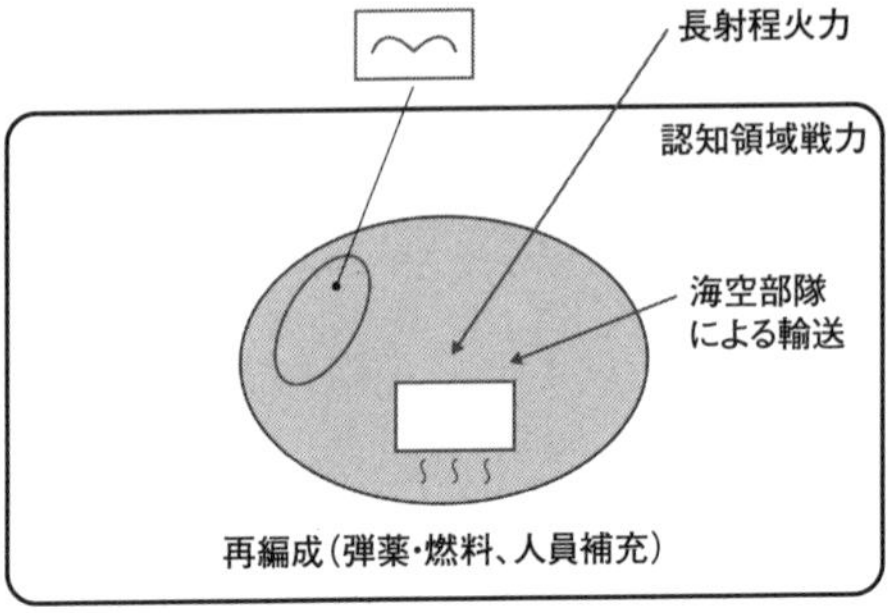

行う。増員に当たっては、状況により海上輸送だけではなく、航空部隊による輸送や空挺部隊なども活用する着意が必要である。その後、努めて早期に島の確保に任ずる。

確保（防勢転移、ネットワークの構成）

占領した島嶼への脅威を排除するため、陸上部隊の配置、敵の新たな攻撃を封じる要点への攻撃などを行い、確保を確実にする着意が必要である。

また戦局が終盤なる時は、有利な講和条件の獲得のため、部隊の配置を第一に考え、打撃力に応じた、実部隊の配置に着意する。

さらに敵が低出力核や戦術核などを使用する可能性がある場合は、当初の防護、あるいは一旦、後方に退がり、状況を見極め、再占領するなど決定する。なお策源地と確保した島嶼の主要ルートは敵の脅威にさらされないように十分な戦力を付与しなければならない。

加えて現地へ行く部隊・人員等は必要最少限とし、努めてネットワークを活用して効率化を図る着意も必要である。

防　御

獲得した島嶼が複数ある場合、防御の目的が達成可能で守るのが容易、かつ敵が必ず攻撃してくる要点において防御に準ずる行動をとるのが常態である。

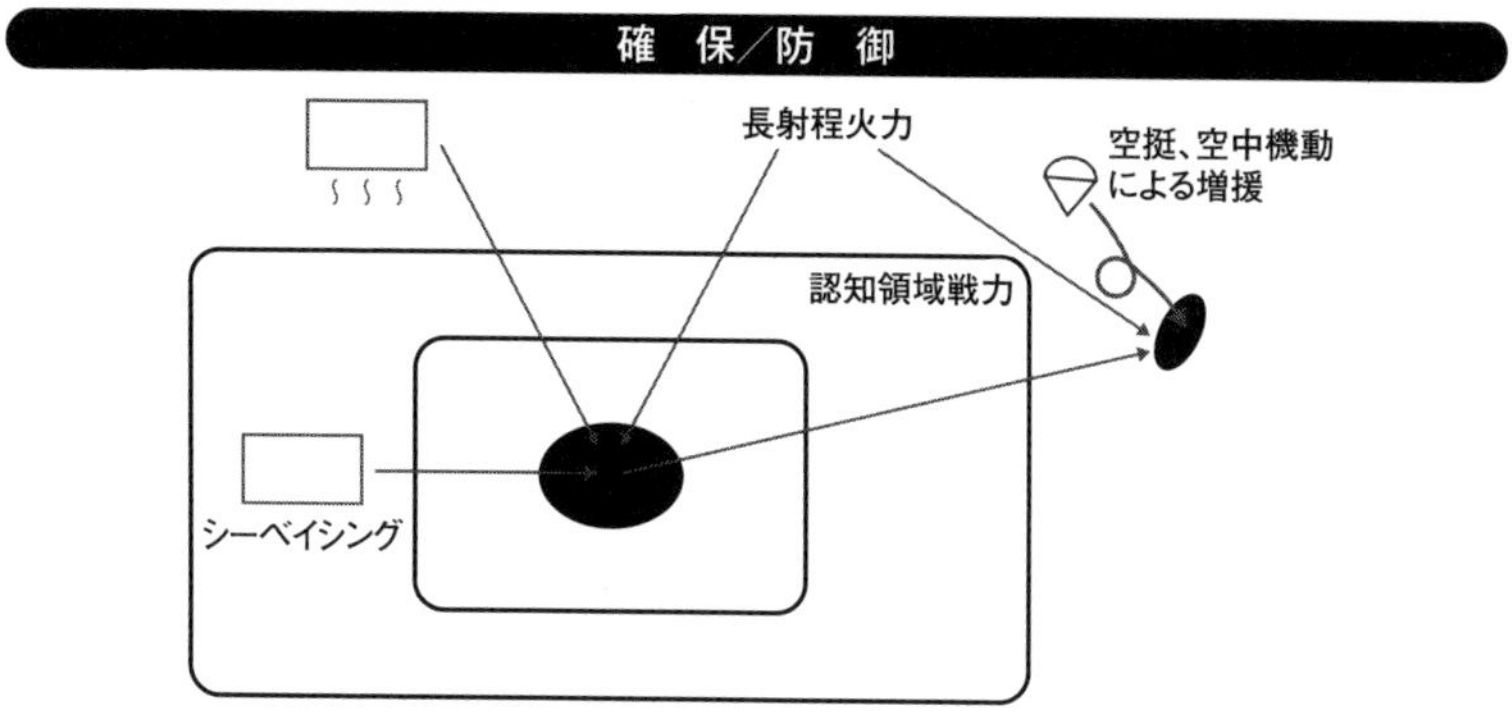

敵部隊の接近を警告する情報部隊の配置、我のネットワークを破壊するための攻撃に先んじ、水中機雷などの障害と連携した長射程火力を発揮することが作戦を有利にする。

敵部隊の損耗を強要し、敵の企図の破砕を第一に防御を行う。この際、長期化する場合も含め、持続の機能の視点から、策源地と作戦地域の焦点とを結ぶ外征軍的兵站部隊の編成、全領域での優越を確保するための戦力の発揮を重視する。

同盟国等との提携

日米同盟の抑止力は、武力によるレジームチェンジを許さないためにある。本来、中国は「戦わずして勝つ」、つまり力がつくまで軍事力は行使しないとされる。圧倒的な差が出た時、相手の戦う気力さえ失わせ、戦わずして勝つことにある。

また日米同盟は日本のみならず、インド太平洋、さらには国際社会の平和と安定及び繁栄に大きな役割を果たしている。そのため、対象エリアが拡大していく可能性も否定できない。日米共同の抑止力・対処力の強化についても日本が攻撃されないように、また万が一日本が攻撃された場合にさらなる攻撃を阻止できるように、米国と様々な分野で協力し、共同訓練などを通じて総互運用性を高めていくべきである。その際、日米間の調整機能の強化として、いついかなることが起こっても、日本と米国が一丸となって対応するため、様々な調整をスムーズに行えるようにしていくことがのぞまれる。そのためにもミリタリーとミリタリーの関係、コミュニティの活用が重要だ。共同対処基盤の強化につながるものである。

日本と米国との間、あらゆるレベルでの情報共有、共同での装備品の研究・開発などを進めていくことも大事である。加えて在日米軍の駐留を支える取り組みとして日米安保体制の中核的要素である在日米軍の駐留を安定的に支えるための取り組みを推進することも必要なことであろう。特に安全保障上極めて重要な位置にある沖縄においては、厳しい安全保障環境にしっかり対応しながら、普天間飛行場の移設など、地域の負担軽減に向けて取り組む必要がある。自由で開かれた太平洋（ＦＯＩＰ）の実現に資する取り組みが望ましい。ＦＯＩＰとは、インド太平洋地域において、法の支配に基づく、自由で開かれた国際秩序を維持・増進することで、地域全体、ひいては世界の平和と繁栄を確保していくというビジョンである。日本はこのビジョンに基づき、それぞれの地域の特性や各国の事情に配慮した上で、多角的・多層的な防衛協力・交流を積極的に推進していくことを表明している。

これまで述べてきたことに加え、最悪のシナリオとして中・露・北朝鮮へ日本が単独で対応することがありうる。詳細な分析は本書では行なわないが、これは絶対に避けるべき選択肢であることを付け加えたい。

結　論

日本軍は戦前、物的戦闘力より、精神力が重視された、あるいは兵站の軽視があったと非難されることがある。しかし現在の状況は、どうであろうか。皮肉にも真逆になっているのではないか。立派な装備に比して闘志あふれる意思がついてきていると言えるのか。その上で装備に敗けないような潤沢な備蓄弾薬が十分にあると言えるのか。他国の支援が前提となり、自国を守る、という他国（同盟国）に対して罪深い状況にあるのではないか。

本書では過去を振り返り、近未来に起こりうる島嶼防衛を例として、これからの戦争について検討した。そして日本への示唆（戦争の機能からの分析）を抽出した。新たなフェーズを考えた際、物心両面での準備が必要であり、新たな矛盾と問題に対する解答を考える一手段となったはずだ。これは日本の「自立」と「日米同盟」による従属の選択の問題でもある。自らの安全を自らの手で守らなかったカルタゴの最大の教訓をどのように日本は取り組むか、である。軍の欠落機能の補完なども、その一つである。イニシアティブがないだけでなく、ウクライナの事例のように同盟国あるいは支援をしてくれる国がなくては戦えない、「自立できていない」ことを意味する。自国の防衛は同盟国の状況により、補完・優先できるイコーリティが求められていくのである。

また、これまで見てきた通り、結論として戦争は回避できる、と考えた。

平和のためには国民一人ひとりの意思、レジーム決定に参画する必要がある。また議論の争点を明らかにし、よく議論し、合意をつくりあげることが独裁国家と違った民主主義国家の利点でもある。これを最大限に活用するもしないも責任を持つ我々一人ひとりの行動にある。

これまでは関心があっても、なかなか安全保障の領域には容喙できない風潮があった。しかし、もっとわかりやすく説明し、主権者である国民が自らの意見を自由に言えて、それを国家の安全保障政策に反映できる態勢・体制が目下の急務であると考える。

着地点の見えない跳躍は、その勢いが増せば増すほど、お互いが不安になる。いや、むしろエスカレーションを誘引させる口実にもなりかねない。危険なものなのである。

冒頭でも提案した通り、日本の現状は、安全保障に関する法的根拠が不在なものも多くある。またコンセンサスの欠如もある。精神的支柱となるべき哲学や思想もない。国家としてのアイデンティティの欠如にもつながっている。さらに国是である「専守防衛」だけでは非効率であり、現行、あるいは将来の予算での防衛力の限界を超えている。それは作戦地域の拡大への不対応、つまり能力不足が原因である。

有事、米国が必ず守ってくれるという保険すなわち米国の拡大抑止のためには、日本の同盟での役割拡大が必須要件となってきている。それは政府のリーダーシップの脆弱、強靭さにも関係している。度々、金銭的問題に置き換えられ政争の愚に堕しているが、それは金銭だけの問題ではない。これら全てに我々は目を逸らさず、精神論ではなく、真剣に考えていく時代に生きていることを自覚しなくてはならないのである。戦争は我々を待ってはくれないのである。

あとがき

本書では、約80年前に生起したガダルカナルの戦いについて触れた。戦争には普遍性の要素があることに気付いてほしかったからだ。ガダルカナル戦において、戦死1万4800人以上、戦病死約9000人という英霊たちの尊い犠牲を払って学んだ島嶼部の戦いでの教訓を我々は最大限に活かさなくてはならない。この教訓を無視することは、我が国がガダルカナル戦のような負け戦の再現を待つことと同義であると危惧せざるを得ない。

日々変化する国際情勢、防衛省・自衛隊を取り巻く環境が変わる中、故きを温ねて新しきを知る、そのバランスをとることは大変難しい。ともすると目の前のトレンドに目を奪われ、地に足のついていない議論に加わる危険性があるからだ。しかし、本書では、いくつかの既存の論考を基に、執筆を行うことで何とか一冊の本にまとめることができた。

またモルトケが、軍事は他の学問と異なり、経験的道程を重視する必要性を説いたと事あるごとに強調してきた。著者は全く同意するものであり、そういった文脈から本書が日本の安全保障を考える啓蒙の一つの手段となれば望外の喜びである。

かつて戦場は指揮統制手段や打撃力の技術を背景とし、拡大を続けてきた。現在の指揮統制手段や打撃力は、もはや地球規模での戦いを凌駕する。戦争を止めなくては人類が滅亡する崖っぷちまで来ているのである。つまり、視点をどこに置くかの問題なのだ。そう言った意味で戦争を超える紛争（非軍地、軍事）の解決手段を一日でも早く模索しなければならないのではないだろうか。

なお、本書の執筆・出版に当たっては作品社専務取締役の福田隆雄様から多大な示唆をいただいた。福田様のご支援がなかったら、本書が世に出ることはなかったであろう。この場を借りて特別な感謝の意を表したい。

令和5年12月

関口高史

註

第2章

▼1 防衛庁防衛研修所戦史室『戦史叢書　南太平洋陸軍作戦〈1〉——ポートモレスビー・ガ島初期作戦』朝雲新聞社、1968年、森本忠夫『ガダルカナル　勝者と敗者の研究』光人社、2002年、NHK取材班編『ガダルカナル　学ばざる軍隊』角川書店、1995年など多数。また勝股治郎『ガダルカナル島戦の核心を探る』建帛社、1996年、125頁参照のこと。（勝股治郎は陸士51期、当時、歩兵第29連隊第3大隊第11中隊長であり、勝股が戦後記した回想録が戦史叢書に参考文献として度々取り上げられている）。

▼2 統合作戦アクセス構想は、2012年1月に米国防総省から発表された。

U.S. Department of Defense, *Joint Operational Access Concept*, January 2012.

http://www.defense.gov/pubs/pdfs/JOAC_Jan%202012_Signed.pdf　2012年5月1日閲覧。

▼3 エアシーバトル構想は、ロバート・ゲイツ国防長官の指示により検討が開始された。2009年9月には米国のラフェッド海軍作戦部長とシュワルツ空軍参謀総長との間でコンセプト開発のための合意覚書が取り交わされ、現在も検討が進められている。

▼4 それらの動向を裏付ける一つの例としてエアシーバトル構想の影響で、防衛計画大綱には海空自衛隊を重視する内容が盛り込まれたとの報道が挙げられる。『毎日新聞』2012年1月28日。

▼5 1567年、ガダルカナル島を発見したスペインの探検家オルテガ（Pedro de Ortega）の出生地（現アンダルシア州セビリア県）にちなんで名づけられた。その意味は「運河の川」である。本保正紀『外国地名由来辞典』能登印刷出版部、1995年、57頁参照。

▼6 太平洋戦争当時、島民は約16万人いたが、使用されている原語は60以上あり、それぞれの社会を形成していた。

Graene Kent, *Guadalcanal island ordeal*, Ballantine Books Inc., New York, 1971, p.9.

▼7 Henry I. Shaw, Jr., "First Offensive: The Marine Campaign For Guadalcanal," Marines in World War II Commemorative Series, Marines Corps Historical Center, Washington D.C.,1992.

http://www.ibiblio.org/hyperwar/USMC/USMC-C-Guadalcanal.html　2012年3月1日閲覧。

▼8 1898年、米国はスペインと戦い、キューバを保護

国とし、プエルトリコとグアムを手に入れ、フィリピンを購入している。

▼9 防衛庁防衛研修所戦史室『戦史叢書　南太平洋陸軍作戦〈1〉――ポートモレスビー・ガ島初期作戦』、288頁及び田中新一少将の日誌に基づく手記（当時大本営陸軍部第一部（作戦）長の日誌をもとした戦後の日記）参照。

▼10 Graene Kent, *Guadalcanal island ordeal*, p.7.

▼11 日本海軍はオーストラリアを孤立させるために、米豪連絡線上に位置するフィジー、サモア、ニューカレドニア諸島を攻略する作戦をたてた。この作戦はフィジー、サモアの頭文字をとって「FS作戦」と呼ばれた。

▼12 防衛庁防衛研修所戦史室『戦史叢書　南太平洋陸軍作戦〈2〉――ガダルカナル・ブナ作戦』朝雲新聞社、1969年、9頁。

▼13 第1海兵師団でさえ反攻開始は1943年1月以降と見積もっていた。

Joseph N Mueller, *Guadalcanal 1942 The Marines Strike Back*, Osprey Publishing, Oxford UK, 1992, p.7.

▼14 ウォッチタワー作戦の概要は、まず最終目的はニューブリテン島、ニューアイルランド島、ニューギニア方面の攻略及び占領であり、第1段階作戦（第1任務）の目標はサンタクルーズ諸島、ガダルカナル島、ツラギ島の占領でありニミッツ海軍大将が、第2段階（第2任務）及び第3段階作戦（第3任務）の目標は、それぞれ、中・北部ソロモンの占領とニューギニア北東岸の奪回、並びに、ニューブリテン島（ラバウル）の奪回であり、南西太平洋方面連合軍司令官マッカーサー（Douglas MacArthur）陸軍大将が担任することになっていた。

Louis Morton, "Strategy and Command: The First Two Years," The War in the Pacific, United States Army in World War II. United States Army Center of Military History, Washington D.C., 1961, pp.301-304.

http://www.ibiblio.org/hyperwar/USA/USA-P-Strategy/Strategy-13.html　2012年4月2日閲覧。

▼15 後日、ヴァンデグリフトのゴームレーに対する意見具申が認められて、攻撃開始が8月7日に延期された。

Lieutenant Colonel Frank O. Hough, USMCR, Major Verle E. Ludwig, USMC, and Henry I. Shaw, Jr., "Perl Harbor to Guadalcanal," History of U.S. Marine Corps Operations in World War II Volume I, Historical Branch, G-3 Division, Headquarters, U.S. Marine Corps, p.242.

http://www.ibiblio.org/hyperwar/USMC/I/Usmc-I-1.html　2012年4月3日閲覧。

▼16 ツラギ所在部隊は「敵兵力大　最後の一兵迄守ル　武

運長久ヲ祈ル」「至近弾　電信室死守ス」という無線を最後として通信は途絶え、約２００人の戦死者を出すまで勇敢に戦った。降伏したのはわずか3人だった。

防衛庁防衛研修所戦史室『戦史叢書　南太平洋陸軍作戦〈1〉――ポートモレスビー・ガ島初期作戦』、２３６頁。

▼17　Graene Kent, *Guadalcanal island ordeal*, pp.29-35.

戦史叢書では「ガダルカナル島所在の部隊に対しては、ツラギ方面所在部隊のような勇戦敢闘を期待するのは無理であった。（略）第11、第13設営隊の大部は兵器を持たぬ工員であり、第84警備隊ガ島派遣隊の兵力では、至るところ上陸可能なルンガ岬付近海岸を守備することは不可能であった」と記述されている。

防衛庁防衛研修所戦史室『戦史叢書　南太平洋陸軍作戦〈1〉――ポートモレスビー・ガ島初期作戦』、２６４頁参照。

またケント論文では「日本軍兵士約６００人と労務者約１４００人は離脱した」と記述されている。

Graene Kent, *Guadalcanal island ordeal*, p.37.

▼18　Ibid, pp.47-49 参照。

▼19　Henry I. Shaw, Jr., “First Offensive: The Marine Campaign For Guadalcanal,”

http://www.ibiblio.org/hyperwar/USMC/USMC-C-Guadalcanal.html　２０１２年3月1日閲覧。

▼20　１９４２年5月18日、大本営直属の軍としての新編、ＦＳ作戦（フィジー、サモア、ニューカレドニア諸島等における作戦）を担任した。その後11月16日編成された第8方面軍に編入された。

▼21　一木支隊は第7師団所属部隊であった。１９４２年5月14日、旭川を発ち、5月25日から27日までサイパン島において上陸演習に参加、ミッドウェー攻略作戦の上陸部隊として出航したが、ミッドウェー攻略作戦が中止になったため転進し、グアム島に入港した。その後、旭川への帰還命令が下達され宇品港に向けて航行中のところ、大本営より一木支隊は「トラック島ニ到リ、第17軍司令官ノ隷下ニ入ルベシ」との命令を受領した。

▼22　『戦史叢書　南太平洋陸軍作戦〈1〉――ポートモレスビー・ガ島初期作戦』、２９５頁。

▼23　第2梯団は1週間以内には上陸する予定だった。第1梯団が駆逐艦6隻に分乗したのに対し、第2梯団は輸送船2隻と哨戒艇2隻に分乗してトラック島を出航したのであり、輸送船の速力9・5ノットにあわせて追求した第2梯団の上陸が遅れた。第2梯団は一木支隊長がガダルカナルでの攻撃を開始した頃、ガダルカナル島の北西４００キロあたりを航行中であった。

▼24　Graene Kent, *Guadalcanal island ordeal*, p.63.

43人とする他、34人あるいは35人とするものもあり、正確な数は判明していない。よって本章では以下、編集された時期が比較的新しいケント論文の著書に基づき記述する（戦争終結から経過時間があり公正な資料入手ができたと考えられる）。

○　34人とするもの。

Henry I. Shaw, Jr., "First Offensive: The Marine Campaign For Guadalcanal,"

http://www.ibiblio.org/hyperwar/USMC/USMC-C-Guadalcanal.html　２０１２年3月1日閲覧。

○　35人とするもの。

John Miller, Jr., *Guadalcanal: The First Offensive*, University Press of the Pacific, 2005 (Reprinted from the 1949 edition), p97.

▼25 Graene Kent, *Guadalcanal island ordeal*, p.69.

▼26 Ibid., pp.69-72.

▼27 ガダルカナル島の飛行場（日本軍呼称「ルンガ飛行場」）は、ミッドウェー海戦に飛行機長として参加し、同海戦において海兵隊パイロットとして最初に戦死したヘンダーソン（Loften Henderson）海兵隊少佐の名誉を称え、「ヘンダーソン飛行場」と呼称されることになった。

▼28 Graene Kent, *Guadalcanal island ordeal*, p.85.

▼29 伊号第19潜水艦は米空母「ワスプ」に肉迫、酸素魚雷6発を発射、うち3発を命中させ撃沈した。残り3発のうち1発は「ワスプ」後方の戦艦「ノース・カロライナ」を大破させ戦場から離脱、もう1発は駆逐艦「オブライエン」の艦首に命中し撃沈した。

ただしケント論文においては、伊号第19潜水艦が「ワスプ」に3発命中させ、伊号第15潜水艦は目標だった空母「ホーネット」を見失ったものの、「ノース・カロライナ」に魚雷を命中させたとしている。このように比較的大きな戦果についても日米で認識が異なるのは興味深い。

Ibid., p.87.

▼30 Ibid., p.97.

▼31 John Miller, Jr., *Guadalcanal: The First Offensive*, p.137.

▼32 Graene Kent, *Guadalcanal island ordeal*, pp.99-100.

▼33 それまでB－17が使用していた滑走路は、不時着以外には使えなくなった。『戦史叢書　南太平洋陸軍作戦〈2〉――ガダルカナル・ブナ作戦』、93頁。

▼34 約80分間で９１８発の36センチ、15センチ、12・7センチの砲弾を射撃した。成果は滑走路に若干の損耗を与えるとともに、米兵約40人を戦死させるだけにとどまった。

山本昌雄『山本五十六提督虚構の戦艦砲撃』星雲社、１９９３年、１４３－１４９頁参照。

Graene Kent, *Guadalcanal island ordeal*, p.107.

▼35 Graene Kent, *Guadalcanal island ordeal*, p.107.

▼36 ガダルカナル島への上陸時の舟艇機動をめぐる司令部との対立に伏線があり、最終的に師団総攻撃時の正面攻撃に反対する川口支隊長を解任した。『戦史叢書　南太平洋陸軍作戦〈1〉――ポートモレスビー・ガ島初期作戦』、398頁。

▼37 『戦史叢書　南太平洋陸軍作戦〈2〉――ガダルカナル・ブナ作戦』、143-144頁参照。「バンザイ」無線は、ヘンダーソン飛行場を確保した際に打電される暗号だった。

▼38 Graene Kent, *Guadalcanal island ordeal*, pp. 107-108.

▼39 John Miller, Jr., *Guadalcanal: The First Offensive*, p.169.

▼40 Graene Kent, *Guadalcanal island ordeal*, p.116.

▼41 John Miller, Jr., *Guadalcanal: The First Offensive*, p.188.

▼42 Ibid, pp.188-189.

▼43 Graene Kent, *Guadalcanal island ordeal*, p.127.

▼44 Ivan Musicant, *Battleship at War: The Epic Story of the Uss Washington*, Harcout, 1986, p.141.

▼45 Graene Kent, *Guadalcanal island ordeal*, pp.136-137.

▼46 アメリカル師団（Americal Division）は、1942年5月、ニューカレドニアで編成された部隊であり、初代師団長パッチ少将がアメリカとニューカレドニアを合わせた造語を師団名とした。

▼47 Graene Kent, *Guadalcanal island ordeal*, p.134 参照。

▼48 戦史叢書によれば、海軍ではガダルカナルに上陸した部隊を1コ師団規模と見積もっており、一木支隊派遣に際し不安を見せた旨を記述されている。しかし、もしそのように海軍が見積もったのなら、なぜ陸軍は無視したのであろうか、不明のままである（ただし第17軍司令部が輸送船約20隻の敵が来航したことを聞き、二見参謀長が約1コ師団と見做したのに対し、松本作戦参謀が米軍の乗船区分は贅沢だから、歩兵1コ連隊基幹以下ではないかと感じたと述べている）。『戦史叢書　南方方面海軍作戦〈1〉――ガ島奪回作戦開始まで』朝雲新聞社、1971年、446頁参照。『戦史叢書　南太平洋陸軍作戦〈1〉――ポートモレスビー・ガ島初期作戦』、257頁及び松本博大佐の回想、268頁参照。

▼49 前掲書、289頁及び参謀本部第4部（戦史）『大東亜戦史第7巻　南太平洋作戦』第7編第3章参照。

▼50 第17軍司令部も「戦機に投じて一木支隊を先遣することによってガ島（ガダルカナル島）飛行場の奪回は可能である」と考えていた。『戦史叢書　南太平洋陸軍作戦〈1〉――ポートモレスビー・ガ島初期作戦』、303-304頁。

▼51 John Miller, Jr., *Guadalcanal: The First Offensive*, pp.146-152.

▼52 田中少将は、夜間、駆逐艦と輸送船団を組み合わせた輸送を定期的に行っていた。米軍は、これを「東京急行便（Tokyo Express）」と呼んだ。

▼53 Graene Kent, *Guadalcanal island ordeal*, p.75.

▼54 John Miller, Jr., *Guadalcanal: The First Offensive*, p.177.

▼55 11月8日、ガダルカナル島に上陸していた海軍第11航空艦隊大前参謀の宇垣纏連合艦隊参謀長に対する報告。『戦史叢書　南太平洋陸軍作戦〈2〉――ガダルカナル・ブナ作戦』、178頁。

▼56 勝股治郎『ガダルカナル島戦の核心を探る』、125－126頁参照。

　またミッドウェー作戦の場合には、飛行場占領までは銃剣突撃にて一挙に突入し、占領後初めて発砲を許すという計画だった。

　防衛庁防衛研修所戦史室『戦史叢書　南太平洋陸軍作戦〈1〉――ポートモレスビー・ガ島初期作戦』、296－297頁。

▼57 William H. Whyte, A Time of War: Remembering Guadalcanal, A Battle Without Maps, Fordham University Press, 2000, p.31.

▼58 Graene Kent, *Guadalcanal island ordeal*, pp.47-49.

▼59 防衛庁防衛研修所戦史室『戦史叢書　南太平洋陸軍作戦〈1〉――ポートモレスビー・ガ島初期作戦』、253－254頁参照。

▼60 Graene Kent, *Guadalcanal island ordeal*, p.47.

▼61 水陸両用作戦の概念には、アール・ハンコック・エリス海兵隊少佐が作成した論文「ミクロネシアにおける前進基地作戦（Advanced Base Operations in Micronesia）」が大きな影響を与えている。この論文に感銘を受けた海兵隊司令官ジョン・ルジューン少将が強く太平洋正面での水陸両用作戦による反攻を主張した。

　野中郁次郎『アメリカ海兵隊』中公新書、中央公論社、1995年、24－25頁。

▼62 一木支隊の護衛部隊指揮官であった田中頼三海軍少将は回想録において、一木支隊長が「上陸二日目の夜、銃剣突撃をもって一挙に飛行場に突入占領するつもりである」と言っていたと記している。

　防衛庁防衛研修所戦史室『戦史叢書　南太平洋陸軍作戦〈1〉――ポートモレスビー・ガ島初期作戦』、297頁。

▼63 前掲書、445頁参照。

▼64 同右、466－467頁参照。

▼65 Graene Kent, *Guadalcanal island ordeal*, p.99.

▼66 一木支隊長は陸軍歩兵学校教官を長年務めた人で、実員指揮に練達した部隊長であった。

　防衛庁防衛研修所戦史室『戦史叢書　南太平洋陸軍作戦〈1〉――ポートモレスビー・ガ島初期作戦』、2

96頁。
▼67 防研戦史室『戦史叢書14　南太平洋陸軍作戦1』385-388頁、393-398頁参照。
▼68 後の分析では、米軍はこの作戦が全てうまく行ったとは考えていなかったものの、日本軍の指揮官たちが教条的で臨機応変の措置をとらなかったため、日本軍は、この戦いに負けたと総括している。
Graene Kent, *Guadalcanal island ordeal*, p.113.
▼69 防研戦史室『戦史叢書14　南太平洋陸軍作戦1』122-123頁。
▼70 宇垣纏『戦藻録』(原書房、1968年) 87頁。
▼71 防研戦史室『戦史叢書14　南太平洋陸軍作戦1』242頁。
▼72 井本熊男『大東亜戦争作戦日誌——作戦日誌で綴る大東亜戦争』(芙蓉書房出版、1998年) 146頁。
▼73 「参謀本部第一部長田中新一中将業務日誌」。
▼74 防研戦史室『戦史叢書14　南太平洋陸軍作戦1』126頁。
▼75 井本熊男『大東亜戦争作戦日誌』154頁。
▼76 第17軍参謀長小沼治夫は「(第17軍としては) 一は以て戦機を捕え、一は以て海軍非常の場合に於て之を救援すべき徳義上の見地から、速かに一木支隊の先遣を必要とする」と回想する。
小沼治夫「ガ島における第十七軍の作戦」(防衛研究所資料閲覧室所蔵、1957年) 60頁。
▼77 井本熊男『大東亜戦争作戦日誌』154-155頁。
▼78 防研戦史室『戦史叢書14　南太平洋陸軍作戦1』268頁。
▼79 まず現地協定において敵空母が出現した場合、「キ」作戦を延期または取りやめることがある旨も特に協定された。
防研戦史室『戦史叢書49　南東方面海軍作戦1』517頁。

また一木支隊の直接護衛に当たる第2艦隊麾下の第2水雷戦隊がトラック島に入泊した際、同戦隊の駆逐艦の大部が他方面に転用されて、旗艦「神通」と駆逐艦「陽炎」の2隻しかなかった。
▼80 防研戦史室『戦史叢書14　南太平洋陸軍作戦1』294頁。
▼81 関口高史「ガダルカナル戦における一木支隊長の統率」83頁。
▼82 井本熊男『大東亜戦争作戦日誌』158頁。
▼83 防研戦史室『戦史叢書49　南東方面海軍作戦1』517頁参照。
▼84 前掲書、428-429頁参照。
▼85 防研戦史室『戦史叢書14　南太平洋陸軍作戦1』274頁。
▼86 ガダルカナル島の詳細な地図はなかった。あるのはフ

リーハンドによる川と飛行場の位置が書かれたガリ版刷りの要図と不鮮明な航空写真、それに海図だけだった。その中で一木支隊長は海図（海図２３０２号「南太平洋ソロモン諸島・附載マライタ島中部」縮尺21万７０８０の１）を見て作戦を練っていたという。

　生江有二『ガダルカナルの地図』（角川書店、１９８３年）１１５－１１7頁、１２６頁参照。

▼87 松本博中佐は戦後、「当時、日本の歩兵一個連隊は米軍の一個師団を駆逐し得るとの自惚れがあった」と回想している。
　防衛研修所戦史室「南東方面作戦史料」（防衛研究所資料閲覧室所蔵、１９５６年）。

▼88 渡邉安次「連合艦隊戦務参謀　渡邉安次メモ」（防衛研究所資料閲覧室所蔵）。

▼89 山田定義「山田日誌（其の二）」（防衛研究所資料閲覧室所蔵）、12－13頁。

▼90 永野軍令部総長は、8月13日の上奏で、次のように述べている。
「以上ヲ綜合スルニ「ガ」島ニ上陸セル敵ハ其ノ兵力未詳ナルモ行動ハ活発ナラズ　七日八日我方ノ攻撃ニ依リ受ケタル甚大ナル損害ト　十日ニハ既ニ全艦艇船舶ガ引揚ゲタル状況トニ鑑ミ陸上残留兵力ノ戦力ハ大ナラザルモノト判断シアリ」。

　防研戦史室『戦史叢書14　南太平洋陸軍作戦1』２８４－２８５頁。

▼91 Louice Morton, *Strategy and Command: The First Two Years* (Office of the Chief of Military History Department of the Army, Washington, 25, D.C., 1962), p. 292.

▼92 Richard B. Frank, *Guadalcanal*, p.12.

▼93 第1海兵師団は１９４１年2月12日、第1海兵旅団をもとに新編された。

▼94 防研戦史室『戦史叢書49　南東方面海軍作戦1』４３５－４３６頁。

▼95 Richard B. Frank, *Guadalcanal*, pp.38-43.

▼96 Louice Morton, *Strategy and Command: The First Two Years*, p. 307.

▼97 Graene Kent, *Guadalcanal island ordeal*, p.67.
　防研戦史室『戦史叢書14　南太平洋陸軍作戦1』３１２頁。

▼98 Richard B. Frank, *Guadalcanal*, p.214.

▼99 南太平洋経済交流支援センター（South Pacific Economic Exchange Support Centre）の表記による。

▼100 Richard B. Frank, *Guadalcanal*, pp.89-92.

▼101 Graene Kent, *Guadalcanal island ordeal*, p.42.

▼102 William H. Whyte, *A Time of War: Remembering Guadalcanal, A Battle Without Maps* (Fordham University Press, 2000), p.31.

▼103 Graene Kent, *Guadalcanal island ordeal*, p.12.

▼104 第1海兵師団は1941年2月12日、第1海兵旅団をもとに新編された。
▼105 防衛庁防衛研修所戦史室『戦史叢書　南太平洋陸軍作戦〈1〉——ポートモレスビー・ガ島初期作戦』、385－388頁、393－398頁参照。
▼106 Graene Kent, *Guadalcanal island ordeal*, p.113.
▼107 小沼治夫「ガ島における第十七軍の作戦」50頁。
▼108 第17軍参謀長二見秋三郎少将は、「わが海軍の掩護が十分期待できない時期において、一木支隊の如き小兵力を派遣しても価値がないと思う」「一木支隊及び歩兵第三十五旅団をあわせ、わが空母二隻の間接護衛によりガ島を奪回するを可とする」と明言していた。
　防研戦史室『戦史叢書14　南太平洋陸軍作戦1』289－290頁。
▼109 戸部良一『逆説の軍隊』(中央公論新社、2012年)328頁。
▼110 関口高史「ガダルカナル戦における一木支隊長の統率」88頁。
▼111 防研戦史室『戦史叢書49　南東方面海軍作戦1』520頁。
▼112 防研戦史室『戦史叢書14　南太平洋陸軍作戦1』314頁。
▼113 松本中佐は、一木支隊と第17軍の交信は「ガ島の見張所と第八艦隊司令部との通信に依頼した。計画では一木支隊がガ島近海に在る潜水艦に打電し、潜水艦が第八艦隊司令部に通信する方法も規定していたが、潜水艦が移動したので実際、行われなかった」と回想する。
　防研戦史室「南東方面作戦史料」。
▼114 軍令陸第7号『歩兵操典』(1940年)綱領第5。
▼115 第17軍司令官百武中将は一木支隊長をラバウルに招聘していたが、海軍からの意見により実現しなかった。
　防研戦史室『戦史叢書14　南太平洋陸軍作戦1』292－293頁。
▼116 戸部良一、寺本義也、鎌田伸一、杉之尾孝生、村井友秀、野中郁次郎『失敗の本質』67頁。
▼117 参謀本部第四部(戦史)『大東亜戦史第7巻 南太平洋作戦』第7編第3章参照。
▼118 米軍も日本軍が第一次ソロモン海戦での戦果に乗じて直ぐに攻めてくると予測し、防御準備を急いでいた。
　Frank, *Guadalcanal*, p.141.
▼119 『歩兵操典』綱領第2。
▼120 Griffith, *"The Battle for Guadalcanal."* p.87.
▼121 Richard B. Frank, *Guadalcanal*, p.154.
▼122 Government of Australia, "The Coastwatchers 1941-1945," Australia's War, 1941-1945.
　http://www.ww2australia.gov.au/coastwatcher/index.html　2016年1月28日閲覧。

▼123 当時、敵陣にいた米兵の証言による。米兵は戦後、一木支隊の前進する様子を支隊の遺族に伝えている。一木会「米海兵隊が見た『テナル』の戦い・一木支隊第一梯団（アメリカ「ガダルカナル」戦友会からの便り）」（一木会、1983年）参照。

▼124 菅原進『一木支隊全滅』（菅原進、1979年）68頁。

▼125 大本営陸軍部「一木支隊作戦要領」（国立公文書館アジア歴史資料センター所蔵、1942年）。

▼126 第2梯団の上陸を延期する際、航空からの掩護が期待された。しかし実際には行われることはなかった。防研戦史室『戦史叢書14 南太平洋陸軍作戦1』321頁。

▼127 防衛庁防衛研修所戦史室『戦史叢書 南太平洋陸軍作戦28〈2〉――ガダルカナル・ブナ作戦』（朝雲新聞社、1969年）136頁、164－165頁参照。

▼128 防研戦史室『戦史叢書14 南太平洋陸軍作戦1』434－435頁。

▼129 前掲書、309頁。

▼130 菅原進『一木支隊全滅』、120－122頁。

▼131 防研戦史室『戦史叢書14 南太平洋陸軍作戦1』296－297頁。

▼132 一木支隊の攻撃命令（攻撃部署）では、予備隊は軍旗小隊、重機関銃中隊、大隊砲小隊が指名されており、戦闘が開始された後の実質的な予備隊はいなかった。

防研戦史室『戦史叢書14 南太平洋陸軍作戦1』308頁。

▼133 菅原進『一木支隊全滅』220頁。

▼134 『歩兵操典』第5編 大隊教練 第2章 戦闘 第513。

▼135 一木支隊のみならず、当時の陸軍では攻撃精神や白兵銃剣主義が徹底されていたため、一木支隊長が他にとる手段を知らなかったという見方もできる。戸部良一『逆説の軍隊』328頁参照。

▼136 海軍の観測隊長は中馬少佐であったが、観測した地点は903高地と呼ばれる台地であり、目標であるヘンダーソン飛行場から約13キロも離れ、しかも現地の状況を知らないため、艦砲の弾着、特に夜間の射撃効果を確認することは困難であったと考えられる。

▼137 防研戦史室『戦史叢書 南太平洋陸軍作戦〈2〉――ガダルカナル・ブナ作戦』、136頁、164－165頁参照。

▼138 防衛庁防衛研修所戦史室『戦史叢書 南太平洋陸軍作戦〈1〉――ポートモレスビー・ガ島初期作戦』、434－435頁。

▼139 水陸両用作戦の概念には、アール・ハンコック・エリス海兵隊少佐が作成した論文「ミクロネシアにおける前進基地作戦（Advanced Base Operations in Micronesia）」が大きな影響を与えている。この論文に感銘を

受けた海兵隊司令官ジョン・ルジューン少将が強く太平洋正面での水陸両用作戦による反攻を主張した。

野中郁次郎『アメリカ海兵隊』24－25頁。

▼140 Whyte, *A Time of War: Remembering Guadalcanal, A Battle Without Maps*, p.30.

▼141 『歩兵操典』綱領第2。

▼142 白石光「ガダルカナル海兵隊戦記」（『歴史群像』学習研究社、10月号2008年）40頁。

▼143 John Miller, Jr., *Guadalcanal: The First Offensive*, pp.146-152.

▼144 防研戦史室『戦史叢書14　南太平洋陸軍作戦1』326頁。

▼145 前掲書、434頁。

▼146 岡村徳長「ガダルカナル設営隊回想陳述」（防衛研究所図書室蔵書、1958年）。

▼147 1942年10月13日、日本海軍は戦艦「金剛」「榛名」などでヘンダーソン飛行場を砲撃した。

▼148 Graene Kent, *Guadalcanal island ordeal*, p.79.

▼149 山本昌雄『山本五十六提督虚構の戦艦砲撃』参照。

▼150 「南東方面作戦史料」。

▼151 ガダルカナル島所在の海軍部隊で編成された守備隊。

▼152 防研戦史室『戦史叢書14　南太平洋陸軍作戦1』306頁。

▼153 関口高史「ガダルカナル戦における一木支隊長の統率」85頁。

▼154 Frank, *Guadalcanal*, p.149.

▼155 NHK取材班編『ガダルカナル　学ばざる軍隊』、36頁。

▼156 Government of Australia, "The Coastwatchers 1941-1945," Australia's War, 1941-1945.
http://www.ww2australia.gov.au/coastwatcher/index.html　2012年1月28日閲覧。

▼157 防衛庁防衛研修所戦史室『戦史叢書　南太平洋陸軍作戦〈1〉――ポートモレスビー・ガ島初期作戦』、307頁。

▼158 前掲書、466－467頁参照。

▼159 防研戦史室『戦史叢書14　南太平洋陸軍作戦1』284頁。

▼160 山田定義「山田日誌（其の2）」（防衛研究所資料閲覧室所蔵）12－13頁。

▼161 Henry I. Shaw, Jr., "First Offensive: The Marine Campaign For Guadalcanal," Marines in World War II Commemorative Series, Marines Corps Historical Center, Washington D.C.,1992.
http://www.ibiblio.org/hyperwar/USMC/USMC-C-Guadalcanal.html　2012年3月1日閲覧。

▼162 Henry I. Shaw, Jr., "First Offensive: The Marine Campaign For Guadalcanal."

▼163 菅原進『一木支隊全滅』87－88頁。

▼164 米軍ではマラリア患者が1カ月に2000人を超えることがあった。

Graene Kent, *Guadalcanal island ordeal*, p.131.

▼165 後に米軍では、日本軍の戦病死の原因として、マラリア、栄養失調、脚気、赤痢と分析している。

John Miller, Jr., *Guadalcanal: The First Offensive*, p.229.

▼166 海兵隊の戦闘に関する教訓を列挙すると、上陸地域は広正面に選定し、海岸線では縦隊で一気に前進、日本軍の地雷・対戦車火器は極めて有効なので、戦車を掩護するためには歩兵戦が必要、ジャングルの前進速度は極めて低く通常の4分の1以下と見積もることなどがある。

第3章

▼1 「フォークランド」の名の由来は、1690年、同諸島周辺を航海した英国の船長ジョン・ストロング（John Strong）が、航海を支援したアンソニー・フォークランド（Anthony Cary 5th Viscount of Falkland）子爵にちなんで命名したとされる。

Gordon Smith, Battle Atlas of the Falklands War 1982, Naval – History. Net, Penarth, United Kingdom, 2006, p.13 参照。

一方、フォークランド諸島のアルゼンチン名であるマルビナス諸島（Islas Malvinas）は、1764年、仏国のサン・マロ（Saint-Malo：イギリス海峡に面した仏国北西部ブルターニュ地方の城壁に囲まれた港町）から来た人々が東フォークランド島に入植、マロからの人々の島を意味する「マロイヌ諸島（iles Malouines）と命名し、これがマルビナス諸島のもとになったとされる。

History World, "History of the Falkland Islands." http://www.historyworld.net/wrldhis/plaintexthistories.asp?historyid=ac51　2013年3月1日閲覧。

▼2 本章の目的から作戦・戦闘の細部については先行文献・論文等を参考にする必要がある。

▼3 Hugh Mcmanners in association with the Imperial War Museum, Forgotten Voices of the Falklands – the Real Story of the Falklands War, Ebury Press, London the United Kingdom, 2007, pp.xii-xiii 参照。

▼4 1983年、1月18日、英議会に設置されたフランクス委員会がフォークランド紛争の背景とサッチャー政権の責任等を明らかにする報告書（通称「フランクス・レポート」と呼ばれる）を首相に提出した。この「フランクス・レポート」では、英国政府がアルゼンチン軍の上陸作戦を「予見することはできなかった」

と結論づけている。
"In 1983 the Franks Committee reported on the decisions token in the run-up to the Falklands War," BBC News, 27 April. 2004 参照。
http://news.bbc.co.uk/2/hi/programmes/bbc_parliament/3631505.stm　２０１２年10月１日閲覧。

▼5 投票率92%のうち、99・８%が英領維持を指示した。
"Falkland Islanders vote overwhelmingly to keep British rule," Reuters, 12 March 2013 参照。
http://www.reuters.com/article/2013/03/12/us-falklamds-referendum-idUSBRE92B02T20130312　２０１３年３月12日閲覧。

▼6 James Holmes, China's Falkland Islands Lesson, The Diplomat. Blogs.
http://thediplomat.com/flashpoints-blog/2012/02/21/china%E2%80%99s-falkland-islands-lesson/　２０１３年２月４日閲覧。

▼7 『産経ニュース』２０１３年２月３日。
http://sankei.jp.msn.com/west/west_affairs/news/130203/waf13020318000023-n1.htm　２０１３年２月３日閲覧。

▼8 James Holmes, China's Falkland Islands Lesson, The Diplomat. Blogs.
http://thediplomat.com/flashpoints-blog/2012/02/21/china%E2%80%99s-falkland-islands-lesson/　２０１３年４月２日閲覧。

▼9 Zhou Ming, "Argentina, England Malvinas Islands Conflict,"
News.xinhuanet.com/ziliao/2007-03/28/content_5906424_2.htm　２０１３年４月４日閲覧。

▼10 http://www.strategicstudiesinstitute.army.mil/pdffiles/PUB1090.pdf　２０１３年４月２日閲覧。

▼11 英国では２０１２年以降、フォークランド紛争終結30年が経過したことで、一部を除き多くの非公開文書が公開されることとなった。そのため、フォークランド紛争を見直すきっかけになった。

▼12 なぜなら我が国は、近代装備をもって島嶼防衛を行った経験がなく、防衛力整備の検討に当たっては、過去の戦例を参考にすべきと思うからである。

▼13 Falkland Islands Government HP,Our Home 参照。
http://www.falklands.gov.fk/our-home/　２０１２年９月１日閲覧。

▼14 Falkland Islands Government HP, Location 参照。
http://www.falklands.gov.fk/our-home//location/　２０１２年９月１日閲覧。

▼15 Falkland Islands, Report of census, 1980, Falkland Islands Pub, 1981 参照。

▼16 Central Intelligence Agency, The Work Factbook – Falk-

land Islands (Isles Marvinas) 参照。
https://www.cia.gov/liberary/pablications/the-world-factbook/geus/fk.html　２０１２年9月1日閲覧。

▼17 Ibid.

▼18 Falkland Islands Government HP, Location 参照。

▼19 Amanda Briney, "Geography of The Falkland Islands" 参照。
http://geography.about.com/od/unitedkingdommaps/a/falklandislands.htm　２０１２年9月1日閲覧。

▼20 大航海時代、英国、米国、仏国、スペイン及びアルゼンチンなどが同諸島の領有権を主張したが、１８３3年1月3日以降、英国の支配下に置かれた。

▼21 朝日新聞外報部『狂ったシナリオ――フォークランド紛争の内幕』朝日新聞社、１９８２年、32頁。
またフォークランド紛争の直接のきっかけになったものとして、次のような指摘もある。それは、「フォークランド諸島の領土主権に関し、アルゼンチンが英国の武力による奪取１５０年を前に、この問題の解決を急ぎ『アルゼンチンは交渉を中止し、自国の権益上最も好都合と見なす手続きを自由に選ぶ権利を有する』という最後通牒とも呼べる声明文を出した」ところ、これが戦争の引き金になったとするものである。
The Sunday Times Insight Team, The Falklands War – The Full Story, Sphere Books Ltd, London Great Britain, 1982, pp.74-75 参照。

▼22 サンデー・タイムズ特報部編、宮崎正雄編訳『フォークランド紛争――〝鉄の女〟の誤算』原書房、１９８３年、13頁参照。

▼23 Martin Middlebrook, The Falklands War 1982, Penguin Group, London England,1985, p.35.

▼24 ダビドフ氏は、クズ鉄業者を上陸させた目的を「南ジョージア島にある四つの古い捕鯨施設を解体し、その鉄骨を回収するため」だと説明している（「」は引用者による）。
サンデー・タイムズ特報部編、宮崎正雄編訳『フォークランド紛争――〝鉄の女〟の誤算』、13頁参照。

ダビドフ氏は１９８１年12月15日、無許可で南ジョージア島を訪問し、英大使館から「現地訪問には大使館の許可を得ること」と警告されていた。しかしダビドフ氏は今回も大使館の許可をとらず業者を派遣した。しかも業者の輸送にアルゼンチン海軍の艦船が使われたことに英国は神経をとがらせた。

朝日新聞外報部『狂ったシナリオ――フォークランド紛争の内幕』、10－11頁。

▼25 作戦名「ロザリオ（Rosario）」、後にアルゼンチンの国旗の色をとって「青作戦（Azul）」と呼称される。
この作戦のオリジナルは１９６０年代、海軍司令

部に勤務していたアナヤ海軍大佐（当時）が作成したものである。

Max Hasting and Simon Jenkins, The Battle for the Falklands, Pan Books, London Great Britain, 2010, p.38 参照。

▼26 アルゼンチン軍が米海軍のシールズ（ＳＥＡＬＳ）をモデルとして編成した特殊部隊であり、「アルゼンチン戦術ダイバー特殊部隊」と訳されることが多い。

Graham Bound, Falkland Islands at War, Pen & Sward Books Ltd, South Yorkshire Great Britain, 2002, p.47.

▼27 Gordon Smith, Battle Atlas of the Falklands War 1982, p.18.

▼28 4月2日午前9時25分、ハント総督は東フォークランド島に駐留する英海兵隊に投降を命じた。それに続き、午前10時には総督邸の英国旗（ユニオンジャック）は降ろされ、代わりに青と白のアルゼンチン国旗が掲揚された。

サンデー・タイムズ特報部編、宮崎正雄編訳『フォークランド紛争――〝鉄の女〟の誤算』、10頁参照。

▼29 前掲書、15－18頁参照。

▼30 英国はアルゼンチンに強く抗議したが、アルゼンチンはこの問題に取り合う姿勢を見せなかった。それに英国も、あくまで外交問題として取り扱うつもりだった。

同右、14頁参照。

▼31 同右、15－18頁参照。

▼32 UN Resolutions, Security Council Resolution 502, Question concerning the situation in the region of the Falkland Islands (Malvinas), April 1982.

http://www.falklands.info/history/resolution502.html　２０１２年9月1日閲覧。

▼33 Gordon Smith, Battle Atlas of the Falklands War 1982, p.20.

▼34 １９４９年署名、発効された北大西洋条約（North Atlantic Treaty）第5条では「欧州又は北米における一又は二以上の締約国に対する武力攻撃を全締約国に対する攻撃とみなす」と記述されており、「締約国は、武力攻撃が行われた時は、国連憲章の認める個別的又は集団的自衛権を行使して、北大西洋地域の安全の回復並びに維持するために必要と認める行動（兵力の使用を含む）を個別的に及び共同して直ちにとることにより、攻撃を受けた締約国を援助する」とされている。

外務省ＨＰ参照。

http://www.mofa.go.jp/mofaj/nato/pdfs/gaiyo.pdf

２０１３年3月1日閲覧。

英国軍はＮＡＴＯ本部において、同盟国に対し、相当数の機動部隊が南大西洋に派遣され、その結果、ＮＡＴＯ軍の防衛力が低下することを懸念している。

サンデー・タイムズ特報部編、宮崎正雄編訳『フォークランド紛争――〃鉄の女〃の誤算』、77頁参照。

▼35 The Sunday Times Insight Team, The Falklands War – The Full Story, p.116 参照。

▼36 アルフレッド・プライス、ジェフリー・エセル共著、江畑謙介訳『空戦フォークランド――ハリアー英国を救う』、原書房、１９８４年、１頁参照。

▼37 本章最終頁参照。

▼38 Martin Middlebrook, The Falklands War 1982, pp.93-94.

▼39 Falklands. Info., 1982 Falklands War Timeline – A Chronology of events during the Falklands Conflict of 1982.

http://www.falklands.info/history/82timeline.html

２０１２年9月1日閲覧。

▼40 Martin Middlebrook, The Falklands War 1982, p.97.

▼41 Gordon Smith, Battle Atlas of the Falklands War 1982, p.23.

▼42 Ibid., p.24.

上記の他、英軍は約９０００～１万名と見積もったものもある。

サンデー・タイムズ特報部編、宮崎正雄編訳『フォークランド紛争――〃鉄の女〃の誤算』、１４７頁参照。

Martin Middlebrook, The Falklands War 1982, p.313.

▼43 Gordon Smith, Battle Atlas of the Falklands War 1982, p.24.

▼44 サンデー・タイムズ特報部編、宮崎正雄編訳『フォークランド紛争――〃鉄の女〃の誤算』、97-98頁参照。

▼45 Gordon Smith, Battle Atlas of the Falklands War 1982, p.50.

▼46 サンデー・タイムズ特報部編、宮崎正雄編訳『フォークランド紛争――〃鉄の女〃の誤算』、１０６頁。

▼47 降伏したアルゼンチン軍南ジョージア島守備隊の捕虜だけでも、１３７名を数えた。

前掲書、１０８頁。

▼48 同右、18頁、１０６-１０７頁参照。

▼49 Falklands. Info., 1982 Falklands War Timeline – A Chronology of events during the Falklands Conflict of 1982.

http://www.falklands.info/history/82timeline.html

２０１２年9月3日閲覧。

▼50 任務を終えた後、バルカン爆撃機はそのまま帰投したので、東京からハワイをノンストップで往復したことになる。

▼51 Martin Middlebrook, The Falklands War 1982, pp.126-128.

▼52 サンデー・タイムズ特報部編、宮崎正雄編訳『フォー

クランド紛争――〝鉄の女〞の誤算』、１１２頁参照。

▼53 英政府は封鎖海域の外だったにもかかわらず、英海軍原子力潜水艦「コンカラー」にアルゼンチン海軍巡洋艦「ヘネラル・ベルグラーノ」に対する攻撃命令を下達した。この行動が、後に封鎖海域が曖昧だったことに起因するものとして、アルゼンチンのみならず英議会からも英政府は激しく非難されることになった。
　サンデー・タイムズ特報部編、宮崎正雄編訳『フォークランド紛争――〝鉄の女〞の誤算』、１１８－１２４頁参照。

▼54 Martin Middlebrook, The Falklands War 1982, p.146.

▼55 朝日新聞外報部『狂ったシナリオ――フォークランド紛争の内幕』、80－82頁。

▼56 フランス語でトビウオの一種を意味する。
　Martin Middlebrook, The Falklands War 1982, p.155.

▼57 シュペルエタンダール2機は、それぞれ中型機と大型機（ハーミズと思われる）に照準し、エグゾセを発射したが、戦果を確認する前に帰路についた。このためサンデー・タイムズ特報部では、残りの1発を「発射位置が遠すぎたため推進燃料が尽きてしまい途中で海中に没した」と推測している。
　サンデー・タイムズ特報部編、宮崎正雄編訳『フォークランド紛争――〝鉄の女〞の誤算』、１３４－１３６頁参照。

▼58 HMS Sheffield Association HP.
　http://www.hmssheffieldassociation.com/ ２０１２年9月5日閲覧。

▼59 「シェフィールド」より最後の乗員が退艦してから約3時間後には、ＢＢＣが「シェフィールド」がアルゼンチン軍のミサイルを受けて火災を起こしたこと、火が全艦に広がり、もはやこれ以上艦を救える望みがなくなり、総員退艦が命じられたことなどをニュースで伝えている。
　アルフレッド・プライス、ジェフリー・エセル共著、江畑謙介訳『空戦フォークランド――ハリアー英国を救う』、80頁参照。

▼60 Martin Middlebrook, The Falklands War 1982, pp.188.

▼61 ＳＡＳ（第22ＳＡＳ連隊）は第二次世界大戦中に編成された英陸軍の特殊部隊である。

▼62 Falklands. Info, 1982 FALKLANDS WAR TIMELINE－A Chronology of events during the Falklands Conflict of 1982.
　http://www.falklands.info/history/82timeline.html ２０１２年9月3日閲覧。

▼63 サンデー・タイムズ特報部編、宮崎正雄編訳『フォークランド紛争――〝鉄の女〞の誤算』、１５７－１６２頁参照。

▼64 命中した不発弾を処理する際、それが炸裂し、「アン

テロープ」は沈没した。

前掲書、182−183頁参照。

Martin Middlebrook, The Falklands War 1982, p.232-235.

▼65 5月25日は「五月革命記念日（1810年のこの日、アルゼンチンはスペインからの解放を求める五月革命を起こした）」、アルゼンチンの国民の日であり、英軍はアルゼンチン軍の大規模な攻撃を予想していた。

▼66 Martin Middlebrook, The Falklands War 1982, p.241-242.

▼67 Ibid. pp.244, 247.

▼68 サンデー・タイムズ特報部編、宮崎正雄編訳『フォークランド紛争――〝鉄の女〟の誤算』、196−197頁参照。

▼69 前掲書、199−208頁参照。

▼70 アルゼンチン軍には初めて訓練に参加する新兵も含まれていた。また英軍の海上封鎖によりアルゼンチン軍は孤立し、十分な兵站支援が行われず、兵士の食糧不足が生じた。さらに下痢、皮膚病患者が続出したことで、兵士の士気は低かった。

▼71 メネンデス准将は第8代マルビナス諸島軍政官であり、初代から第7代軍政官は1821年から1833年に任命されている。
Martin Middlebrook, The Falklands War 1982, p.88.

▼72 Kennedy Hickman, The Falklands War: An Overview, Military History 参照。
http://militaryhistory.about.com/od/battleswars1900s/p/falklands.htm 2012年10月3日閲覧。

▼73 "President Galtieri regions," BBC News, 17 June.1982.

▼74 南ジョージア島から南西約1000キロに位置する諸島。アルゼンチンはフォークランド諸島をめぐる領土問題の対象としてフォークランド諸島と南ジョージア島とともに、南サンドイッチ島を含めていた。
朝日新聞外報部『狂ったシナリオ――フォークランド紛争の内幕』、160頁参照。

▼75 "Hostilities officially cease," BBC News, 20 June. 1982.
http://news.bbc.co.uk/hi/english/static/in_depth/uk/2002/falklands/guide7.stm 2012年10月3日閲覧。

▼76 アルフレッド・プライス、ジェフリー・エセル共著、江畑謙介訳『空戦フォークランド――ハリアー英国を救う』、253頁参照。

▼77 サンデー・タイムズ特報部編、宮崎正雄編訳『フォークランド紛争――〝鉄の女〟の誤算』、36−39頁参照。

▼78 ホワイトホールには、英国の中央省庁及び政府機関が数多く並んでいるため、英政府の中枢として認識されている。

▼79 現地部隊との指揮通信が整備されると、毎朝9時30

分に参謀長委員会が開かれ、その後、内閣の海外防衛委員会南大西洋小委員会が開催されるという手順になった。またルーウィン海軍大将は国防省の首席軍事顧問も兼ねていたが、政府内での影響力は次第に強まり、危機的状況の中で首相に最も近い人物になっていった。ある文官はルーウィン海軍大将のことを「いま英国で一番権力を握っている男」と評したほどである。

サンデー・タイムズ特報部編、宮崎正雄編訳『フォークランド紛争――〝鉄の女〟の誤算』、63頁参照。

▼80 Max Hasting and Simon Jenkins, The Battle for the Falklands, pp.133-134 参照。

▼81 シーハリアーの飛行区域周辺でアルゼンチン軍が活動していたという証拠は何もなく、また失われたシーハリアーと戦闘を交えたという報告も全くなかったため、英空軍は、2機のシーハリアーが空中衝突したと断定している。

アルフレッド・プライス、ジェフリー・エセル共著、江畑謙介訳『空戦フォークランド――ハリアー英国を救う』、82－82頁参照。

▼82 Martin Middlebrook, The Falklands War 1982, p.202.

▼83 「ハミーズ」「インヴィンシブル」は対潜用航空機の空母であり、英国最後の正規空母「アークロイヤル」は1979年、退役し、1981年末、スクラップにされていた。

朝日新聞外報部『狂ったシナリオ――フォークランド紛争の内幕』、64頁。

▼84 サンデー・タイムズ特報部編、宮崎正雄編訳『フォークランド紛争――〝鉄の女〟の誤算』、64－65頁参照。

▼85 Martin Middlebrook, The Falklands War 1982, p.248.

▼86 Ibid., p.274.

また旅団司令部参謀チェスター少佐は、ヘリコプター9機が損失したと聞かされた際、英軍の置かれた状況を悲観し、「我々の全ての希望と作戦の土台となるアトランティック・コンベアが失われたのは辛いことだ」とまで述べている。

Ibid., p.251.

▼87 サンデー・タイムズ特報部編、宮崎正雄編訳『フォークランド紛争――〝鉄の女〟の誤算』、227頁。

▼88 Martin Middlebrook, The Falklands War 1982, pp.48-52 参照。

▼89 サンデー・タイムズ特報部編、宮崎正雄編訳『フォークランド紛争――〝鉄の女〟の誤算』、105頁参照。

▼90 The Sunday Times Insight Team, The Falklands War – The Full Story, p.146 参照。

▼91 Ibid., pp.158-159 参照。

▼92 アルゼンチン海軍の艦艇は、英海軍の原子力潜水艦が活動しにくい大陸棚から離れることはなかった。

サンデー・タイムズ特報部編、宮崎正雄編訳『フォークランド紛争――〝鉄の女〟の誤算』、123頁参照。

▼93 Gordon Smith, Battle Atlas of the Falklands War 1982, p.64.

▼94 アルゼンチン軍がシュペルタンダール攻撃機を引き渡され、パイロットたちがフランスでの訓練を終えて帰国したのは1981年11月のことだった。

アルフレッド・プライス、ジェフリー・エセル共著、江畑謙介訳『空戦フォークランド――ハリアー英国を救う』、10－11頁参照。

▼95 アルゼンチン海軍は、艦船あるいは沿岸から発射する初期のエグゾセばかりではなく、航空機から発射する後継型のエグゾセも発注した。同時にそれを装備するため、ダッソー社製のシュペルタンダール攻撃機14機を注文した。そして1981年末からエタンダール機5機とエグゾセ5発が搬入されたが、英国はそのことを知らなかった。

サンデー・タイムズ特報部編、宮崎正雄編訳『フォークランド紛争――〝鉄の女〟の誤算』、126頁参照。

▼96 1967年10月21日、地中海沿岸シナイ半島沖で発生した、いわゆる「エイラート事件」のことである。

▼97 The Sunday Times Insight Team, The Falklands War - The Full Story, p.160 参照。

▼98 アルフレッド・プライス、ジェフリー・エセル共著、江畑謙介訳『空戦フォークランド――ハリアー英国を救う』、1頁。

▼99 前掲書、4頁。

▼100 結局、このランチャーはハリアーGR・3の運用が対地攻撃のみに限定されることになったため、後日、空母に配備された際に取り外された。

▼101 アルフレッド・プライス、ジェフリー・エセル共著、江畑謙介訳『空戦フォークランド――ハリアー英国を救う』、8頁。

▼102 操縦室の与圧装置の不具合から実際の爆撃は予備機で行われた。

▼103 サンデー・タイムズ特報部編、宮崎正雄編訳『フォークランド紛争――〝鉄の女〟の誤算』、112－114頁参照。

▼104 バルカン爆撃機の攻撃システムは1950年代に属するものであり、滑走路に命中弾を与える確率が最も大きい方法は、滑走路を30度の角度で横切って飛びながら、21発の爆弾を4分の1秒間隔（45メートル間隔）で直線的に投下していくことであった。

アルフレッド・プライス、ジェフリー・エセル共著、江畑謙介訳『空戦フォークランド――ハリアー英国を救う』、38頁。

▼105 サンデー・タイムズ特報部編、宮崎正雄編訳『フォークランド紛争――〝鉄の女〟の誤算』、113頁参照。

▼106 “RAF bombs Port Stanly,” BBC News, 1 May, 1982 参照。
http://news.bbc.co.uk/onthisday/hi/dates/stories/may/1/newsid_2480000/2480155.stm　２０１２年11月4日閲覧。

英国本土の国民だけではなく、この空爆における爆弾の炸裂音を聞いたフォークランドの英国系住民も「英軍が必ず救けに来ると確信した」と発言している。

アルフレッド・プライス、ジェフリー・エセル共著、江畑謙介訳『空戦フォークランド——ハリアー英国を救う』、40頁。

▼107 この一連の攻撃で以後スタンレー空港は滑走路の損傷から戦闘機及び爆撃機などの大型機の発着が不可能となったが、ＳＴＯＬ性能を持つＣ－１３０及びエレクトラ、フォッカーF28フェローシップ等の輸送機、長い滑走路が不要なマッキ攻撃機などの運用は可能であり、アルゼンチン軍は終戦間際までこの空港を活用し続けた。
また、『タイムズ』紙の記者はバルカン爆撃機の爆撃を「失敗」と書いたにもかかわらず、説明もなしに「成功」と書き換えられて送稿されていた。

サンデー・タイムズ特報部編、宮崎正雄編訳『フォークランド紛争——〝鉄の女〟の誤算』、１９３頁参照。

▼108 The Sunday Times Insight Team, The Falklands War – The Full Story, p.155 参照。

▼109 Martin Middlebrook, The Falklands War 1982, pp.126-127 参照。

▼110 Ibid., pp.130-131 参照。

▼111 The Sunday Times Insight Team, The Falklands War – The Full Story, p.146 参照。

▼112 Martin Middlebrook, The Falklands War 1982, p.41.

▼113 サンデー・タイムズ特報部編、宮崎正雄編訳『フォークランド紛争——〝鉄の女〟の誤算』、15頁参照。

▼114 前掲書、18頁参照。

▼115 Martin Middlebrook, The Falklands War 1982, p.60.

▼116 サンデー・タイムズ特報部編、宮崎正雄編訳『フォークランド紛争——〝鉄の女〟の誤算』、１５７頁参照。

▼117 フォークランド諸島には約1万名のアルゼンチン兵がいた。ただし、そのうち２０００名は西フォークランド島にいたため、戦闘に参加することはなかった。
Martin Middlebrook, The Falklands War 1982, p.313.

▼118 The Sunday Times Insight Team, The Falklands War – The Full Story, pp.251-252 参照。

▼119 当時、ＮＡＴＯ加盟国の陸軍は、旧ソ連の圧倒的優勢な航空攻撃に備えるため、夜間演習を多用していた。
Martin Middlebrook, The Falklands War 1982, p.257.

▼120 The Sunday Times Insight Team, The Falklands War – The Full Story, p.244 参照。

▼121 サンデー・タイムズ特報部編、宮崎正雄編訳『フォークランド紛争――〝鉄の女〟の誤算』、２３０頁参照。

▼122 前掲書、２３３頁参照。

▼123 同右、２３３－２３４頁参照。

▼124 同右、２３４頁参照。

▼125 同右、２３８－２４０頁参照。

▼126 Martin Middlebrook, The Falklands War 1982, p.374 参照。

▼127 朝日新聞外報部『狂ったシナリオ――フォークランド紛争の内幕』、１９１頁。

▼128 Martin Middlebrook, The Falklands War 1982, p.249.

▼129 The Sunday Times Insight Team, The Falklands War – The Full Story, p.146 参照。

▼130 Martin Middlebrook, The Falklands War 1982, pp.250-251.

英空軍は「英軍とアルゼンチン軍の航空戦力比を1対12以上」と見積もっていた(「」は引用者による)。

アルフレッド・プライス、ジェフリー・エセル共著、江畑謙介訳『空戦フォークランド――ハリアー英国を救う』、２－３頁。

▼131 Max Hasting and Simon Jenkins, The Battle for the Falklands, pp.190-193 参照。

▼132 アルフレッド・プライス、ジェフリー・エセル共著、江畑謙介訳『空戦フォークランド――ハリアー英国を救う』、75－76頁。

▼133 サンデー・タイムズ特報部編、宮崎正雄編訳『フォークランド紛争――〝鉄の女〟の誤算』、１４３－１４４頁参照。

▼134 メネンデス准将は英軍がスタンレー近郊に上陸するものと信じていたため、英軍の決断は結果的には大成功だった。

Martin Middlebrook, The Falklands War 1982, p.313 参照。

▼135 アルフレッド・プライス、ジェフリー・エセル共著、江畑謙介訳『空戦フォークランド――ハリアー英国を救う』、１５１頁。

▼136 サンデー・タイムズ特報部編、宮崎正雄編訳『フォークランド紛争――〝鉄の女〟の誤算』、１７７－１８４頁参照。

▼137 前掲書、２０４頁参照。

▼138 アルフレッド・プライス、ジェフリー・エセル共著、江畑謙介訳『空戦フォークランド――ハリアー英国を救う』、１８８頁。

▼139 サンデー・タイムズ特報部編、宮崎正雄編訳『フォークランド紛争――〝鉄の女〟の誤算』、２１５－２１６頁参照。

▼140 英軍の防空用レイピア・ミサイルは、6月8日の朝、フィッツロイに届いたばかりで運用できなかった。

また英軍が護衛の艦艇をつけなかったのは、アルゼンチン軍が英軍の上陸に気づいたとしても、航空攻撃を仕掛けてくる前に上陸が完了できると見積もっていたためである。

前掲書、212－214頁参照。

▼141 当初予定していた上陸地の水深が浅いと分かり、約6・4キロ離れたフィッツロイへの上陸が急遽決定された。

同右、212頁。

▼142 6月8日、シーハリアーはリレー式にフィッツロイ周辺の警戒に当たっていたが、空母の位置は東にはるか遠く離れ、サン・カルロスにある前線基地の滑走路は一時的に使用不可能となっていたため、上陸部隊の掩護にも度々間隙ができていた。

アルフレッド・プライス、ジェフリー・エセル共著、江畑謙介訳『空戦フォークランド――ハリアー英国を救う』、230－231頁。

▼143 Max Hasting and Simon Jenkins, The Battle for the Falklands, p.199 参照。

▼144 サンデー・タイムズ特報部編、宮崎正雄編訳『フォークランド紛争――〝鉄の女〟の誤算』、105頁参照。

▼145 28名の従軍記者に対し、国防相から7名の検閲官が派遣された。また各部隊には報道担当士官が配置された。

前掲書、192頁参照。

▼146 この背景として、反戦的な報道を行うメディアの存在がある。サッチャー首相も愛国心と客観的な報道という問題について、BBCに厳しい見解を述べたことがある。

▼147 攻撃前日、捕虜にしたアルゼンチン兵2名の尋問からも、アルゼンチン軍が英軍のグース・グリーン攻撃を予期していることが判明した。

サンデー・タイムズ特報部編、宮崎正雄編訳『フォークランド紛争――〝鉄の女〟の誤算』、198－199頁参照。

▼148 前掲書、53頁参照。

▼149 この見解を裏付けるように、3月25日深夜、南ジョージア島に上陸したアルゼンチン海兵隊約500名による不法占拠についても、英政府はアルゼンチンに抗議しただけで、何ら具体的な行動をとることはなかった。

▼150 サンデー・タイムズ特報部編、宮崎正雄編訳『フォークランド紛争――〝鉄の女〟の誤算』、44－54頁参照。

▼151 前掲書、54－55頁参照。

▼152 ノースウッドにある司令部の情報将校は、アルゼンチン軍のフォークランド侵攻を受け、司令部はパニック状態に陥ったと語っている。

Hugh Mcmanners in association with the Imperial

War Museum, Forgotten Voices of the Falklands – the Real Story of the Falklands War, p.20 参照。

　また、アルゼンチンの意図を読み間違えた責任者として、議会から激しい追及を受けたキャストン外相、アトキンス、ルース両外務次官は辞任している。

　サンデー・タイムズ特報部編、宮崎正雄編訳『フォークランド紛争――〝鉄の女〟の誤算』、60－61頁参照。

▼153 南米諸国において、唯一とも言える親米国家アルゼンチンとの関係悪化を懸念した。
　Martin Middlebrook, The Falklands War 1982, p.63.

▼154 4月30日、米国は英国支持の立場を示したため、それ以降、英国は米国の摑んだ偵察衛星情報、通信傍受情報を入手し、作戦の遂行に大きく役立てることができた。

▼155 Radio Broadcast by Governor Rex Hunt, Falkland Islands Broadcasting Station, 1st April 7.30pm.
　http://www.falklands.info/history/82doc001.html
２０１２年10月５日閲覧。

▼156 朝日新聞外報部『狂ったシナリオ――フォークランド紛争の内幕』、64頁。

▼157 １９７９年まで英国の政権の座にあった労働党政府は、国防相が警鐘を鳴らすフォークランド諸島有事の対応について、部隊等を同諸島に常駐させるのでは費用が高くつくからという理由で、何か事態が発生してから対処部隊を派遣することに決めていた。また１９７９年５月、保守党のサッチャーが首相に就任したのだが、サッチャー政権下における外務省は、それまでの労働党政権時代の主張を踏襲し、領有権をアルゼンチンに譲り、諸島の利用権のみ（英国の）島民に与えるという「香港方式」の租借案を提示した。これはアルゼンチンにも受け入れ可能な妥協案だと思われた。これらのことがアルゼンチンに対し、フォークランド諸島へ侵攻しても、英国が軍隊を派遣してこないと考えさせた背景である。
　サンデー・タイムズ特報部編、宮崎正雄編訳『フォークランド紛争――〝鉄の女〟の誤算』、25－16頁参照。

▼158 朝日新聞外報部『狂ったシナリオ――フォークランド紛争の内幕』、62頁。

▼159 ＬＡＤＥ（Lines Aeereas del Estado）航空会社のこと。

▼160 サンデー・タイムズ特報部編、宮崎正雄編訳『フォークランド紛争――〝鉄の女〟の誤算』、3－4頁参照。

▼161 戦時内閣のある閣僚は「スエズ症状（１９６５年、スエズ紛争の際、英国では国論が二分され部隊の士気が著しく低下した例がある）」と呼ばれる事態が生起しないように気を使うとともに、「政府が本気でいることを内外に早く知らせる材料が必要だった」と述べている。
　前掲書、98頁参照。

また南ジョージア島の攻略は、政治家が強く望んでいる「素早い成果」を上げることができるとの認識があった。

The Sunday Times Insight Team, The Falklands War – The Full Story, pp.138-139 参照。

さらに4月17日にはフィールドハウス海軍大将がノースウッドからアセンション島まで進出し、素早く行動することで政治的要求を満たすように強調（「政府は結果を求めている」と発言した）している。

Ibid., p.141 参照。

162 サンデー・タイムズ特報部編、宮崎正雄編訳『フォークランド紛争――〝鉄の女〟の誤算』、１０５頁参照。

163 ＳＢＳは第二次世界大戦中に編成された英海兵隊の特殊部隊であり、主に舟艇等を利用して行動する。

164 米タイム誌は「アルゼンチン軍の命令は出ると直ちに翻訳され、ウッドワード機動部隊司令官の手元に届く」と報道している。

朝日新聞外報部『狂ったシナリオ――フォークランド紛争の内幕』、１９２頁。

165 その他にもアセンション島における第1回作戦会議において、ウッドワード司令官が工兵中隊長マクドナルド（Robby MacDonald）少佐に対し、西フォークランド島に滑走路を建設する計画を命じた際、少佐は「できません」と拒否した上、その理由として、現地を見ずに、あるいは現地の地質等を知らずに計画することはできないと答えている。

サンデー・タイムズ特報部編、宮崎正雄編訳『フォークランド紛争――〝鉄の女〟の誤算』、１４６頁参照。

166 Graham Bound, Falkland Islands at War, p.47 参照。

167 Ken Lukowiak, A soldier's Song – True Stories from the Falklands, Secker & Warburg, London Great Britain, 1993, pp.16-17 参照。

168 朝日新聞外報部『狂ったシナリオ――フォークランド紛争の内幕』、１７４頁。

169 前掲書、１９１頁参照。

170 サンデー・タイムズ特報部編、宮崎正雄編訳『フォークランド紛争――〝鉄の女〟の誤算』、１０１－１０４頁参照。

171 英国は、ウルグアイ、チリ及び南アフリカの空港・港湾施設の利用を検討したが、政治あるいは外交的理由から、その利用を諦めている。

前掲書、64頁。

172 同右、66頁参照。

173 ここでのシーベイシングは単に海上基地を意味するのではなく、本土から離隔した作戦空間において部隊の行動を支援することができる戦略的な運用システムを意味している。

174 ある兵士は「第二次世界大戦後37年もの間貯めた弾

薬をたった1日で射耗した」と発言している。

Hugh Mcmanners in association with the Imperial War Museum, Forgotten Voices of the Falklands – the Real Story of the Falklands War, p.56 参照。

▼175 Gordon Smith, Battle Atlas of the Falklands War 1982, p.24 参照。

▼176 サンデー・タイムズ特報部編、宮崎正雄編訳『フォークランド紛争――〝鉄の女〟の誤算』、187頁参照。

▼177 その奮迅ぶりから、同機は無線のコールサイン「ブラボー・ノーベンバー」の愛称で、兵士から親しまれることとなった。

Martin Middlebrook, The Falklands War 1982, p.248.

▼178 Hugh Mcmanners in association with the Imperial War Museum, Forgotten Voices of the Falklands – the Real Story of the Falklands War, p.40 参照。

▼179 Martin Middlebrook, The Falklands War 1982, p.76.

▼180 このラジオ放送とは、島民からの医療に関する相談に対して医師が回答するという島内ラジオのことであり、アルゼンチン軍もこの放送だけは許可していた。これに英軍が割り込む形で放送したのである。

サンデー・タイムズ特報部編、宮崎正雄編訳『フォークランド紛争――〝鉄の女〟の誤算』、240－241頁参照。

▼181 Martin Middlebrook, The Falklands War 1982, pp.420-421 参照。

アルゼンチン軍は名誉ある降伏にこだわっていたと思われる。

（参照）アルゼンチン軍事規則第751条

「国内の敵と交戦中において、弾薬を使い果たす又は部隊の3分の2以上の損耗もなく敵に降伏したものは3年から5年の禁錮に処す」という厳しい規則があった。

Ibid., p.147 参照。

また南ジョージア守備隊長は、降伏文書の中に、英国の「圧倒的に優勢な」戦力の前に屈した、という表現を入れるよう申し立て、修正されるまで署名を拒否した。

サンデー・タイムズ特報部編、宮崎正雄編訳『フォークランド紛争――〝鉄の女〟の誤算』、108頁参照。

さらにメネンデス准将は降伏に際し、「無条件降伏」という言葉から「無条件」を削るという、軍事史上に残るような修正を要求した。

前掲書、248頁。

▼182 フォークランド島民は自分たちを「ケルパー（Kelper）」と呼ぶ。周りの海に群生する長さ10メートルものケルプ（海藻）に因んだ名前というが、長年の領土紛争で海藻のように揺れ動く立場を言い得ている。

朝日新聞外報部『狂ったシナリオ――フォークラ

ンド紛争の内幕』、173頁。

▼183 島民の中にはスパイ容疑でアルゼンチン軍に逮捕、監禁された者もいた。

▼184 サンデー・タイムズ特報部編、宮崎正雄編訳『フォークランド紛争――〝鉄の女〟の誤算』、96頁。

▼185 朝日新聞外報部『狂ったシナリオ――フォークランド紛争の内幕』、211‐212頁参照。

第4章

▼1 「クイーン・エリザベス2号」「キャンベラ号」の他、「アトランティック・コンベア」「ビッカース」、VC10C・1 補給艦「フォートグランジ」「フォートオースチン」「リゾース」「ストロムネス」「アップルリーフ」「ベイリーフ」「ブラウンリーフ」「プラムリーフ」「パールリーフ」「ブルーローバー」「リージェント」「オルメダ」「オルナ」「タイドプール」「タイドスプリング」「エンガダイン」など。

▼2 英国ではSTUFT（The Ships Taken Up From Trade Process）と呼ばれる枠組みが構築されている。

Martin Middlebrook, The Falklands War 1982, p.79.

▼3 サスビー＝テイラー少佐は名高いヨットマンで、1978年、分遣隊長としてフォークランド諸島に駐留していた頃、約1万6000キロに及ぶ入り組んだ海岸線の主要な港湾を地図に写し取り、その特徴をノートにまとめていた。第3コマンド旅団長のトンプソン准将からノートの借用を依頼された際、サスビー＝テイラー少佐は「自分を作戦に加えるなら貸します」と答え、トンプソン准将から「肩書のない参謀」に任命され、出撃間際、急遽、旅団司令部の一員となったのである。

サンデー・タイムズ特報部編、宮崎正雄編訳『フォークランド紛争――〝鉄の女〟の誤算』、70頁。

▼4 82型駆逐艦「ブリストル」、42型駆逐艦「シェフィールド」「グラスゴー」「コヴェントリー」「エクゼター」「カーディフ」、カウンティ級駆逐艦「アントリム」「グラモーガン」。

▼5 22型フリゲート「ブロードスウォード」「ブリリアント」、21型フリゲート「アンテロープ」「アクティブ」「アロー」「アラクリティ」「アーデント」「アベンジャー」「アンバスケイド」、リアンダー級フリゲート（12M型フリゲート）「アーゴノート」「アンドロメダ」「ミナーヴァ」「ペネロープ」、ロスシー級フリゲート「ヤーマス」「プリマス」。

▼6 スウィフトシュア級原子力潜水艦「スプレンディッド」「スパルタン」、チャーチル級原子力潜水艦「コンカラー」「カレイジャス」、ヴァリアント級原子力潜水艦「ヴァリアント」、オベロン級潜水艦「オクニス」。

常時、運用できる態勢にある潜水艦の数ではない。

▼7 参加した航空機は、戦闘機・攻撃機　シーハリアーFRS・1（海軍）、ハリアー GR・3（空軍）、ファントム　FGR・2（空軍、アセンション島の防衛）、爆撃機 アブロ バルカン B・2（空軍）、対潜哨戒機 BAE ニムロッド MR・2（空軍）、空中給油機　ハンドレページ ヴィクター K・2（空軍）、輸送機　ビッカース VC10 C・1（空軍）、ロッキード・ハーキュリーズ C・1（空軍）、偵察機　ニムロッド R・1（空軍）、イングリッシュ・エレクトリック・キャンベラ PR・2（空軍）、ヘリコプター　ウェストランド シーキング HAS・2／2A／5／HC・4／HAR・3（海軍、空軍）、ウェストランド リンクス HAS・2（海軍）、ウェストランド ワスプ HAS・1（海軍）、ウェストランド ウェセックス HAS・3／HU・5（海軍）、ウェストランド ガゼル AH・1（陸軍、海兵隊）、ウェストランド スカウト AH・1（陸軍、海兵隊）、ボーイング チヌーク HC・1（空軍）。

▼8 シーベイシングを構成する主な艦船として、強襲揚陸艦、ドック型揚陸艦、大型輸送艦、洋上補給艦、上陸用舟艇、機動揚陸プラットフォーム等がある。このうちドック型揚陸艦とは艦内のウェルドック（通常、艦艇の船尾、喫水レベルに設置されるデッキ状のドック式格納庫）に収容した上陸用舟艇を用いて揚陸を行う艦船のことをいう。また機動プラットフォームは注排水機構を使用し、甲板を水面下に沈め、浮かぶ貨物を搭載する半潜没式の艦船のことをいう。現在、米海軍は2015年に1番艦を就役させようと開発を進めている。

▼9 フォークランド紛争では赤十字国際委員会（ICRC：International Committee of the Red Cross）の提案により、ポート・スタンレーの大聖堂とその周辺地域を中立地帯と設定した。また病院船による傷病者の収容・移送を容易にするため、英国が公海上に直径20海里の中立地帯（「赤十字ボックス」と呼ばれる）を設定することを提唱し、両国により合意されている。

日本赤十字社編集『赤十字と国際人道法普及のためのハンドブック』、日赤会館、2008年9月、25頁参照。

▼10 通報艦（Dispatch boat）は、情報の伝達を主目的とする小型の軍艦のことである。

▼11 メッシュ型の強靭な通信システムのこと。

▼12 フィアレス級揚陸艦「フィアレス」「イントレピッド」、サー級揚陸艦「サー・ランスロット」「サー・ガラハド」「サー・ベディア」「サー・ゲレイント」「サー・パーシバル」「サー・トリストラム」。

▼13 AAV（Amphibious Assault Vehicle）は「水陸両用強襲車」と訳されることが多いが、ここでは本章の趣旨

▼14 から「水陸両用車」と記述する。
JDAM（Joint Direct Attack Munition）とは、「統合直接攻撃弾」であり、終末誘導により目標を確実に破壊することを可能にする弾薬である。

第5章

▼1 外務省HP「国・地域（大洋州）」
https://www.mofa.go.jp/mofaj/area/pacific.html 2022年8月1日閲覧。

▼2 JICA HP「太平洋島嶼国－基礎データ」
https://www.jica.go.jp/publication/monthly/0605/pdf/02.pdf 2022年8月1日閲覧。

▼3 国際機関太平洋島諸島センター「太平洋島嶼国の人口が1000万人に」
https://pic.or.jp/pic_news/825/ 2022年10月1日閲覧。

▼4 「後発開発途上国（LDC：Least Developed Country）」に指定されている。

▼5 JICA東南アジア・大洋州部 東南アジア第六・大洋州課「太平洋島嶼国における開発課題」
https://www.jica.go.jp/priv_partner/information/field/2019/ku57pq0002ml5ml-att/20190830_01.pdf 2022年8月1日閲覧。

▼6 外務省HP「島国の現状（パンフレット抜粋）」
https://www.mofa.go.jp/mofaj/area/ps_summit/palm_06/pdfs/map.pdf 2022年8月2日閲覧。

▼7 「南太平洋 外交戦の舞台に 日米豪、中国を警戒」（日本経済新聞、2019年6月28日）。

▼8 外務省HP「わかる！国際情勢 24年目を迎えた日本と太平洋島嶼国との友好関係の証 第9回太平洋・島サミット（PALM9）――日本にとって重要な太平洋島嶼国地域」
https://www.mofa.go.jp/mofaj/p_pd/dpr/page22_003652.html 2022年8月1日閲覧。

▼9 「中国、食料自給低下に苦慮 農地劣化や乱開発要因 昨年7割台の試算も」（日本経済新聞、2021年4月5日）。

▼10 JICA東南アジア・大洋州部 東南アジア第6・大洋州課「太平洋島嶼国における開発課題」。

▼11 「パシフィックウェイ」は、初代フィジー首相のカミセセ・マラが提唱し、太平洋流の地域協力の在り方を表しているとされる。
片岡真輝「激変する太平洋地域の安全保障環境と太平洋島嶼国――パシフィックウェイに基づく協調行動は可能か」（アジア経済研究所、2022年8月）。
https://www.ide.go.jp/Japanese/IDEsquare/Eyes/2022/ISQ202220_029.html 2022年8月4日閲覧。

▼12 ＪＩＣＡ東南アジア・大洋州部 東南アジア第六・大洋州課「太平洋島嶼国における開発課題」。

▼13 「China to provide south pacific countries 'what us Australia failed to offer'」(Indian Politics)
https://www.indianpolitics.co.in/china-to-provide-south-pacific-countries-what-us-australia-failed-to-offer/ ２０２２年8月3日閲覧。

▼14 「台湾と断交、キリバスも 1週間で2カ国目」(ＣＮＮ ＮＥＷＳ、２０１９年9月21日)。
https://www.cnn.co.jp/world/35142949.html ２０２２年5月29日閲覧。

▼15 黒崎岳大「太平洋島嶼国からみた中国の太平洋進出」(一般社団法人太平洋協会、２０１２年)。
http://pia.or.jp/140-%e5%a4%aa%e5%b9%b3%e6%b4%8b%e7%ad%89%e8%ab%b8%e5%9b%bd%e3%81%8b%e3%82%89%e3%81%bf%e3%81%9f%e4%b8%ad%e5%9b%bd%e3%81%ae%e5%a4%aa%e5%b9%b3%e6%b4%8b%e9%80%b2%e5%87%ba ２０２２年9月2日閲覧。

▼16 「中国、南太平洋影響力 台湾断交のソロモンと国交へ」(日本経済新聞、２０１９年9月17日)。
https://www.nikkei.com/article/DGXMZO49896280X10C19A9FF2000/ ２０２２年9月2日閲覧。

▼17 楊鈞池「中国主導の『一帯一路』がアジア太平洋地域にもたらした衝撃についての分析」(日本戦略研究フォーラム季報、２０１８年10月)45－54頁。

▼18 南南協力とは、開発途上国の中で、ある分野において開発の進んだ国が、別の途上国の開発を支援することである。なおＪＩＣＡでは、「開発途上国が相互の連携を深めながら、技術協力や経済協力を行いつつ、自立発展に向けて行う相互の協力」と定義する。

▼19 楊鈞池「中国主導の『一帯一路』がアジア太平洋地域にもたらした衝撃についての分析」(日本戦略研究フォーラム季報、２０１８年10月)、45－54頁。

▼20 片岡「激変する太平洋地域の安全保障環境と太平洋島嶼国」

▼21 「台湾、南太平洋キリバスと断交 中国圧力、ソロモン諸島に続き」(共同通信、２０１９年9月20日)。
https://this.kiji.is/547655405473875041 ２０２２年9月9日閲覧。

▼22 「豪、ソロモンに１８０億円 インフラ支援、中国けん制」(産経ニュース、２０１９年6月3日)。
https://www.sankei.com/photo/daily/news/190603/dly1906030009-n1.html ２０２１年1月29日閲覧。

▼23 同右。

▼24 「習主席、ソロモンに経済支援表明 北京で首脳会談」(日本経済新聞、２０１９年10月9日)。
https://www.nikkei.com/article/DGXMZO5080021

0Z01C19A0FF8000/　２０２０年２月２日閲覧。

▼25 「中国、ソロモン諸島と安全保障協定を締結と発表　米・豪は懸念」（Reuters、２０２２年４月19日）。
　https://jp.reuters.com/article/solomon-islands-security-idJPKCN2MB0NR　２０２２年９月19日閲覧。

▼26 福島香織「中国とソロモン諸島の安全保障協定案がリーク　南太平洋海域に打ち込まれた布石で西側世界に激震」（ドットワールド、２０２２年３月28日）。
　https://dotworld.press/china_solomon_islands_security_treaty/2/　２０２２年10月１日閲覧。

▼27 福島香織「ソロモン諸島チャイナタウンで暴動、背景にある中台バトルとは　チャイナマネーに絡め取られて台湾と断交した親中派政権」（JBpress、２０２１年12月２日）。
　https://jbpress.ismedia.jp/articles/-/67944　２０２２年９月２日閲覧。

▼28 小川和美「ＲＡＭＳＩ展開以後のソロモン諸島の政局――対オーストラリア関係を中心に」（『パシフィックウェイ』１２９巻、２００７）、32－40頁。
　２００３年７月にはオーストラリアを中心に太平洋諸国で構成された「ソロモン諸島支援ミッション（RAMSI：Regional Assistance Mission to Solomon Islands）」がソロモン諸島政府の要請を受ける形で派遣された。ＲＡＭＳＩは派遣直後より治安回復と国家再生プログラムを実行に移した。その結果、武装した暴徒はＲＡＭＳＩに投降、または活動を停止するのだった。２０１３年には、ＲＡＭＳＩの軍事部門は任務を達成したとして撤収された。

▼29 竹田いさみ「ソロモン反政府運動」（知恵蔵の解説、２００７年）。
　https://kotobank.jp/word/ソロモン反政府運動-180857。

▼30 「豪州、ソロモン諸島に１８８億円支援　中国の影響力拡大阻止へ　太平洋諸国を重視」（産経新聞、２０１９年６月３日）。

▼31 同右。

▼32 「中国外相の不意をついた中国系豪女性外相の『フィジー訪問挑発』」（中央日報日本語版、２０２２年６月１日）。
　https://s.japanese.joins.com/JArticle/291694?sectcode=A00&servcode=A00　２０２２年９月６日閲覧。

▼33 「中国と南太平洋　島嶼国を軍事拠点とするな」（読売新聞オンライン、２０２２年６月３日）。
　https://www.yomiuri.co.jp/editorial/20220602-OYT1T50239/　２０２２年９月５日閲覧。

▼34 同右。

▼35 同右。

▼36 「『太平洋諸島フォーラム』年次総会　各国の足並みの乱れ懸念」（ＮＨＫ、２０２２年７月14日）。
https://www3.nhk.or.jp/news/html/20220714/k10013716601000.html　２０２２年９月８日閲覧。

▼37 「ハリス米副大統領、太平洋諸島フォーラム首脳会議に参加、新たな関与政策発表」（ＪＥＴＲＯ、７月13日）。
https://www.jetro.go.jp/biznews/2022/07/f1b6c8e41422a272.html　２０２２年９月７日閲覧。

▼38 「米太平洋諸島首脳会議、ソロモン諸島が宣言に署名しない意向」（Reuters、２０２２年９月28日）。
https://jp.reuters.com/article/usa-biden-solomon-islands-idJPKBN2QT0RK　２０２２年９月28日閲覧。

▼39 長谷川幸洋「太平洋で『傍若無人』な中国に、とうとう米国の『マジな反撃』が始まった…！　第三の『中国包囲網』になる」（現代ビジネス、２０２２年10月７日）。
https://www.msn.com/ja-jp/news/world/%E5%A4%AA%E5%B9%B3%E6%B4%8B%E3%81%A7-%E5%82%8D%E8%8B%A5%E7%84%A1%E4%BA%BA-%E3%81%AA%E4%B8%AD%E5%9B%BD%E3%81%AB-%E3%81%A8%E3%81%86%E3%81%A8%E3%81%86%E7%B1%B3%E5%9B%BD%E3%81%AE-%E3%83%9E%E3%82%B8%E3%81%AA%E5%8F%8D%E6%92%83-%E3%81%8C%E5%A7%8B%E3%81%BE%E3%81%A3%E3%81%9F-%E7%AC%AC%E4%B8%89%E3%81%AE-%E4%B8%AD%E5%9B%BD%E5%8C%85%E5%9B%B2%E7%B6%B2-%E3%81%AB%E3%81%AA%E3%82%8B/ar-AA12GrhE　２０２２年10月８日閲覧。

▼40 同右。

▼41 同右。

▼42 「米予算教書発表　中国にらみ国防費増を確保　本格検討は大統領選後」（産経ニュース、２０２０年２月11日）。
https://www.sankei.com/world/news/200211/wor2002110009-n1.html　２０２１年２月12日閲覧。

▼43 「中国が覇権むき出し、防衛ラインに『第３列島線』浮上」（産経ニュース、２０１９年５月６日）。
https://special.sankei.com/a/international/article/20190501/0001.html　２０２１年１月29日閲覧。

▼44 「台湾と断交、キリバスも　１週間で２カ国目」（ＣＮＮ ＮＥＷＳ、２０１９年９月21日）。

▼45 「ガダルカナル島で中国企業が旧日本軍慰霊碑の土地買収　将来の慰霊に不安も」（産経新聞、２０１９年11月５日）。
https://special.sankei.com/a/international/article/20191105/0005.html　２０２１年１月29日閲覧。

▼46 防衛庁防衛研修所戦史室『戦史叢書　南太平洋陸軍作戦〈1〉ポートモレスビー・ガ島初期作戦』（朝雲新聞社、１９６８年3月15日）、３１０頁。

▼47 「中国企業、ソロモンの島を75年賃借か　豪紙報道」（日本経済新聞、２０１９年10月18日）。
https://www.nikkei.com/article/DGXMZO51119360Y9A011C1FF8000/　２０２１年2月2日閲覧。

▼48 同右。

▼49 「ソロモン政府、中国企業への島の賃借契約は『違法』」（日本経済新聞、２０１９年10月25日）。
https://www.nikkei.com/article/DGXMZO51422950V21C19A0FF8000/　２０２１年2月3日閲覧。

▼50 「中国、最新ＩＣＢＭ初公開　建国70年で軍事パレード」（産経ニュース、２０１９年10月1日）。
https://www.sankei.com/photo/story/news/191001/sty1910010011-n1.html　２０２１年1月29日閲覧。

▼51 「中国、東風41の発射実験か　米射程の最新ＩＣＢＭ」（産経新聞、２０１９年11月27日）。
https://www.sankei.com/world/news/191127/wor1911270009-n1.html　２０２１年1月29日閲覧。

▼52 「台湾問題で武力行使の権利『決して放棄せず』、習主席が強調」（Reuters、２０２２年10月17日）。
https://jp.reuters.com/article/china-congress-taiwan-idJPKBN2RC01S　２０２２年10月18日閲覧。

▼53 ソロモン諸島の歴史は、民族対立の歴史と言っても過言ではない。ソロモン諸島の多くの国民（全人口の約94％）はメラネシア人である。しかし地域ごとに生活圏が異なり、旧来の親台派と新興の親中派の二大勢力に対極化して民族紛争が繰り広げられた。その直接のきっかけは台湾から不正融資を受けた政治家の汚職事件だったが、この深淵には根深い民族対立が存在する。
小川「ＲＡＭＳＩ展開以後のソロモン諸島の政局」32－40頁。

▼54 Yasmin Tadjeh, "Tighter Navy, Marine Corps Integration Aimed at Countering China," SNA NEWS, 2020.1.15
https://www.nationaldefensemagazine.org/articles/2020/1/15/tighter-navy-marine-corps-integration-aimed-at-countering-china　２０２１年2月28日閲覧。

▼55 Aaron Mehta, "Nuclear Arsenal Trump's new nuclear weapon has been deployed," Defense News, 2020.2.4.

▼56 Tadjeh, "Tighter Navy, Marine Corps Integration Aimed at Countering China."

▼57 ２０２１年7月2日、「第9回太平洋・島サミット（The Ninth Pacific Islands Leaders Meeting: PALM9）」が開催された。参加国・地域は日本、島嶼14カ国（ツバル、クック諸島、フィジー、キリバス、マーシャル、

ミクロネシア、ナウル、ニウエ、パラオ、パプアニューギニア、サモア、ソロモン、トンガ、バヌアツ）、豪州、ニュージーランドに加え、ニューカレドニア及び仏領ポリネシアの2地域を含む19カ国・地域の首脳等が参加した。議題は今後3年間の重点分野として、（1）新型コロナへの対応と回復、（2）法の支配に基づく持続可能な海洋、（3）気候変動・防災、（4）持続可能で強靭な経済発展の基盤強化、（5）人的交流・人材育成の五つが挙げられた。

「第9回太平洋・島サミット（結果概要）」（外務省HP、2021年7月2日）。

https://www.mofa.go.jp/mofaj/a_o/ocn/page3_003070.html　2021年7月10日閲覧。

第6章

▼1　この基になったのは久保防衛局長が作成した論文であり、KB論文などと呼ばれた。著者には、この背景には日本軍の南方進出があったようにしか見えない。つまり、第一次世界大戦で欧州正面における人的・物的資源が枯渇すると、列強諸国はアジアからそれをまかなおうとした。健康なアジアの人は兵士として、豊富な資源は戦争を継続する糧として、である。時は総力戦時代であり、全ての資源を戦争に投入して勝敗が決まるという時代だった。その時、大日本帝国は、アジアにできた真空地帯を見逃さなかった。軍部や労働者を派遣し、欧州の戦争を下支えした。

　また第二次世界大戦においても、欧州での戦争が苛烈し、仏、蘭などがドイツに屈するのを見て、独伊と三国同盟を結び、欧州の戦争を日本の戦争、つまり中国戦線との戦争に結びつけた。これにより日本は南方への進出へ触手を伸ばしたのである。

主要参考文献

◇一般書籍

赤根谷達雄・落合浩太郎編著『「新しい安全保障論」の視座』(亜紀書房、二〇〇七年)
朝日新聞外報部『狂ったシナリオ——フォークランド紛争の内幕』(朝日新聞社、一九八二年)
有馬学『帝国の昭和』(講談社、二〇〇二年)
石津朋之編『戦争の本質と軍事力の諸相』(彩流社、二〇〇四年)
伊藤憲一『新・戦争論——積極的平和主義への提言』(新潮新書、二〇〇七年)
伊藤隆、塩崎弘明編『井川忠雄　日米交渉史料』(山川出版社、一九八二年)
猪口邦子『戦争と平和』(東京大学出版会、一九八九年)
井本熊男『作戦日誌で綴る支那事変』(芙蓉書房、一九七八年)
井本熊男『大東亜戦争作戦日誌——作戦日誌で綴る大東亜戦争』(芙蓉書房出版、一九九八年)
入江昭/篠原初枝『太平洋戦争の起源』(東京大学出版会、一九九一年)
宇垣纒『戦藻録』(原書房、一九六八年)
臼井勝美編『日中戦争』2(みすず書房、一九六四年)
臼井勝美編『日中戦争』5(みすず書房、一九六六年)
臼井勝美編『太平洋戦争』4(みすず書房、一九七二年)
臼井勝美『満州事変』(中央公論社、一九七四年)
衛藤瀋吉・山本吉宣『総合安保と未来の選択』(講談社、一九九一年)
NHK取材班編『ガダルカナル　学ばざる軍隊』(角川書店、一九九五年)
エドワード・H・カー/井上茂訳『危機の二十年』(岩波書店、一九五二年)
外務省百年史編纂委員会編『外務省の百年』下巻(原書房、一九六九年)
片山杜秀『未完のファシズム——「持たざる国」日本の運命』(新潮社、二〇一二年)
アザー・ガット(石津朋之、永末聡、山本文史監訳、「歴史と戦争研究会」訳)『文明と戦争(上下巻)』(中央公論新社、二〇一二年)
勝股治郎『ガダルカナル島戦の核心を探る』(建帛社、一九九六年)
加藤朗・長尾雄一郎・吉崎知典、道下徳成『戦争——その展開と抑制』(勁草書房、一九九七年)
加藤陽子『昭和天皇と戦争の世紀 天皇の歴史』(講談社、二〇一一年)
ジョン・キーガン(遠藤利国訳)『戦略の歴史——抹殺・征

服技術の変遷　石器時代からサダム・フセインまで』（心交社、一九九七年）
北岡伸一『後藤新平――外交とヴィジョン』（中央公論社、一九八八年）
北岡伸一『政党から軍部へ　一九四二～一九四一』（中央公論新社、一九九九年）
木戸日記研究会校訂『木戸幸一日記』上巻（東京大学出版会、一九六六年）
カール・フォン・クラウゼヴィッツ（篠田英雄訳）『戦争論（上・中・下巻）』（岩波文庫、一九六八年）
来栖三郎『泡沫の三十五年』（中央公論社、一九八六年）
マーチン・ファン・クレフェルト（石津朋之監訳）『戦争文化論（上下巻）』（原書房、二〇一〇年）
軍事史学会編『大本営陸軍部戦争指導班　機密戦争日誌』上下巻（錦正社、一九九八年）
ジョージ・ケナン／松本重治編訳『アメリカ外交の基本問題』（岩波書店、一九六五年）
近衛文麿『失はれし政治――近衛文麿公の手記』（朝日新聞社、一九四六年）
小林竜夫編『日中戦争』4（みすず書房、一九六五年）
阪口修平編『歴史と軍隊――軍事史の新しい地平』（創元社、二〇一〇年）
佐道明広『戦後日本の防衛と政治』（吉川弘文館、二〇〇三年）
佐藤賢了『東條英樹と太平洋戦争』（文藝春秋社、一九六〇年）
実松譲編『太平洋戦争』1～3（みすず書房、一九六八年）
サンデー・タイムズ特報部編、宮崎正雄編訳『フォークランド紛争――〝鉄の女〟の誤算』（原書房、一九八三年）
参謀本部編『杉山メモ　大本営・政府連絡会議等筆記』上下巻（原書房、一九六七年）
島田俊彦編『日中戦争』1（みすず書房、一九六四年）
鈴木基史『平和と安全保障』（東京大学出版会、二〇〇七年）
副田義也『内務省の社会史』（東京大学出版会、二〇〇七年）
高木八尺編『日米関係の研究――アメリカの対日姿勢』上巻（東京大学出版会、一九六八年）
高野雄一『集団安保と自衛権』（東信堂、一九九九年）
高橋正衛『二・二六事件――「昭和維新」の思想と行動』（中央公論社、一九六六年）
田中正明『パール判事の日本無罪論』（慧文社、一九六三年）
ウィンストン・チャーチル『第二次世界大戦回顧録』（毎日新聞社、一九四九年）
土屋大洋『情報による安全保障――ネットワーク時代のインテリジェンス・コミュニティ』（慶応義塾大学出版会、二〇〇七年）
土山實男『安全保障の国際政治学――焦りと驕り』（有斐閣、二〇〇四年）
角田順編『日中戦争』3（みすず書房、一九六四年）
角田順『満州問題と国防方針』（原書房、一九六七年）
東條英機刊行会上法快男編『東條英機』（芙蓉書房、一九七

四年）
戸部良一『外務省革新派――世界新秩序の幻影』（中公新書、二〇一〇年）
冨永謙吾編『太平洋戦争』５（みすず書房、一九七五年
ジョセフ・S・ナイ（山岡洋一訳）『ソフト・パワー』（日本経済新聞社、二〇〇四年）
奈良岡聰智『対華二十一ヵ条要求とは何だったのか――第一次世界大戦と日中対立の原点』（名古屋大学出版会、二〇一五年）
西原正『戦略研究の視角』（人間の科学社、一九八八年）
日本国際政治学会太平洋戦争原因研究部編『太平洋戦争への道　開戦外交史』１～７巻、別巻（朝日新聞社、一九八七年）
日本政治学会編『年報政治学――内線をめぐる政治学的考察』（岩波書店、二〇〇〇年）
額田坦『秘録　宇垣一成』（芙蓉書房、一九七三年）
秦郁彦編『日本陸海軍総合事典』（東京大学出版会、一九九一年）
波多野澄雄、戸部良一、松元崇、庄司潤一郎、川島真、川島真『決定版 日中戦争』（新潮社、二〇一八）
服部聡『松岡洋右と日米開戦 大衆政治家の功と罪』（吉川弘文館、二〇二〇年）
服部卓四郎『大東亜戦争全史』（原書房、一九六五年）
林房雄『大東亜戦争肯定論』（番町書房、一九六四年）
ピーター・パレット編（防衛大学校「戦争・戦略の変遷」研究会訳）『現代戦略思想の系譜――マキャベリから核時代まで』（ダイヤモンド社、一九八九年）
船橋洋一編『同盟の比較研究――冷戦後秩序を求めて』（日本評論社、二〇〇一年）
古川隆久『昭和天皇』（中央公論新社、二〇一一年）
米国務省編『平和と戦争』（協同出版社、一九四六年）
防衛大学校安全保障学研究会編著『安全保障学入門』（亜紀書房、一九九八年）
防衛大学校安全保障学研究会編著『安全保障のポイントがよくわかる本』（亜紀書房、二〇〇七年）
防衛庁防衛研修所戦史室『戦史叢書　南太平洋陸軍作戦〈１〉――ポートモレスビー・ガ島初期作戦』（朝雲新聞社、一九六八年）
防衛庁防衛研修所戦史室『戦史叢書　南方方面海軍作戦〈１〉――ガ島奪回作戦開始まで』（朝雲新聞社、一九七一年）
堀場一雄『支那事変戦争指導史』（時事通信社、一九六二年）
ウィリアム・マクニール（高橋均訳）『戦争の世界史――技術と軍隊と社会』（刀水書房、二〇〇二年）
ウィリアムソン・マーレー、マクレガー・ノックス、アルヴィン・バーンスタイン共編（石津朋之、永末聡、山本文史監訳、「歴史と戦争研究会」訳）『戦略の形成――支配者、国家、戦争（上下巻）』（中央公論新社、二〇〇七年）

エドワード・ミラー／沢田博訳『オレンジ計画――アメリカの対日侵攻五十年戦略』（新潮社、一九九四年）
三輪公忠編『再考・太平洋戦争前夜――日本の一九三〇年代論として』（創世記、一九八一年）
森本忠夫『ガダルカナル　勝者と敗者の研究』（光人社、二〇〇二年）
森山優『日米開戦の政治過程』（吉川弘文館、一九九八年）
森山優『日本は何故開戦に踏み切ったか――「両論併記」と「非決定」』（新潮社、二〇一二年）
安岡昭男『幕末維新の領土と外交』（清文堂、二〇〇二年）
山辺健太郎『日韓併合小史』（岩波新書、一九六六年）
山本吉宣『国際レジームとガバナンス』（有斐閣、二〇〇八年）
山本吉宣『「帝国」の国際政治学――冷戦後の国際システムとアメリカ』（東信堂、二〇〇六年）
エーリヒ・ルーデンドルフ／間野俊夫訳『国家総力戦』（三笠書房、一九三八年）

◇防衛庁防衛研修所戦史室編纂戦史叢書

『戦史叢書99　陸軍軍整備』（朝雲新聞社、一九六九年）
『戦史叢書91　大本営海軍部　連合艦隊1』（朝雲新聞社、一九七五年）
『戦史叢書31　海軍軍整備1　昭和十六年十一月まで』（朝雲新聞社、一九六九年）
『戦史叢書27　関東軍1　対ソ戦備・ノモンハン事件』（朝雲新聞社、一九六九年）

◇英語文献（邦訳されたものを除く）

Beard, C. A., *President Roosevert and the Coming of the War* (Yale University, 1948).
Bennett, J. W., Passin, H. and Mcknight, R. K., *In Search of Identity: The Japanese Overseas Scholar in America and Japan* (Minneapolis, 1958).
Bland, J. O. P., *Li Hung-chang* (London, 1917).
Borg, D., *The United States and the Far Eastern Crisis of 1933-1938* (Massachusetts, 1964).
Bound, Graham, *Falkland Islands at War*, Pen & Sward Books Ltd, South Yorkshire Great Britain, 2002.
Dallek, R. *Franklin D. Roosevelt and American Foreign Policy, 1925–1945* (New York, 1979).
Dulles, F. R., *Jhon Hay* An Uncertain Tradition: American Secetaries of States in the Twentieth Century (McGraw-Hill, 1961).
Endicott, S. L., *Diplomacy and Enterprise* (Manchester, 1975).
Ferrell, R. H., *Peace in Their Time: The Origins of the Kellogg – Briand Pact* (New Haven, 1952).
Frank, Richard, Government of Australia, *The Coastwatchers*

1941-1945, Australia's War, 1941-1945.

Hasting, Max and Jenkins, Simon, *The Battle for the Falklands*, Pan Books, London Great Britain, 2010

Hough, Frank O., Lieutenant Colonel, USMCR, Major Verle E. Ludwig, USMC, and Shaw, Henry I. Jr., *Perl Harbor to Guadalcanal*, History of U.S. Marine Corps Operations in World War II Volume I, Historical Branch, G-3 Division, Headquarters, U.S. Marine Corps,

Kent, Graene, *Guadalcanal island ordeal*, Ballantine Books Inc., New York, 1971

Mcmanners, Hugh, in association with the Imperial War Museum, *Forgotten Voices of the Falklands – the Real Story of the Falklands War*, Ebury Press, London the United Kingdom, 2007

Morton, Louis, *Strategy and Command: The First Two Years, The War in the Pacific, United States Army in World War II.* United States Army Center of Military History, Washington D.C., 1961,

Mueller, Joseph N., *Guadalcanal 1942 The Marines Strike Back*, Osprey Publishing, Oxford UK, 1992

Offner, A. A., *American Appeasement: United States Foreign Policy and Germany, 1933-38* (Cambridge, 1968).

Peattie, M. R., *Ishiwara Kanji and Japan's Confrontation with the West* (Princeton, 1975).

Pelz, S. E., *Race to Pearl Harbor* (Massachusetts, 1974).

Prange, G. W., *At Dawn We Slept: The Untold Story of Pearl Harbor* (New York, 1981).

Shaw, Henry I. Jr., *First Offensive: The Marine Campaign For Guadalcanal*, Marines in World War II Commemorative Series, Marines Corps Historical Center, Washington D.C.,1992

Smith, Gordon, *Battle Atlas of the Falklands War 1982*, Naval – History. Net, Penarth, United Kingdom, 2006,

Tansill, C. C., *Back Door to War* (Chicago, 1952).

Trotter, A., *Britain and East Asia 1933-1937* (London, 1975).

【著者略歴】
関口高史（せきぐち たかし）
1965年東京生まれ。元防衛大学校（防衛学教育学群戦略教育室）准教授。
防衛大学校人文社会学部国際関係学科、同総合安全保障研究科国際安全保障コース卒業。安全保障学修士。2000年、陸上幕僚監部調査部調査課調査運用室勤務。2006年、陸上自衛隊研究本部総合研究部直轄・第2研究室（陸上防衛戦略）研究員。2014年、防衛大学校防衛学教育学群戦略教官准教授。2020年、退官（予備1等陸佐）。

【主要業績】
- 著　書
  『誰が一木支隊を全滅させたのか——ガダルカナル戦と大本営の迷走』（芙蓉書房出版、2018年）、『戦争という選択——〈主戦論者たち〉から見た太平洋戦争開戦経緯』（作品社、2021年）、『牟田口廉也とインパール作戦——日本陸軍「無責任の総和」を問う』（光文社新書、2022年）
- 共著・共同執筆
  「昭和陸軍の戦い」『昭和史がわかるブックガイド』（文春新書、2020年）、「米中衝突南太平洋発の『第二のキューバ危機』は起きるか」『文藝春秋オピニオン　2021年の論点100』（文藝春秋、2020年）、『在外邦人の保護・救出——朝鮮半島・台湾有事における自衛隊の運用』（東信堂、2021年）、「海洋国家の命運を握る南太平洋」『Voice』（PHP研究所、2022年）
- 番組制作協力（軍事考証・解説等）
  「激闘ガダルカナル——悲劇の指揮官」（NHKスペシャル、2019年）
  「ガダルカナル大敗北の真相」（NHK歴史秘話ヒストリア、2020年）
  「新・ドキュメント太平洋戦争」（NHKスペシャル、2021〜2024年）

日本の「これから」の戦争を考える
――現代防衛戦略論

2023年12月 8日　第1刷印刷
2023年12月15日　第1刷発行

著　者　関口高史
発行者　福田隆雄
発行所　株式会社 作品社
〒102-0072 東京都千代田区飯田橋 2-7-4
電　話 03-3262-9753
ＦＡＸ 03-3262-9757
https://www.sakuhinsha.com
振　替 00160-3-27183

装　丁　小川惟久
本文組版　米山雄基
印刷・製本　シナノ印刷㈱

落・乱丁本はお取替えいたします。
定価はカバーに表示してあります。

ISBN978-4-86182-981-9 C0031